高等职业院校精品教材系列

楼宇智能化工程技术
（第3版）

杨少春　主　编
石建华　张纪文
张国庆　朱蔚青　副主编

电子工业出版社
Publishing House of Electronics Industry
北京·BEIJING

内 容 简 介

本书主要介绍了智能楼宇的概念、组成与功能，分学习情境介绍了楼宇机电设备、消防系统、安防系统、通信自动化系统、智能建筑集成系统、办公自动化系统、安全用电与智能楼宇接地系统的工作原理、典型应用方案和常见故障及解决方案。

本书共 8 个学习情境，除绪论外，各部分均相对独立。参考学时为 56～60 学时。

本书由高职老师和企业专家共同编写，突出高职特点，注重实用技术，可作为电子测控技术、电子节能工程技术、机电应用技术、楼宇自动化技术和建筑工程技术专业的高职、高专教材，也可作为电大、职大等相关专业的选用教材。

未经许可，不得以任何方式复制或抄袭本书之部分或全部内容。

版权所有，侵权必究。

图书在版编目（CIP）数据

楼宇智能化工程技术 / 杨少春主编. —3 版. —北京：电子工业出版社，2021.6
ISBN 978-7-121-41587-6

Ⅰ.①楼… Ⅱ.①杨… Ⅲ.①智能化建筑—楼宇自动化—工程技术—高等学校—教材 Ⅳ.①TU855

中国版本图书馆 CIP 数据核字（2021）第 138364 号

责任编辑：郭乃明　　特约编辑：田学清
印　　刷：北京盛通数码印刷有限公司
装　　订：北京盛通数码印刷有限公司
出版发行：电子工业出版社
　　　　　北京市海淀区万寿路 173 信箱　邮编：100036
开　　本：787×1 092　1/16　印张：15.25　字数：400.2 千字
版　　次：2013 年 1 月第 1 版
　　　　　2021 年 6 月第 3 版
印　　次：2025 年 1 月第 6 次印刷
定　　价：47.00 元

凡所购买电子工业出版社图书有缺损问题，请向购买书店调换。若书店售缺，请与本社发行部联系，联系及邮购电话：(010) 88254888，88258888。

质量投诉请发邮件至 zlts@phei.com.cn，盗版侵权举报请发邮件至 dbqq@phei.com.cn。

本书咨询联系方式：34825072@qq.com。

前　言

随着国民经济和科学技术的发展及人民生活水平的逐步提高，智能办公大厦、智能住宅小区、智能家居等现代化建筑大量涌现，智能楼宇自动化技术人才和日常管理维护人才的社会需求日益剧增。为了满足对这些高技能应用人才的需要，我们为高等职业教育工科类学生编写了本书，本书在2013年第1版出版及2017年第2版出版后，得到了全国部分高职院校的认可，针对各地读者的反馈，结合智能楼宇最新技术的发展，我们对本书进行修订，出版第3版。

本书学习情境1为绪论，主要介绍智能楼宇的概念、组成结构和国内外发展状况。学习情境2为楼宇机电设备，主要讲授空调、电梯、配电系统的工作原理。学习情境3为消防系统，主要讲授火灾的报警原理与如何防火。学习情境4为安防系统，主要讲授视频监控系统、防盗报警系统、智能卡系统原理。学习情境5为通信自动化系统，主要讲授电话通信、计算机网络通信及有线电视系统的工作原理。学习情境6为智能建筑集成系统，主要讲授集成系统软件的工作原理、典型BAS产品及应用。学习情境7为办公自动化系统，主要讲授常用办公设备的工作原理与使用。学习情境8为安全用电与智能楼宇接地系统，主要讲授安全用电常识和智能楼宇的接地系统。

本书学习情境1绪论、学习情境3消防系统、学习情境5通信自动化系统和学习情境8安全用电与智能楼宇接地系统由武汉职业技术学院杨少春教授编写；学习情境2楼宇机电设备由湖北地大热能科技有限公司副总经理张纪文高级工程师编写；学习情境4安防系统由武汉职业技术学院石建华教授编写；学习情境6智能建筑集成系统由武汉职业技术学院高级工程师朱蔚青编写；学习情境7办公自动化系统由电子科技大学中山学院机电工程学院副教授张国庆博士后编写。全书由杨少春担任主编。

由于楼宇智能化工程技术发展很快，加上修订时间紧迫，本书难免会存在缺点和错误，也可能难以跟上时代发展的步伐，恳请读者批评指正。

编　者
2020年10月

目　　录

学习情境 1　绪论 (1)

任务 1.1　智能建筑的概念 (1)
任务 1.2　智能建筑系统的组成和功能 (3)
- 1.2.1　智能建筑系统集成中心（SIC） (4)
- 1.2.2　办公自动化系统（OAS） (4)
- 1.2.3　通信自动化系统（CAS） (4)
- 1.2.4　建筑自动化系统（BAS） (6)

任务 1.3　智能建筑的发展趋势 (6)
- 1.3.1　我国智能建筑的发展 (6)
- 1.3.2　世界智能建筑的发展 (7)

实训 (7)
知识总结 (7)
复习思考题 (7)

学习情境 2　楼宇机电设备 (8)

任务 2.1　楼宇机电设备简介 (8)
- 2.1.1　楼宇机电设备组成 (9)
- 2.1.2　楼宇机电设备的主要功能 (9)

任务 2.2　楼宇空调与通风系统 (9)
- 2.2.1　空调系统与通风系统的基本知识 (9)
- 2.2.2　空调系统的主要设备 (13)
- 2.2.3　空调系统的风系统设备 (17)
- 2.2.4　楼宇通风系统设备 (19)
- 2.2.5　空调自动控制原理 (21)
- 2.2.6　典型应用方案 (28)
- 2.2.7　常见故障及解决方案 (29)

任务 2.3　电梯系统 (31)
- 2.3.1　电梯的概述 (31)
- 2.3.2　电梯的原理 (32)
- 2.3.3　电梯的控制方法 (35)
- 2.3.4　常见故障及解决方案 (36)

任务 2.4　变配电和照明系统 (41)

· V ·

  2.4.1 配电系统概述 (41)
  2.4.2 变配电系统 (42)
  2.4.3 照明系统 (44)
  2.4.4 发电系统 (48)
  2.4.5 常见故障及解决方案 (49)
 实训 (50)
 知识总结 (50)
 复习思考题 (50)

学习情境3 消防系统 (52)

 任务3.1 消防系统简介 (52)
  3.1.1 火灾报警探测系统的组成 (53)
  3.1.2 火灾探测器 (54)
  3.1.3 怎样选择火灾探测器 (58)
 任务3.2 火灾报警控制 (61)
  3.2.1 火灾报警控制器的组成和功能 (61)
  3.2.2 火灾报警方式 (63)
 任务3.3 灭火与联动控制系统 (65)
  3.3.1 自动喷淋灭火系统 (65)
  3.3.2 气体自动灭火系统 (68)
  3.3.3 火灾事故广播与消防电话系统 (70)
  3.3.4 防排烟系统 (71)
  3.3.5 防火卷帘门控制 (73)
  3.3.6 消防电梯 (73)
  3.3.7 消防供电 (73)
 任务3.4 火灾产生的原因及防火 (74)
  3.4.1 电气设备火灾原因分析及防火 (74)
  3.4.2 电气设备及高层建筑如何防火 (75)
 实训 (78)
 知识总结 (78)
 复习思考题 (79)

学习情境4 安防系统 (80)

 任务4.1 安防系统简介 (80)
  4.1.1 安防技术概述 (81)
  4.1.2 安防系统的组成和功能 (81)
 任务4.2 视频监控系统 (83)
  4.2.1 工作原理 (83)
  4.2.2 基本组成 (83)

  4.2.3 典型应用方案 ……………………………………………………………………（90）

 任务 4.3 防盗报警系统 …………………………………………………………………………（91）

  4.3.1 工作原理 …………………………………………………………………………（91）

  4.3.2 基本组成 …………………………………………………………………………（91）

  4.3.3 典型应用方案 ……………………………………………………………………（96）

 任务 4.4 智能卡系统 ……………………………………………………………………………（97）

  4.4.1 门禁管理系统 ……………………………………………………………………（97）

  4.4.2 电子巡更系统 ……………………………………………………………………（101）

  4.4.3 对讲系统 …………………………………………………………………………（102）

 任务 4.5 车库管理系统 …………………………………………………………………………（105）

  4.5.1 车库管理系统工作原理 …………………………………………………………（105）

  4.5.2 车库管理系统基本组成 …………………………………………………………（106）

  4.5.3 典型应用方案 ……………………………………………………………………（108）

 任务 4.6 常见故障及解决方案 …………………………………………………………………（112）

  4.6.1 常见故障归类 ……………………………………………………………………（112）

  4.6.2 视频监控系统的常见故障及解决方案 …………………………………………（112）

  4.6.3 防盗报警系统的常见故障及解决方案 …………………………………………（115）

  4.6.4 智能卡系统的常见故障及解决方案 ……………………………………………（116）

 实训 ………………………………………………………………………………………………（117）

 知识总结 …………………………………………………………………………………………（117）

 复习思考题 ………………………………………………………………………………………（117）

学习情境 5 通信自动化系统 ……………………………………………………………（118）

 任务 5.1 通信自动化系统简介 …………………………………………………………………（118）

  5.1.1 通信自动化系统的组成和特点 …………………………………………………（119）

 任务 5.2 电话通信系统 …………………………………………………………………………（121）

  5.2.1 电话通信的基本原理 ……………………………………………………………（121）

  5.2.2 电话通信系统的组成 ……………………………………………………………（123）

  5.2.3 典型应用方案 ……………………………………………………………………（126）

 任务 5.3 有线电视系统 …………………………………………………………………………（127）

  5.3.1 有线电视系统原理 ………………………………………………………………（127）

  5.3.2 有线电视系统基本组成 …………………………………………………………（131）

  5.3.3 典型应用方案 ……………………………………………………………………（133）

 任务 5.4 计算机网络系统 ………………………………………………………………………（134）

  5.4.1 计算机网络的发展 ………………………………………………………………（135）

  5.4.2 计算机网络的定义与分类 ………………………………………………………（135）

  5.4.3 移动无线网络（Mobile Wireless Network） …………………………………（136）

  5.4.4 计算机网络的安全与管理 ………………………………………………………（137）

  5.4.5 典型应用方案 ……………………………………………………………………（139）

任务 5.5　综合布线系统……………………………………………………………（142）
　　　　5.5.1　综合布线系统概述………………………………………………………（142）
　　　　5.5.2　综合布线系统的特点……………………………………………………（143）
　　　　5.5.3　综合布线系统的组成……………………………………………………（147）
　　　　5.5.4　典型应用方案………………………………………………………………（150）
　　任务 5.6　常见故障及解决方案……………………………………………………（154）
　　　　实训………………………………………………………………………………（155）
　　　　知识总结…………………………………………………………………………（155）
　　　　复习思考题………………………………………………………………………（155）

学习情境 6　智能建筑集成系统……………………………………………………（156）

　　任务 6.1　智能建筑集成系统原理…………………………………………………（156）
　　　　6.1.1　智能建筑集成系统组成…………………………………………………（157）
　　　　6.1.2　智能建筑集成系统介绍…………………………………………………（157）
　　任务 6.2　集成系统软件……………………………………………………………（164）
　　　　6.2.1　组态的概念…………………………………………………………………（164）
　　　　6.2.2　组态软件……………………………………………………………………（164）
　　　　6.2.3　操作软件……………………………………………………………………（167）
　　任务 6.3　典型 BAS 产品及应用……………………………………………………（168）
　　　　6.3.1　APOGEE 系统………………………………………………………………（168）
　　　　6.3.2　典型应用方案………………………………………………………………（172）
　　　　实训………………………………………………………………………………（178）
　　　　知识总结…………………………………………………………………………（179）
　　复习思考题……………………………………………………………………………（179）

学习情境 7　办公自动化系统………………………………………………………（180）

　　任务 7.1　办公自动化系统的组成和特点…………………………………………（180）
　　　　7.1.1　办公自动化系统的组成…………………………………………………（181）
　　　　7.1.2　办公自动化系统的特点…………………………………………………（183）
　　任务 7.2　办公自动化系统的分类和功能…………………………………………（185）
　　　　7.2.1　办公自动化系统的分类…………………………………………………（185）
　　　　7.2.2　办公自动化系统的功能…………………………………………………（186）
　　任务 7.3　办公自动化系统的常用设备……………………………………………（188）
　　　　7.3.1　计算机………………………………………………………………………（188）
　　　　7.3.2　打印机………………………………………………………………………（190）
　　　　7.3.3　绘图仪………………………………………………………………………（193）
　　　　7.3.4　复印机………………………………………………………………………（194）
　　　　7.3.5　扫描仪………………………………………………………………………（196）
　　　　7.3.6　传真机………………………………………………………………………（197）

7.3.7　多功能一体机……………………………………………………………（198）
　任务7.4　办公自动化系统实例分析………………………………………………（199）
　　实训…………………………………………………………………………………（202）
　　知识总结……………………………………………………………………………（202）
　　复习思考题…………………………………………………………………………（202）

学习情境8　安全用电与智能楼宇接地系统……………………………………（203）
　任务8.1　人体触电的原因及其影响因素…………………………………………（203）
　　8.1.1　电流对人体的伤害………………………………………………………（204）
　　8.1.2　影响人体触电伤害程度的因素…………………………………………（205）
　任务8.2　人体的触电方式…………………………………………………………（207）
　　8.2.1　直接触电…………………………………………………………………（207）
　　8.2.2　间接触电…………………………………………………………………（209）
　　8.2.3　其他类型触电……………………………………………………………（211）
　任务8.3　保护接地与保护接零……………………………………………………（215）
　　8.3.1　保护接地…………………………………………………………………（215）
　　8.3.2　保护接零…………………………………………………………………（217）
　任务8.4　接地装置和接零装置……………………………………………………（221）
　　8.4.1　接地装置和接零装置的结构……………………………………………（221）
　　8.4.2　接地装置和接零装置的安全要求………………………………………（223）
　　8.4.3　智能楼宇应考虑的接地方式……………………………………………（224）
　任务8.5　典型触电实例分析………………………………………………………（227）
　　8.5.1　电热水器外壳带电事故…………………………………………………（227）
　　8.5.2　电扇外壳带电，广播员触电身亡…………………………………………（228）
　　8.5.3　建筑电气系统故障………………………………………………………（229）
　　8.5.4　怎样解决目前家用电器的接地问题……………………………………（231）
　　实训…………………………………………………………………………………（232）
　　知识总结……………………………………………………………………………（233）
　　复习思考题…………………………………………………………………………（233）

参考文献……………………………………………………………………………（234）

学习情境 1　绪　　论

{ 教学导航 }

学习任务	任务 1.1　智能建筑的概念 任务 1.2　智能建筑系统的组成与功能 任务 1.3　智能建筑的发展趋势	参考学时	2
能力目标	1）认识智能建筑，了解智能建筑系统的组成与各部分的功能 2）了解当前国内外智能建筑的发展趋势		
教学资源与载体	多媒体课件、教材、视频、智能楼宇演示设备、作业单、评价表		
教学方法与策略	项目教学法，多媒体演示法，教师与学生互动教学法		
教学过程设计	第一节课教师首先举例介绍智能建筑的概念，在建立概念的基础上让学生了解智能建筑的组成，用课件观看现代建筑的构造，激发学生兴趣，引发学生的求知欲望		
考核与评价内容	对智能建筑系统的组成与功能的认识，参与互动的语言表达能力，学习态度，任务完成情况		
评价方式	自我评价（10%）小组评价（30%）教师评价（60%）		

1984 年 1 月，美国联合科技集团在美国康涅狄格州哈特福德市，对一幢旧金融大厦进行改建，改建后的大厦将传统建筑与新兴信息技术相结合。大厦内主要增添了计算机、程控交换机通信、文字处理、电子邮件传递、市场行情查询、情报资料检索、科学计算等服务。此外，大厦内的暖通、给排水、消防、保安、供配电、照明、交通等系统均由计算机控制，实现了自动化综合管理，用户感到更加舒适、方便和安全，这引起了人们的关注，至此"智能建筑"这一概念首次出现。这幢大厦被公认为是第一幢智能建筑，以该大厦为标志，美国、欧洲及世界其他地区相继兴起了建造智能建筑的热潮。

任务 1.1　智能建筑的概念

教师活动

教师第一节课要充分备课，准备现代智能楼宇的外观、结构、内部装饰、设备的 PPT 课件，激发学生兴趣，引发学生的求知欲望，给整个课程的学习做好铺垫。

学生活动

第一节课结束时每个学生填写的作业单如表 1-1 所示。

表1-1 作业单

序　号	智能楼宇的组成	序　号	智能楼宇的组成

智能建筑的定义是什么？什么样的建筑才算是智能建筑？目前世界上对智能建筑的定义很多，欧洲、美国、日本、新加坡及国际智能工程学会的定义各有不同，至今尚未形成统一的说法，各国、各行业和研究组织从不同的角度提出了对智能建筑的认识，现将部分具有代表性的解释汇集如下。

美国智能大厦协会（AIBI）认为：智能建筑出于对建筑的四个基本要素（结构、系统、服务、管理）及它们之间的内在关联的最优化的考虑，提供一个投资合理且舒适、温馨、便利的环境，并帮助建筑内的业主、物业管理人、租用人等达到费用、舒适、便利及安全等方面的目标，同时兼顾长期的系统灵活性及市场适应能力。

新加坡政府的PWD智能大厦手册规定智能大厦必须具备三个条件：

（1）先进的自动化控制系统，可以调节大厦内的各种设施或指标，包括温度、湿度、灯光、保安、消防等，为用户提供舒适环境。

（2）良好的通信网络设施，数据能在大厦内各区域之间进行传递。

（3）提供足够的通信网络设施。

日本智能大楼研究会认为：智能建筑提供商业支持功能、通信支持功能等高级服务，并通过高度集成的大楼管理服务体系保证舒适的环境和充分的安全，以提高工作效率。

中国比较流行用建筑内自动化设备的功能与配置为智能建筑定义。例如，3A智能大厦内设有通信自动化设备（Communication Automation，CA）、办公自动化设备（Office Automation，OA）与建筑自动化设备（Building Automation，BA）。若把消防自动化设备（Fire Automation，FA）与安保自动化设备（Security Automation，SA）从BA中划分出来，则3A智能大厦成为5A智能大厦。为了在大厦中对各智能子系统进行综合管理，形成了大厦管理自动化系统（Management Automation，MA）。这类以建筑内自动化设备的功能与配置为定义的方法，具有直观、容易界定等特点。

我国智能建筑专家、清华大学张瑞武教授1997年6月在厦门市建委主办的首届"智能建筑研讨会"上就智能建筑提出了下述比较完整的定义：智能建筑是指利用系统集成方法，将智能计算机技术、通信技术、信息技术与建筑艺术有机结合，通过对设备的自动监控、对信息资源的优化组合，所获得的投资合理、适合信息社会需要并且具有安全、高效、舒适、便利和灵活等特点的建筑。这一定义有助于我们认识什么是真正的智能建筑。

欧洲建筑集团认为：智能建筑是指使其用户发挥高效率，同时以低保养成本有效地管理本身资源的建筑，智能建筑能够提供一个反应快、效率高和有支持力的环境，使用户达到自身业务目的。

综合以上的观点，我们基本上对智能建筑有一个比较统一的定义：智能建筑是指在结构、系统、服务运营及三者的相互联系上综合帮助用户获得高效率、高功能、高舒适性和高安全性的建筑。智能建筑通常有四大主要特征，即楼宇自动化、通信自动化、办公自动化和布线自动化。由此可见，智能建筑是计算机技术、控制技术、通信技术、微电子技术、建筑技术和其他多种先进技术等相互结合的产物，是优化设计提供的一个投资合理又拥有高效率的幽雅舒适、便利快捷、高度安全的环境空间，是具有安全、高效、舒适、便利、灵活等特征和生活环境优良、无污染的建筑。

任务 1.2 智能建筑系统的组成和功能

智能建筑的核心是 3A，即建筑自动化设备（BA）、通信自动化设备（CA）和办公自动化设备（OA）。建筑智能化就是通过综合布线系统将对应的 3 个系统进行有机综合，使建筑各项设施的运转机制达到高效、合理和节能的要求。社会上所谓的 4A、5A、6A、7A 等说法，实际上是在建筑自动化设备的基础上进一步细化，这些说法不但不科学，而且容易引起误解。在国内有些场合把智能建筑统称为"智能大厦"，从实际工程上分析，这一名词不太确切。因为高楼大厦不一定需要高度智能化，相反，不是高楼大厦却可能需要高度智能化，如航空港、火车站、江河客货运港区和智能居住小区等房屋建筑。目前，国内有关部门在文件中明确使用智能化建筑或智能建筑这两个称谓，其名称较确切，含义也较广泛，与我国具体情况相适应。为了规范日益庞大的智能建筑市场，我国于 2000 年 10 月 1 日开始实施《智能建筑设计标准》GB/T 50314—2000。

下面简要地介绍如图 1-1 所示的智能建筑系统的组成和功能。

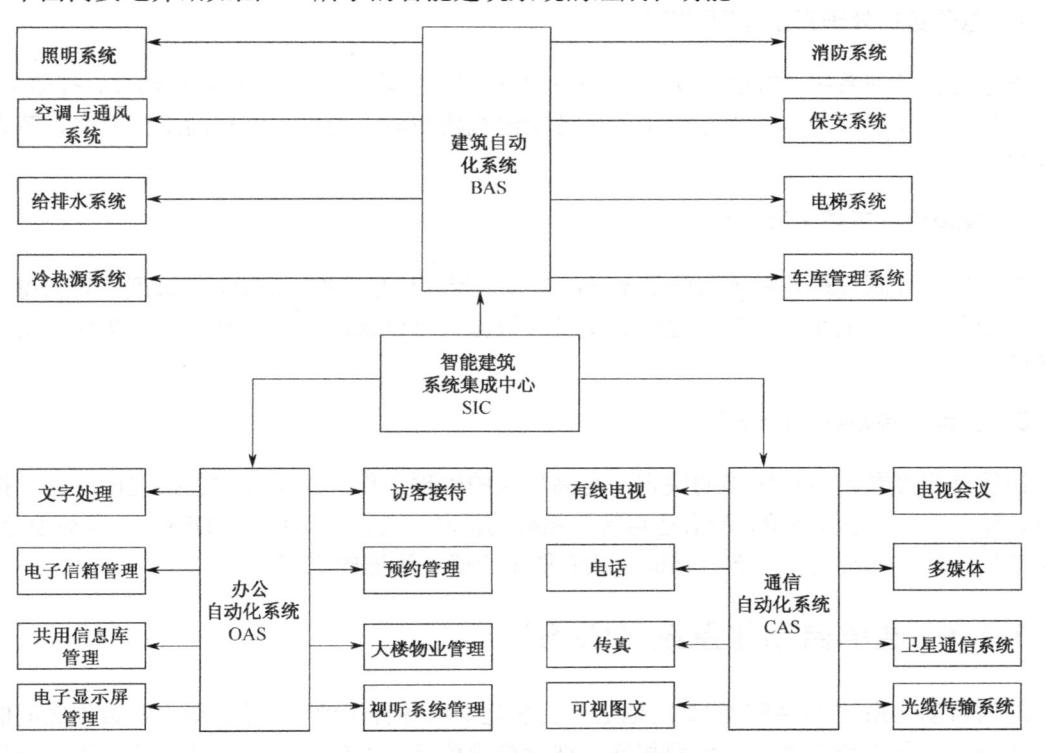

图 1-1 智能建筑系统的组成和功能

1.2.1 智能建筑系统集成中心（SIC）

智能建筑系统集成中心（SIC）应具有各智能子系统信息汇集和各类信息综合管理的功能，并达到以下三方面的具体要求。

（1）汇集建筑内外各类信息，接口界面要标准化、规范化，实现各智能子系统之间的信息交换。

（2）对建筑各智能子系统进行综合管理。

（3）对建筑内的信息进行实时处理，并且具有较强的信息处理及通信能力。

1.2.2 办公自动化系统（OAS）

办公自动化系统（OAS）是把计算机技术、通信技术、系统科学及行为科学应用于传统的数据处理技术难以处理的、数量庞大且结构不明确的业务上的所有技术系统的总称。可见，办公自动化系统是利用先进的科学技术，使人的部分办公业务活动物化于人以外的各种设备中，并由这些设备与办公人员组成的、服务于某种目标的人机信息处理系统。办公自动化系统的目的是尽可能利用先进的信息处理设备，提高人的工作效率，辅助决策，取得更好的工作效果，实现办公自动化的目标，即在办公室工作中，以计算机为中心，采用传真机、复印机、打印机、电子邮件（E-mail）等一系列现代办公及通信设施，全面又广泛地收集、整理、加工和使用信息，为科学管理和科学决策提供服务。

办公自动化系统主要包含以下三个系统。

1. 电子数据处理系统（EDPS）

电子数据处理系统（EDPS）处理办公中大量烦琐的事务性工作，如发送通知、打印文件、汇总表格、组织会议等。将上述烦琐的事务交给机器完成，可以达到提高工作效率、节省人力的目的。

2. 管理信息系统（MIS）

信息流的控制管理是每个部门最本质的工作。管理信息系统（MIS）是管理信息的得力助手，它把各项独立的事务处理通过信息交换和资源共享联系起来，达到准确、快捷、及时、优质的目的。

3. 决策支持系统（DSS）

决策是根据预定目标做出的决定，是高层次的管理工作。决策过程包括提出问题、搜集资料、拟定方案、分析评价、最后选定等一系列的活动。决策支持系统（DSS）能自动地分析、采集信息，提供各种优化方案，辅助决策者做出正确、迅速的决定。

1.2.3 通信自动化系统（CAS）

通信自动化系统（CAS）能高速地进行智能建筑内各种图像、文字、语言及数据之间的通信。通信自动化系统与外部通信网相连，彼此交换信息。通信自动化系统可分为语音通信系统、图文通信系统、数据通信系统及卫星通信系统 4 个子系统。

1. **语音通信系统**

语音通信系统是智能建筑通信的基础，是人们使用最广泛、功能最多且数量日趋增多的一种系统，它包括：①兴起于 20 世纪 70 年代的程控电话，程控电话把各种控制功能、步骤、方法编成程序放入计算机的存储器中，利用存储器中存储的程序控制整个电话交换机工作。②现代的移动通信设备，这是通信的一方或双方在移动中利用无线电波实现通信的设备，它可以实现一个移动台（在汽车、火车、轮船等移动体上）与另一个移动台之间的通信，并可以与有线公用电话连接，是非常方便灵活的通信设备。③无线寻呼系统，即单方向传递信息的个人选择呼叫系统，它是程控电话、移动通信设备的延伸和补充，由寻呼中心的编码控制设备、无线电发信站和用户随身携带的寻呼机（BP 机）组成。④磁卡电话，这是 20 世纪 70 年代后期开始使用的新型公用电话，它解决了公用电话自动收费问题。磁卡电话集中了计算机、通信、电磁学的先进技术，具有使用方便、灵活，易于维护管理，更改费率方便、保密，防伪造，可靠耐用等优点。

2. **图文通信系统**

图文通信系统主要负责传递文字和图像信号，共包括三部分，一是用户电报和智能用户电报，用户电报是用户利用装设在办公室或住所的电报终端设备，由市内电信线路与电信局连通，通过电信局的用户电报网，与本地或国内外各地用户之间直接通信的一种业务。智能用户电报又称高速用户电报，是一种远程信息处理业务，其终端内有微处理机、数据存储器及报文编辑功能处理机。智能用户电报的通信过程与用户电报不同，它不是双方操作员之间的人工通信，而是双方终端存储器之间的自动通信，可在公用电话网、分组交换网和综合数字网上进行。二是传真通信技术，传真通信技术是利用扫描技术，通过电话电路实现远距离精确传送固定的文字和图像等信息的通信技术，可以形象地形容为远距离复印技术。三是电子邮件（E-mail），电子邮件是一种基于计算机网络的信息传递业务，其信息可以是一般的电文、信函、数字传真、图像、数字化语音或其他形式的信息。按处理的信息不同，收发电子邮件的信箱分为语音信箱、电子信箱和传真邮箱。

3. **数据通信系统**

数据通信系统是将计算机与电信技术结合的新兴通信系统。操作员使用数据终端设备与计算机或计算机与计算机，通过通信线路和通信协议实现远程数据通信。数据通信系统实现了通信网资源、计算机资源与信息资源的共享和远程数据处理。数据通信系统按照服务性质可分为公用数据通信系统和专用数据通信系统，按组网形式可分为电话网上的数据通信系统、用户电报网上的数据通信系统和数据通信网上的数据通信系统，按交换方式可分为非交换数据通信系统、电路交换数据通信系统和分组交换数据通信系统。

4. **卫星通信系统**

卫星通信系统是近代航天技术和电子技术相结合产生的一种重要通信系统。卫星通信系统以赤道上空 35739km 高度的装有微波转发器的同步人造地球卫星为中继站，与地球上若干个信号接收站组成通信网，转接通信信号，实现长距离、大容量的区域通信乃至全球通信。在地球同步轨道上的通信卫星可覆盖 18000km^2 范围的地球表面，在此范围内的卫星地球站经通信卫星一次转接便可通信。卫星通信系统主要由同步通信卫星和各种卫星地球站组成，突破了传统地域观念，实现了相距万里却近在眼前的国际信息交往联系。卫星通信系统真正提供了强有力的缩小空间和缩短时间的手段，在零距离、零时差交换信息上起到了重要作用。

1.2.4 建筑自动化系统（BAS）

建筑自动化系统（BAS）以中央计算机为核心，对建筑内的设备运行状况进行实时控制和管理，使办公室成为温度、湿度、光度稳定和空气清新的办公室。按设备的功能、作用及管理模式，建筑自动化系统可分为火灾报警与消防联动控制系统、空调与通风系统、供配电及备用应急电系统、照明系统、保安系统、给排水系统和交通系统。其中，交通系统包括电梯系统和车库管理系统；保安系统包括紧急广播系统和电子巡更系统。建筑自动化系统日夜不停地对建筑的各种机电设备的运行情况进行监视，对各处现场资料进行自动处理，并按预置程序和随机指令进行控制。因此，采用了建筑自动化系统的建筑有如下优点。

（1）集中统一地进行监控，既可节省人力，又可提高管理水平。

（2）可建立完整的设备运行档案，加强设备管理，制订检修计划，确保设备的运行安全。

（3）可实时监测电力用量、开关控制和工作循环最优运行等，可节约能源、提高经济效益。

任务 1.3 智能建筑的发展趋势

1.3.1 我国智能建筑的发展

我国智能建筑始建于 20 世纪 90 年代，起步较晚，但以惊人的速度蓬勃发展。目前，北京、上海、广东、西安等地相继建成一批具有一定智能性的大型公共建筑。近年以来，智能建筑在我国如雨后春笋般地拔地而起，如北京的京广中心、中华大厦，上海的上海博物馆、金茂大厦等，仅在上海市的浦东区，1997 年一年之内就规划建设了上百幢智能建筑。国内各大城市和沿海开放地区已经成为智能建筑的巨大市场，吸引了大量的国外智能系统设备商、智能系统建筑商、智能建筑设计事务所和房地产开发商。我国的城市建设正在经历一个前所未有的蓬勃发展阶段，并陆续兴建了一些不同智能标准的新型智能建筑，相信智能建筑将成为 21 世纪建筑发展的主流。

我国智能建筑快速发展，急需智能建筑方面的管理人才，据国家紧缺人才办公室的调研数据显示，2010—2015 年，我国智能楼宇管理师需求量为 100 万～150 万人，智能楼宇管理师成为全国 12 种紧缺人才之一。市场对于智能楼宇管理师的需求不断增加，智能楼宇管理师的薪金水平亦呈现"水涨船高"的趋势。大城市的智能楼宇管理师的平均月薪普遍高于一般的管理岗位，智能楼宇管理师这个职业无疑具有良好的职业前景。

1.3.2 世界智能建筑的发展

智能建筑是信息时代的产物，随着全球信息化进程的不断加快和信息产业的迅速发展，智能建筑作为信息社会的重要基础设施，已受到越来越多的重视。近几年来，发达国家相继掀起了建设智能建筑的浪潮，目前，智能建筑已经向着"智能大厦群""智能街区""智能城市"发展。例如，韩国将建"智能半岛"，新加坡政府斥巨资进行了专项研究，准备把新加坡建设成"光纤智能花园"，印度将建"加尔各答盐湖智能城"，日本则制订了从智能设备、智能家庭、智能建筑到智能城市的发展计划，预计在 21 世纪末实现 65%的建筑智能化。又如，日本大森集团设计的"塔形大楼"高 1609m，共 500 层，可同时容纳 30 万人，是世界上最高的海上城市；日本东京计划用 14 年时间建成一座有能源、水、垃圾处理等功能的自立型塔式空中城市，该项计划的代号为"空中城市 1000"，该空中城市是一座圆锥形建筑，高 1000m，共 240 层，底部直径为 160m，可供 10 万人就业，3.5 万人居住；美国自 20 世纪 90 年代以来新建和改建的办公大楼约有 70%为智能建筑，目前正在计划建造"海上城市""空中城市""顶盖城市"和"月球城市"。美国佛蒙特州建立了一座称为"威鲁士"的带顶城市，约容纳居民 1 万人，可自动控制室内温度；美国航天局公布拨款 1000 亿美元，计划在月球上建立一座"月球城市"，可容纳上万人。由此可见，建筑智能化热潮正在引发国际建筑史上的一场革命。

实 训

为了加深学生对智能建筑的认识，学习情境 1 讲完以后，教师带领学生参观智能办公大楼和智能住宅小区，调查了解这些智能建筑每一部分智能化水平的实际状况。在观察和操作智能建筑设备后，每位学生写一份调查报告。

知识总结

学习情境 1 主要介绍智能建筑的概念及智能建筑和普通建筑的区别，重点是智能建筑的组成。学生学习后应了解每一部分的功能，以及国内外智能建筑的发展趋势。

复习思考题

1. 简述智能建筑系统的组成。
2. 什么是智能建筑？智能建筑的主要特征是什么？简述世界上第一幢智能建筑的诞生过程。
3. 为什么说智能建筑的核心是系统集成？
4. 3A 指什么？简述其主要功能和发展前景。
5. 智能建筑与普通建筑的区别是什么？

学习情境 2 楼宇机电设备

❧ 教学导航 ❧

学习任务	任务 2.1 楼宇机电设备简介 任务 2.2 楼宇空调与通风系统 任务 2.3 电梯系统 任务 2.4 变配电系统	参考学时	10
能力目标	1）掌握楼宇机电设备的基础知识 2）熟悉各种楼宇机电设备的基本组成及主要功能 3）知道楼宇机电设备的常见故障及解决方案		
教学资源与载体	多媒体课件、教材、视频、作业单、评价表		
教学方法与策略	项目教学法，多媒体演示法，教师与学生互动教学法		
教学过程设计	教师首先介绍楼宇机电设备的基础知识及基本功能，然后介绍实例使学生了解楼宇机电设备的主要组成及控制原理，使学生掌握楼宇机电设备的常见故障及解决方案		
考核与评价内容	对楼宇机电设备的基础知识、主要功能、常见故障及解决方案的掌握，参与互动的语言表达能力，学习态度，任务完成情况		
评价方式	自我评价（10%）小组评价（30%）教师评价（60%）		

楼宇机电设备是现代智能楼宇的核心组成部分，是维持智能楼宇正常运作的重要设备。楼宇机电设备的主要功能是满足楼宇内的人员的使用需求，为楼宇提供电力保障，保证楼宇内的照明，调节楼宇内的温度和湿度，解决人员和设备的输运问题等。

任务 2.1 楼宇机电设备简介

教师活动

第一节课教师要准备现代智能楼宇的空调通风设备、电梯设备及配电照明设备的 PPT 课件，激发学生兴趣，引发学生的求知欲望，给楼宇机电设备整个课程的学习做好铺垫。

学生活动

第一节课结束时每个学生填写的作业单如表 2-1 所示。

表 2-1 作业单

序号	楼宇机电设备的组成	序号	楼宇机电设备的组成

2.1.1 楼宇机电设备组成

楼宇机电设备是现代楼宇正常运作的基础，具体包括空调通风设备、电梯及配电照明设备。

1. 空调通风设备

空调通风设备包括中央空调设备和通风设备。中央空调设备主要包括制冷主机（锅炉）、空调水管和风管、空调水泵和风机等，通风设备主要包括通风口、通风风管、通风风机等。

2. 电梯设备

电梯是指用电力拖动轿厢运行于铅垂的或倾斜角不大于 15°的两列刚性导轨之间的、运送乘客或货物的固定设备。电梯属于起重机械，也是一种升降机械，主要担负垂直方向的运输任务。

3. 配电照明设备

配电设备包括配电箱、配电柜、配电保护装置（刀开关、熔断器、自动空气开关、漏电保护器等）；照明系统是由室外架空电力线路供电给照明灯具和其他用电器具使用的供电线路的总称，一般由进户线、配电箱、支线和干线组成。

2.1.2 楼宇机电设备的主要功能

楼宇机电设备的主要功能是保证人员和设备的正常运作，为楼宇提供一个舒适、快捷的环境。具体地讲，楼宇机电设备的主要功能包括：

（1）空调通风设备的主要功能是保证室内正常的温度和湿度条件，保证室内工作人员的舒适度和维护设备正常工作。另外，为了保证室内空气清洁，空调通风设备需要保证室内的换气次数，采用送风或排风的方式降低室内污染物的浓度。

（2）电梯设备的主要功能是保证人员或货物正常上下楼宇，减少上下楼宇需要的时间。

（3）配电照明设备的主要功能有两个方面。一方面，配电设备的主要功能是为楼宇内的设备（如电梯、计算机、打印机等）提供电力，保障楼宇的用电安全；另一方面，照明系统的主要功能是当楼宇内照明度不足时，开启照明设备，保证人员正常工作。

任务 2.2　楼宇空调与通风系统

2.2.1　空调系统与通风系统的基本知识

1. 与空调系统相关的基本概念

1）空调系统的处理对象

空调系统的处理对象是室外的自然界的空气，是由干空气和水蒸气组成的混合物，因此在空调处理过程中被称为湿空气。

2）重要的空气处理参数

（1）空气的压强。

空调系统处理的空气即室外大气，其压强即大气压强，在工程中大气压强的单位一般为千帕（kPa）或毫巴（mBar）。大气压强随着地域海拔的变化略有变化，同一地区在不同的气象条件下，其大气压强存在细微的差别。

在一定的温度条件下，水蒸气的含量是有一定限度的，当湿空气中水蒸气的含量达到一定值后，水蒸气就会从湿空气中析出，此时空气达到饱和状态，对应的水蒸气的压强就是该温度条件下的饱和压强。

（2）含湿量。

湿空气的含湿量的定义为空气中水蒸气的密度与干空气的密度之比，即 1kg 的干空气中对应的水蒸气的质量。

（3）温度。

在空调工程中常用的温标为摄氏温标 t（℃）、热力学温标 T（K）及华氏温标 F（℉）。各个温标的换算关系如式（2-1）和式（2-2）所示。

$$T = 273.15 + t \quad (K) \tag{2-1}$$

$$F = \frac{9}{5}t + 32 \quad (℉) \tag{2-2}$$

（4）相对湿度。

相对湿度是一种间接地表征湿空气中水蒸气含量的指标，其定义为湿空气中水蒸气的压强与同温度下对应的饱和水蒸气的压强之比，如式（2-3）所示。

$$\varphi = \frac{P_q}{P_{q \cdot b}} \times 100\% \tag{2-3}$$

式中，P_q 为水蒸气压强；$P_{q \cdot b}$ 为该温度下饱和水蒸气压强。

由此可见，相对湿度用于表征湿空气中水蒸气的含量接近饱和状态的程度，相对湿度越大，水蒸气含量越接近饱和状态，当相对湿度达到 100% 时，水蒸气含量达到饱和状态。

3）空调工程中常用的单位

（1）功的单位。

功的国际单位是焦耳（J）。在空调工程中常用的功的单位有千焦（kJ）、卡（cal）、千卡（kcal）、度（千瓦时，kWh）、匹等。这些单位都用于描述做功的多少，具体的换算关系如式（2-4）～式（2-6）所示。

$$1 千焦（kJ）= 1000 焦（J） \tag{2-4}$$

$$1 千卡（kcal）= 1000 卡（cal）= 4.187 千焦（kJ）= 4187 焦（J） \tag{2-5}$$

$$1 度（千瓦时，kWh）= 3.6 \times 10^6 焦（J） \tag{2-6}$$

（2）功率的单位。

功率用于描述单位时间内做功的多少，即描述做功的快慢。功率的国际单位是瓦（W）。在空调工程中常用的功率单位有千瓦（kW）、千卡/时（kcal/h）、美国冷吨（USRT）等。这些单位之间的换算关系如式（2-7）～式（2-9）所示。

$$1 千瓦（kW）= 1000 瓦（W） \tag{2-7}$$

$$1 \text{ 千卡/时 (kcal/h)} = 1.163 \text{ 瓦 (W)} \tag{2-8}$$

$$1 \text{ 美国冷吨 (USRT)} = 3.517 \text{ 千瓦 (kW)} \tag{2-9}$$

(3) 压强的单位。

压强是指单位面积上受到的压力，常用的压强单位有帕（Pa）、巴（bar）、毫巴（mbar）、米水柱（mH₂O）、毫米水柱（mmH₂O）、毫米汞柱（mmHg）等。这些单位之间的换算关系如式（2-10）~式（2-12）所示。

$$1 \text{ 巴 (bar)} = 100000 \text{ 帕 (Pa)} = 1000 \text{ 毫巴 (mbar)} \tag{2-10}$$

$$1 \text{ 米水柱 } (mH_2O) = 1000 \text{ 毫米水柱 } (mmH_2O) = 9806 \text{ 帕 (Pa)} \tag{2-11}$$

$$1 \text{ 毫米汞柱 (mmHg)} = 133.32 \text{ 帕 (Pa)} \tag{2-12}$$

4）冷/热负荷、湿负荷

(1) 冷负荷。

冷负荷是指为了维持房间温度恒定，空调系统在单位时间内必须从室内取走的热量，也就是空调系统必须向室内提供的冷量。

(2) 热负荷。

热负荷与冷负荷相反，是指为了维持房间温度恒定，空调系统在单位时间内必须向室内提供的热量。

(3) 湿负荷。

湿负荷是指为了维持房间湿度平衡，空调系统在单位时间内必须从室内取走或向室内提供的湿量。

2. 空调系统的分类

空调系统可以分为多种不同的组织形式。在实际的使用中，应该根据建筑的结构特点、建筑的使用特性及投资运行费用等综合因素选取合适的空调系统组织形式。

1）按照空气处理设备的集中情况分类

(1) 集中式空调系统。

集中式空调系统将所有的空气处理设备，包含风机、水泵、冷却器、加湿器、过滤器等都集中设置在一个空调机房内，将空气通过风机经过风道集中输送到各个空调房间内，这种处理形式处理的空气量大，需要设置比较大的集中机房和冷热源系统。

(2) 半集中式空调系统。

半集中式空调系统通常称为混合式空调系统，对空气的处理既有集中的处理也有局部的处理，不仅设置集中处理的机房，还在局部设置二次处理系统，其末端多数设有冷热源交换设备（又称为二次盘管），二次盘管的主要功能是在空气进入房间前，对来自集中处理设备的空气进行二次处理。

(3) 全分散式空调系统。

全分散式空调系统又称为局部空调系统，由分散在各个空调房间的空调机组来承担空气处理的任务。这种系统将冷热源交换设备、空气处理设备和空气输送设备集中在一个箱体内，可以根据实际使用的需要灵活地分布在空调房间内。全分散式空调系统不需要设置集中处理的机房。目前在家庭中使用的空调（如窗机、挂机和柜机）属于全分散式空调系统。

集中式和半集中式空调系统又称为中央空调系统，中央空调系统是目前绝大多数智能楼宇采用的空调系统组织形式。

2）按照承担室内负荷的介质分类

(1) 全空气空调系统。

全空气空调系统是指室内的热湿负荷全部由经过处理的空气来承担的空调系统。当室内的热湿负荷异常时，将低于室内空气焓值的空气送入房间内，消除房间内余热和余湿；或者将高于室内空气焓值的空气送入房间内，向房间内补充热量和湿量。由于空气的比热容很小，单位质量的空气处理能力有限，需要较大的空气量才能达到上述目的，因此全空气空调系统往往需要很大的风管或较大的送风风速。

(2) 全水空调系统。

空调系统的热湿负荷全部以水为冷热介质来承担的空调系统称为全水空调系统。由于水的比热容比空气大得多，因此在同样的负荷条件下只需要较少的水量，可以减小风管的截面积。但是单纯依靠将水送入室内来调节房间的温湿度，不能满足房间通风换气的需求，因此通常不单独使用全水空调系统。

(3) 空气－水空调系统。

空气－水空调系统采用空气和水来作为承担室内热湿负荷的介质。在目前的智能楼宇中，空调使用的区域越来越广，这种系统可以减小风管的截面积，节省建筑的空间，其典型代表是诱导空调系统和带独立新风的风机盘管系统。将水作为介质通过风机盘管承担室内多数的热湿负荷，新风机组只承担室内少数的热湿负荷，因此只需要较小的风量。

(4) 制冷剂空调系统。

制冷剂空调系统将空调系统的蒸发器直接放在空调末端，通过制冷介质的蒸发来调节室内的温度和湿度。制冷剂空调系统通常用于局部的空调系统，如窗式空调器。近年来，随着VRV（变制冷剂流量）系统的发展，制冷剂空调系统被使用到集中式空调系统中，其室外管道长度可以达到100m，最大高度差为50m。

常见的空调系统组成如图2-1所示，其中虚线框内为空调的风系统，其余为水系统和主机系统。

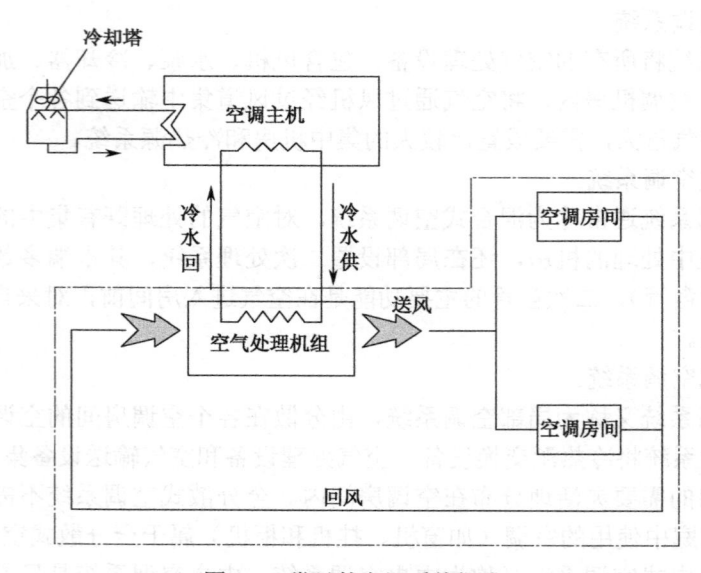

图2-1 常见的空调系统组成

3. 通风系统的分类

按照空气流动的动力，通风系统有自然通风系统和机械通风系统两种。自然通风系统是指以室外热压和风压为动力而不依靠机械的通风系统。

机械通风系统可以分为机械进风系统和机械排风系统。机械通风系统对于特定的房间或区域，有不同的组织形式：既有机械进风系统又有机械排风系统；只有机械排风系统，依靠门窗的缝隙进行渗透进风；机械进风系统和局部机械排风系统结合；机械排风系统与空调系统结合；机械进风系统与空调系统结合。

2.2.2 空调系统的主要设备

空调系统的主要设备是冷源和热源，其作用是为空气处理设备提供冷水和热水。冷源和热源可以是不同的设备，也可以是同一台设备（根据使用的需求，灵活地调整工况进行制冷或制热）。

1. 制冷机

空调系统中常用的制冷机有蒸气压缩式制冷机和蒸气吸收式制冷机，还有近年来发展较快的冰蓄冷制冷机。蒸气压缩式制冷机消耗电能作为补偿，通常以氟利昂或氨为制冷剂。溴化锂蒸气吸收式制冷机消耗热能作为补偿，以水为制冷剂，以溴化锂溶液为吸收剂。冰蓄冷制冷机可以在电网低负荷时工作，将冷量贮存在蓄冷器中，供空调系统在高峰负荷时使用。蒸气压缩式制冷机原理图如图 2-2 所示。

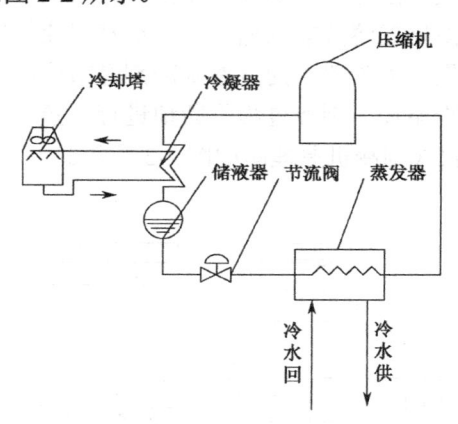

图 2-2 蒸气压缩式制冷机原理图

蒸气压缩式制冷机又称为机械制冷机，其主要的制冷原理是利用制冷剂（氨、氟利昂及其替代物）在相变过程中吸热和放热来冷却或加热空调用循环水。储液器内的制冷剂经过节流阀节流降压后，流向蒸发器内的换热盘管，空调系统的回水流经蒸发器，制冷剂在蒸发器内蒸发吸热，将回水温度降低，变为冷水。制冷剂在蒸发器内蒸发后，变为蒸气，高温高压的制冷剂蒸气由压缩机处理后，经过冷凝器冷凝后成为液态，然后进入下一个制冷循环。

压缩机是蒸气压缩式制冷机的重要设备，根据压缩机压缩原理的不同，蒸气压缩式制冷机可以分为活塞式、离心式、螺杆式、涡旋式和滚动转子式制冷机等。

根据制冷剂的不同，冷凝器可以分为四种，即水冷凝器、空气冷凝器、水—空气冷凝器（蒸发式和淋水式）及靠制冷剂蒸发或其他工艺进行冷却的冷凝器。在空调系统中，主要使用的是前三种冷凝器。冷凝介质通常使用冷却塔来冷却。

蒸发器根据供液方式的不同分为四种，即满液式蒸发器、非满液式蒸发器、循环式蒸发器和淋激式蒸发器。满液式蒸发器内充满了液态制冷剂，这样可以使传热介质尽可能地与制冷剂接触，换热系数较高；非满液式蒸发器中液态制冷剂经膨胀阀直接进入蒸发器管内（最好从下部进入），随着液态制冷剂在管内流动，不断吸收蒸发器管外的热量，逐渐汽化，此时蒸发器管内的制冷剂处于气、液共存状态；循环式蒸发器依靠泵使得制冷剂在蒸发器内循环，其循环量为制冷剂蒸发量的4～6倍；淋激式蒸发器中只充注少量制冷剂，依靠泵将液态制冷剂喷淋在传热面上，这样可以减少系统中制冷剂的充注量，并且可以消除蒸发器内静液高度对蒸发温度的影响。

节流机构是组成制冷机的重要部件，是制冷机的四大部件之一，具有两方面的作用。一是对高压液态制冷剂进行节流降压，保证冷凝器与蒸发器之间的压力差，以便蒸发器中的液态制冷剂在要求的低压下蒸发吸热，从而达到制冷降温的目的。二是使冷凝器中的气态制冷剂在给定的高压下放热、冷凝。调整供入蒸发器的液态制冷剂流量以适应蒸发器热负荷的变化，可以使制冷机更加有效地运转。下面以溴化锂蒸气吸收式制冷机为例说明。

溴化锂蒸气吸收式制冷机主要由蒸发器、吸收器、输送器、发生器、冷凝器、节流阀及输送泵等组成。在全部密闭近似真空的蒸发器中，制冷剂汽化，在汽化时吸收空调回水中的热量，使空调回水得到冷却。汽化的制冷剂蒸气进入吸收器后，被溴化锂溶液吸收。

吸收器输出稀溴化锂溶液，由输送泵输送至发生器。稀溴化锂溶液被流动的蒸气加热而沸腾，产生制冷剂蒸气，稀溴化锂溶液被浓缩。制冷剂蒸气流经冷凝器，被冷凝器管中流动的冷却水冷却变成液态。聚集在冷凝器中的液态制冷剂经节流阀减压后进入蒸发器，再进行蒸气吸热制冷，完成一个制冷循环。制冷过程不断地进行，蒸发器就能不断地输出低温冷水供空调使用。溴化锂蒸气吸收式制冷机原理图如图2-3所示。

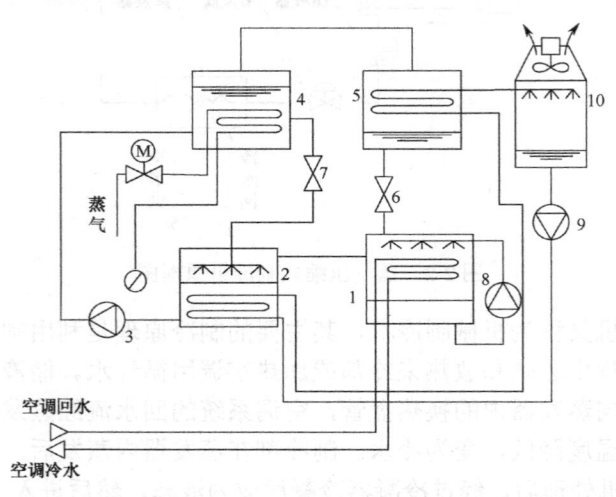

1—蒸发器；2—吸收器；3—输送器；4—发生器；5—冷凝器；6，7—节流阀；8，9—输送泵

图2-3 溴化锂蒸气吸收式制冷机原理图

单效溴化锂蒸气吸收式制冷机需要较高的驱动温度，使用受到较大的限制，目前普遍采用的是双效溴化锂蒸气吸收式制冷机。

双效溴化锂蒸气吸收式制冷机原理图如图 2-4 所示。蒸发器中产生的制冷剂蒸气，被吸收器中的溴化锂溶液吸收，溴化锂溶液被稀释。吸收器内的稀溴化锂溶液由发生器泵分别经过高、低温热交换器及冷凝水热交换器，送到高、低压发生器。在高压发生器中，稀溴化锂溶液被蒸气加热而沸腾，产生制冷剂蒸气，稀溴化锂溶液被浓缩。高压发生器中产生的制冷剂蒸气加热低压发生器中的溴化锂溶液后，经过节流，压力降低，进入冷凝器，并与低压发生器中产生的制冷剂蒸气一起被冷凝器管内流动的冷却水冷却成为液态制冷剂。冷凝器管内的液态制冷剂进入蒸发器，在蒸发器内部分液态制冷剂蒸发，吸收蒸发器管内空调回水的热量，液态制冷剂温度降低，提供空调冷水。

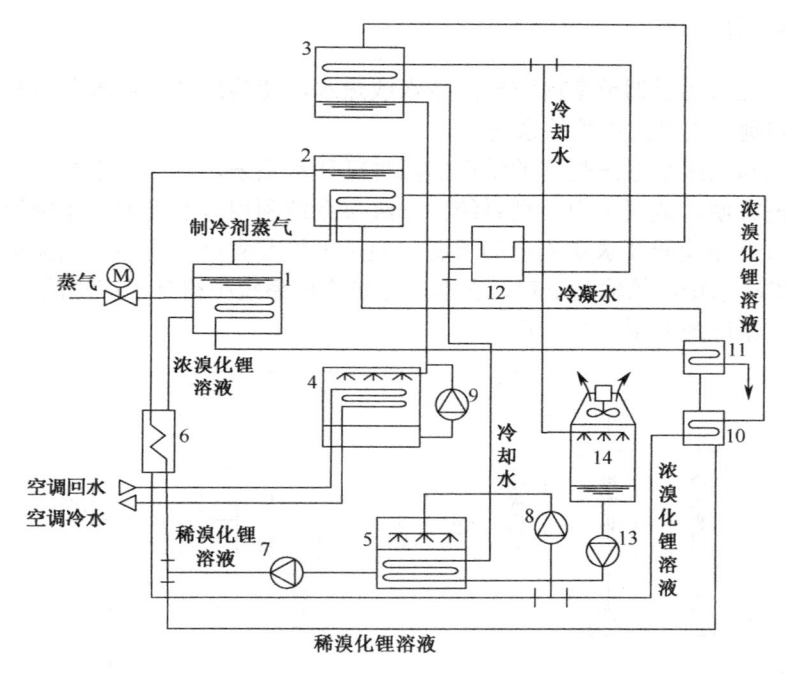

1—高压发生器；2—低压发生器；3—冷凝器；4—蒸发器；5—吸收器；6—高温热交换器；7—发生器泵；8—吸收器泵；9—蒸发器泵；10—低温热交换器；11—冷凝水热交换器；12—过冷器；13—冷却水泵；14—冷却塔

图 2-4　双效溴化锂蒸气吸收式制冷机原理图

由高、低压发生器出来的浓溴化锂溶液，分别经高、低温热交换器降温后，进入吸收器，并与吸收器中的稀溴化锂溶液混合，再由吸收器泵输送，喷淋在吸收器管簇上，被冷却水冷却。喷淋溶液温度降低后，吸收效率提高，吸收来自蒸发器的制冷剂蒸气，成为稀溴化锂溶液。如此，喷淋溶液不断地吸收蒸发器中产生的制冷剂蒸气，使蒸发器保持低压，制冷过程不断地进行。溴化锂稀溶液由发生器泵分别输送到高、低压发生器内沸腾和浓缩，这样，便完成了一个制冷循环。

2. 热源

空调系统常用的热源是锅炉和热泵机组。

锅炉根据使用燃料的不同可以分为燃煤锅炉、燃油锅炉、燃气锅炉及电锅炉。锅炉根据系统负荷的变化，生产蒸气或高温热水，然后通过热交换器与空调回水进行热交换，提高空调回水的温度。

随着近年来热泵技术的发展和进步，热泵机组的使用越来越广泛。热泵机组是冬季和夏季双效机组，夏季通过正常的制冷循环制备冷水，冬季通过换向阀改变制冷剂流进蒸发器和冷凝器的顺序，系统进入制热工况。热泵机组根据使用的热交换能源的来源不同，可以分为地源热泵、水源热泵及空气源热泵。

3. 循环水系统

循环水系统是指用于调节室内空气的冷水或热水，使其经过循环水泵与空气处理设备进行热交换后返回制冷主机或锅炉的系统。

一级泵系统和二级泵系统是目前常用的两种循环水系统，一级泵系统比较简单，控制元件少，运行管理方便，适用于中小型系统。一级泵系统利用旁通管解决了空调末端设备要求变流量与冷水机组蒸发器要求定流量的矛盾，但是不能节省冷水循环的输配电耗。二级泵系统能显著地节省冷水循环的输配电耗，在高层建筑空调系统中得到了广泛的运用。

一级泵系统原理图如图 2-5 所示。

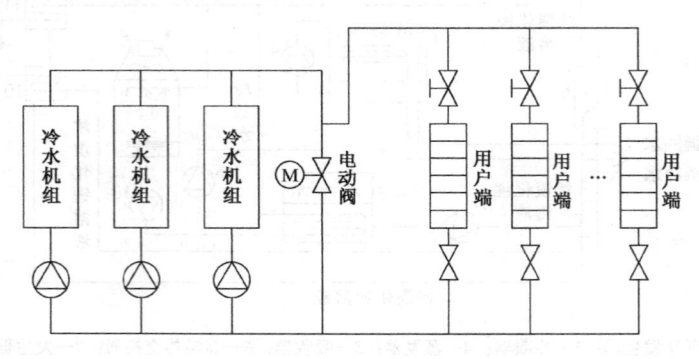

图 2-5 一级泵系统原理图

二级泵系统原理图如图 2-6 所示。

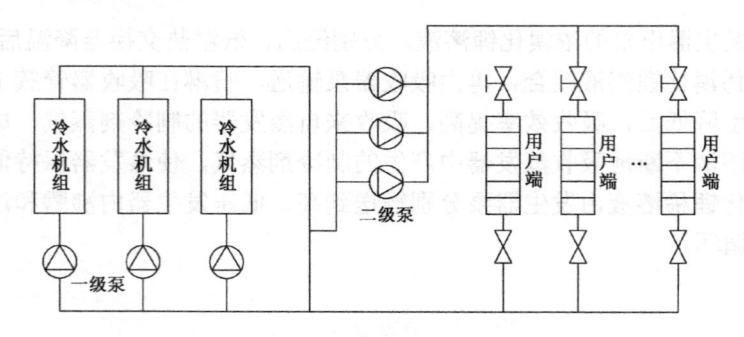

图 2-6 二级泵系统原理图

二级泵系统冷水的制备往往采用一泵对一机的配置，保证通过冷水机组的水量恒定。与冷水机组对应的泵称为一级泵。空调末端设备、管路系统和旁通管组成了二级环路，二级环路的水量是根据实际负荷变化的。

循环水系统的主要设备有以下几种。

① 水泵：水泵是循环水流动的动力源。循环水在流动的过程中会遇到各种阻力，同时循环水通常须提升到一定的高度，须克服较大的重力势能。水泵的作用是保证循环水管道内的水的流速在设计范围内，同时给循环水加压，保证循环水送达最远端的设备。

② 阀门：循环水系统的阀门种类很多，作用各不相同。常用的阀门有手动调节阀、蝶阀、止回阀、电动调节阀等。手动调节阀和蝶阀通过手动调节阀门的开度控制通过阀门的介质流量；止回阀用于控制介质由于压差的波动产生的回流；电动调节阀通过电动机牵引阀杆调节介质流量，电动调节阀的价格较昂贵，一般用于自动化要求较高的系统中。

③ 管道：管道是循环水系统的重要组成部分。空调中常用的管道为镀锌钢管。为了防止管内介质与周围环境进行热交换造成热损失，管道须进行严格的保温和防腐处理。另外，为了表明管内介质的种类和流量，许多冷冻站都用不同颜色的箭头在管道的保温防腐层外进行标记。

④ 热交换器：热交换器主要用于冬季热水系统中，冬季锅炉房产生的高温热水或蒸气通过热交换器与循环水进行热交换，加热系统的回水，保证循环水系统正常运行。常用的热交换器有板式热交换器和管壳式热交换器。

4．冷却水系统

冷却水系统的主要作用是及时地带走冷凝器的热量，冷却水系统的主要设备有冷却塔、冷却水泵等。

①冷却塔：冷却塔是一个热交换器。根据冷却介质的不同，冷却塔可以分为风冷式冷却塔和水冷式冷却塔；根据冷却水的闭合形式不同，冷却塔可以分为开式冷却塔和闭式冷却塔。空调系统中常用的是成品玻璃钢低温型冷却塔。冷却塔根据冷却方式的不同，主要分为机械通风式冷却塔和喷射式冷却塔。机械通风式冷却塔又分逆流式冷却塔和横流式冷却塔，逆流式冷却塔又分圆形冷却塔和方形冷却塔两种；喷射式冷却塔又分喷雾填料型冷却塔和喷雾通风型冷却塔两种，具有无风机、低噪声的特点。

②冷却水泵：冷却水泵与循环水泵的作用基本相同，只是工作的温度和压力的范围不同，常用的冷却水泵的供水和回水温度为32～37℃。

2.2.3 空调系统的风系统设备

空调的风系统设备主要有空气处理设备、风机盘管设备、空气输送设备、空气分布设备等。

1．空气处理设备

空气处理设备由对空气进行加热或冷却的设备、加湿或减湿的设备及对空气进行净化处理的初效、中效、高效过滤器组成。目前，智能楼宇中大多采用的是集中式或半集中式空气处理设备。

将上述设备及送风机和过滤器组装在一起可以组成一个空气处理机组。常用的空气处理机组是用于处理新风的新风机组及用于处理新/回风混合空气的组合式空气处理机组。对于楼宇中央空调常用的组合式空气处理机组来讲，其主要组成部分如图 2-7 所示。

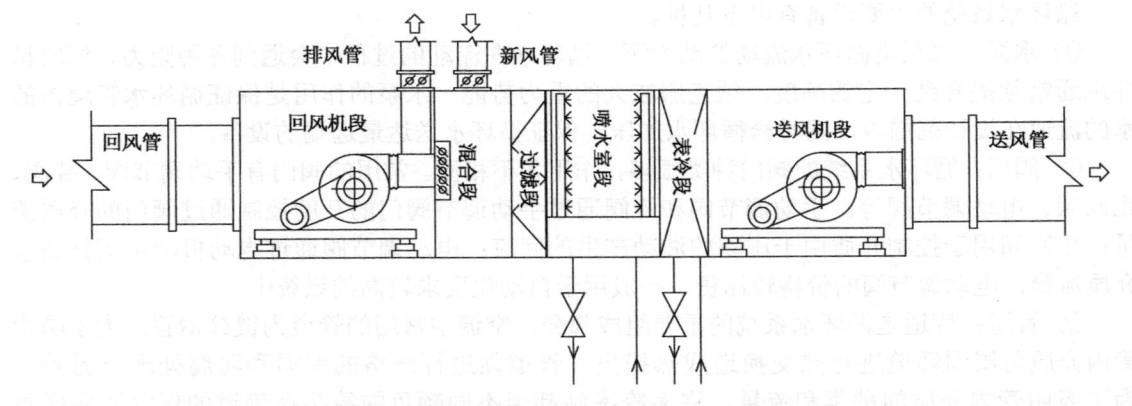

图 2-7　组合式空气处理机组的主要组成部分

1）回风机段

回风机段用于放置回风机，其主要功能是为回风和排风提供动力，保证足够的回风量和排风量。

2）混合段

混合段处理的空气一部分来源于新鲜空气，另一部分来源于室内的回风。夏季和冬季共用一条风管，为了控制噪声，风管内的风速较小（一般不大于 8m/s），风管的截面积较大。

3）过滤段

过滤段用于放置过滤器，其主要功能是对新、回风进行过滤处理，以满足室内空气洁净度的需求。为了保证正常的过滤效果，应该对过滤器两端的压力进行检测，安装压差报警装置，及时更换和清洗过滤器。过滤器按照过滤等级分为初效过滤器、中效过滤器和高效过滤器。

4）喷水室段

喷水室段用于放置喷水室，喷水室是利用水与空气直接接触来对空气进行热湿处理的设备，主要用于对空气进行冷却、除湿和加湿处理。喷水室的优点是只要改变水温就可以改变对空气的处理过程，可以实现对空气进行冷却除湿、冷却加湿、升温加湿等过程的调节，同时能够净化空气。喷水室的缺点是体积大，约为表冷器体积的 3 倍；水系统复杂，并且水系统为开放式系统，容易对金属产生腐蚀，水容易受到污染，耗水量大。

5）表冷段

表冷段用于放置表冷器，其主要功能是对空气进行冷却除湿处理。表冷器一般为装有铜管套铝翅片的盘管，常用的有 4 排、6 排、8 排盘管。表冷器的迎面风速一般控制在 2.5m/s 以内，过大的风速会使得冷却后的风夹带水滴，增大空气湿度。为了避免这种情况，通常在表冷器的出风段设置挡水板。

6）送风机段

送风机段用于放置送风机，其主要功能是保证送往末端的空气有足够的速度和压力，保证末端的设计风量和风速。

2. 风机盘管设备

对于目前使用较多的风机盘管—独立新风系统，常用的做法是由风机盘管承担室内负荷，由新风机承担新风负荷，室外空气经新风机处理到室内焓值状态后，通过新风管道进入室内。常用的风机盘管为铜管套铝翅片盘管，冷水/热水在管内流动，空气通过轴流风机在管外流动，经过热湿交换后进入房间以调节房间的温度和湿度。风机盘管一般带有三速开关，通过调节风机的转速来调节房间的温度。

3. 空气输送设备

对于全空气空调系统而言，空气是进行热湿交换的介质，空气输送设备包括风机、风管、风阀和其他附属设备（如消声器、减震器等）。

风机是输送空气的核心动力装置，在空调系统中常用的风机有离心式风机和轴流式风机。离心式风机的旋转轴与空气流动方向垂直，常用于大流量的情况，轴流式风机的旋转轴与空气流动方向平行，常用于小流量的情况。

风阀是空调系统中用于调节风量的装置，通过改变风阀的开度来改变局部阻力和风量，常用的风阀有多叶顺开式风阀和多叶对开式风阀两种，也可以使用单叶风阀。

风管是空气传输的通道，根据建筑的结构特点和使用需求，合理地布置风管，将处理后的空气输送到房间，用于调节房间的温湿度。

4. 空气分布设备

空气分布设备又称为空气分布器，具体是指各种类型的风口和散流器。为了保证室内的温湿度分布均匀，空调系统在设计时应该保证室内具有一定的气流组织形式。

2.2.4 楼宇通风系统设备

按照空气流动的动力，通风系统有自然通风系统和机械通风系统两种。自然通风系统是指以室外热压和风压为动力而不依靠机械的通风系统。

机械通风系统可以分为机械进风系统和机械排风系统。机械通风系统对于特定的房间或区域，有不同的组织形式：既有机械进风系统又有机械排风系统；只有机械排风系统，依靠门窗的缝隙进行渗透进风；机械进风系统和局部机械排风系统结合；机械排风系统与空调系统结合；机械进风系统与空调系统结合。

1. 机械进风系统

机械进风系统如图 2-8 所示。送风机的作用是提供整个系统运行的动力，送风机的压力需要克服系统的压力损失，包括沿程阻力损失和局部阻力损失。风管及风阀主要用于系统空气的输送和流量调节；风管通常由钢板制作，目前也有用负荷材料制作的。

机械进风系统通常与空调系统配合使用，也就是说，楼宇的进风通常是作为空调系统的新风送入室内的。因此，室外空气入口又称为新风口，新风口设有百叶窗，用于遮挡雨雪。

为了避免新风口吸入室内的排风，新风口应该设置在主导风向的上风侧并低于排风口。在寒冷地区，新风口入口处还应该设有电动密封阀，电动密封阀与送风机联动，当送风机停转时电动密封阀自动关闭，避免室外的冷空气进入送风机损坏设备。如果没有电动密封阀，应该设置手动密封阀。

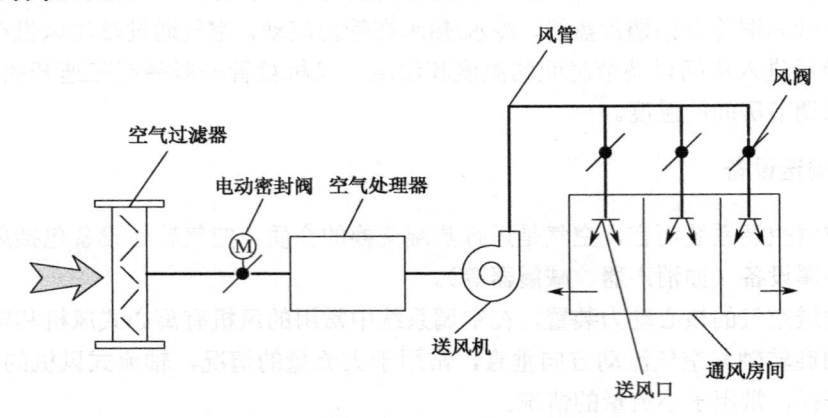

图 2-8 机械进风系统

2. 机械排风系统

机械排风系统由排风机、进风口、风管、风阀和排风口等组成，排风机的作用是将室内污染气体排到室外。机械排风系统如图 2-9 所示。

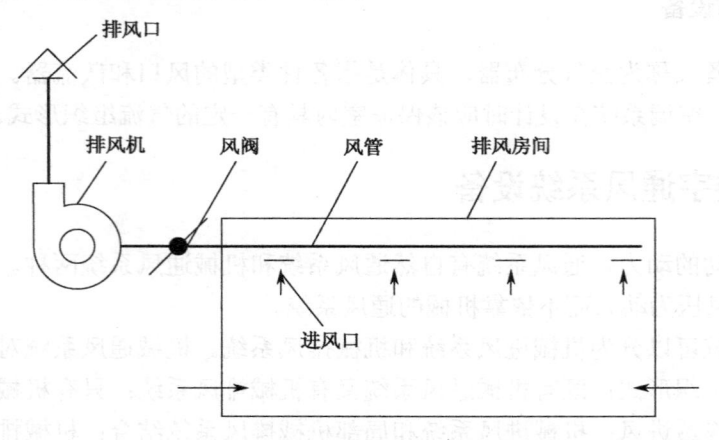

图 2-9 机械排风系统

进风口是收集室内污染气体的地方，为了全面提高机械排风系统的工作效率，进风口应该设置在污染物浓度较高的地方，如果污染物浓度高于室内空气的密度，进风口应该设置在室内的下方，如果污染物浓度低于室内空气的密度，进风口应该设置在室内的上方。如果房间的污染物浓度不高或房间的空间很小时，可以只设置一个进风口，否则须设置多个进风口。排风口是排风的室外出口，同机械进风系统一样，机械排风系统也须设置电动或手动密封阀。

3. 空调建筑中的通风系统

为了减小室内空调的负荷，空调建筑或房间都有很好的密封性能。如果空调房间不能有良好的通风，尽管室内的温度和湿度条件较好，但是室内的污染物浓度过高，那么室内空气品质往往不如通风良好却没有空调的房间。

在空调建筑中，除工艺过程的污染物需要单独的通风系统来处理外，室内的通风都是通过空调系统来实现的。空调建筑中的通风系统如图 2-10 所示。在空气—水空调系统中，除典型的风机盘管—独立新风系统由室内的风机盘管承担室内的热湿负荷外，都需要专门设置新风系统，通过向室内输送新风来改善室内的空气品质。对于全空气空调系统，除需要从室内引出回风外，还需要单独从室外引入新风，新风在空气处理机组前端与回风混合后送入室内，稀释室内的污染物。

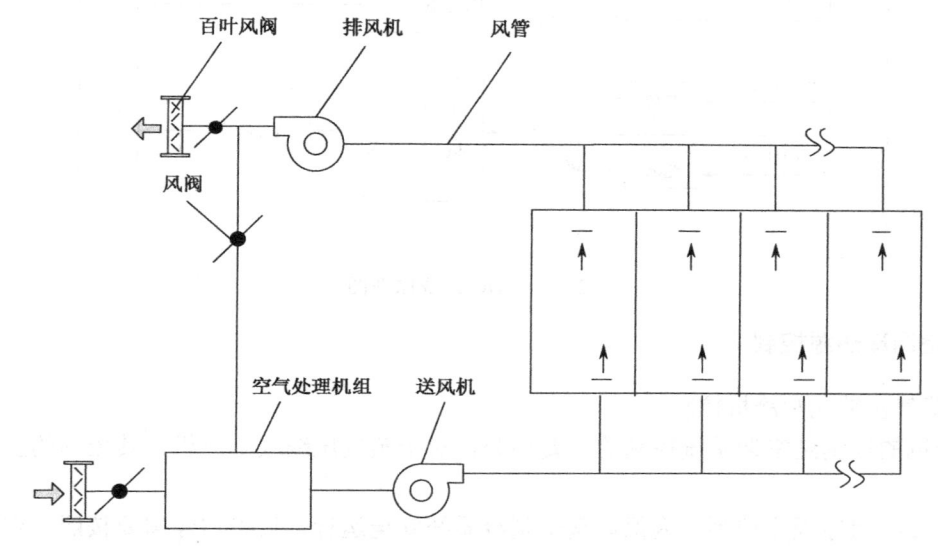

图 2-10 空调建筑中的通风系统

2.2.5 空调自动控制原理

空调自动控制的任务是在最大限度节能与安全生产的条件下，自动调节各种装置的实际输出量与实际负荷，使它们相适应，以满足生产工艺和人们在工作和生活中对空气参数（温度、湿度、压力及清新度等）的要求。空调自动控制分为制冷机组控制、空气处理机组控制和冷水控制等。

1. 直接数字控制器

空调自动控制通常利用直接数字控制器（DDC）。DDC 是一种多回路的控制器，其组成原理图如图 2-11 所示。

在图 2-11 中，AO 为 DDC 的模拟输出量，DO 为 DDC 的数字输出量，DI 为 DDC 的数字输入量。

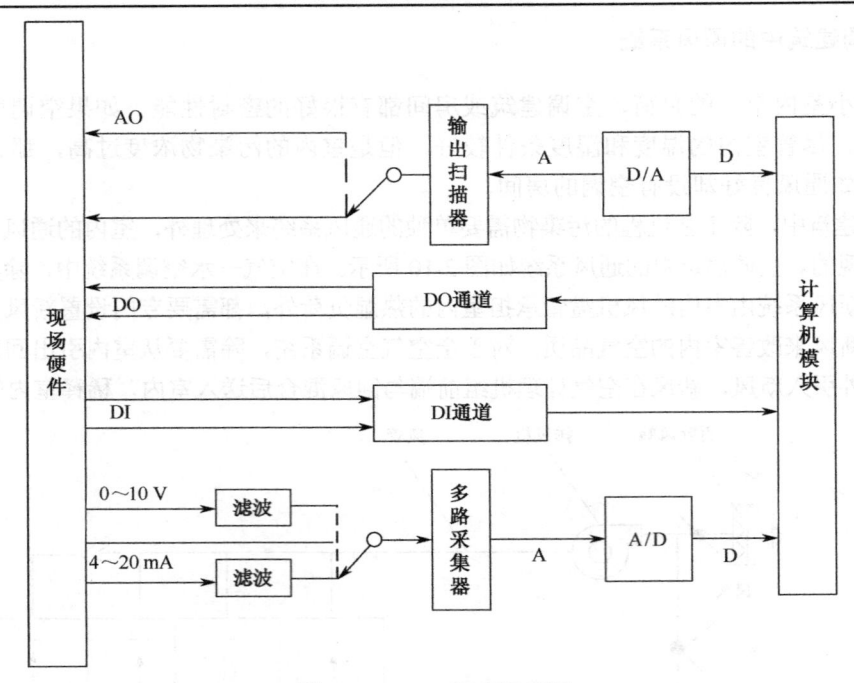

图 2-11 DDC 组成原理图

2. 空调冷热源控制

1）蒸气压缩式制冷机控制

制冷机的控制是空调系统控制的主要部分，对于蒸气压缩式制冷机，其控制的主要内容如下。

（1）设备启停顺序控制。为保证整个制冷系统安全运行，设备启停需要按照一定的顺序进行，只有当润滑油系统启动，冷却水、冷水流动后，压缩机才能启动。制冷系统通过软件程序实现设备启停顺序控制。启动顺序为冷却塔风机/蝶阀→冷却水蝶阀→冷却水泵→冷水蝶阀→冷水泵→冷水机组。停止顺序为冷水机组→冷水泵→冷水蝶阀→冷却水泵→冷却水蝶阀→冷却塔风机/蝶阀。

（2）冷水机组开启台数控制。为使设备容量与变化的负荷相匹配以节约能源，通过供水管上的温度传感器检测冷水供水温度，通过回水管上的温度传感器检测冷水回水温度，并通过供水管上的流量传感器检测冷水流量，将检测值输入 DDC，计算出实际的空调冷负荷，再根据实际空调冷负荷及旁通阀的开度自动调节冷水机组投入的台数与相应的循环水泵投入台数。

（3）旁通阀控制。由压差传感器检测冷水供、回水管之间的压差，将检测值输入 DDC，与压差设定值比较后，DDC 输出相应信号，调节位于供、回水管之间的旁通管上的电动调节阀的开度，实现进水与回水之间的旁通，以保持供、回水压差恒定。

（4）水流检测与水泵控制。冷水泵、冷却水泵启动后，通过水流开关检测水流状态，如果流量太小甚至断流，则自动报警并自动停止相应制冷机运行。当某一台水泵出现故障时，备用水泵将自动投入运行。

(5) 冷却水温度控制。利用温度传感器检测冷却水温度,实时控制冷却塔风机的启停台数。

(6) 工作状态显示控制。工作状态显示控制包括工作参数、设备状态及报警显示,如冷水机组启停状态、故障显示,冷水供回水温度遥测,冷水流量,冷负荷;冷水泵与冷却水泵启停状态、故障显示;冷却塔风机启停状态、故障显示等并将上述信息分别输入 DDC 中,与监控中心进行信息交换。

(7) 水箱补水控制。通过液位传感器检测膨胀水箱水位,DDC 根据水位信号控制进水电磁阀的开、闭,维持水位在正常范围内并在水位越限时发出报警信号。

机组运行时间自动累计,用电量自动累计,为收费和管理提供依据,实现自动监测、控制和节能。

2) 蒸气吸收式制冷机控制

对于蒸气吸收式制冷机,其控制的主要内容如下。

(1) 能量调节。根据冷水出口温度控制加热蒸气量来维持冷水出口温度恒定,以符合要求。

(2) 信号监测。监测冷水进出口温度、蒸发器冷剂水温度、高压蒸发浓溶液温度、总冷却水温度、总蒸气温度、总蒸气压力、高压蒸发压力、蒸发器进口冷水压力、总冷却水压力、总蒸气流量、总冷却水流量、高低压发生器溶液液位、蒸发器冷却水液位等。

(3) 安全保护。安全保护主要指高压蒸发浓溶液结晶保护,当溶液温度高于某一温度时,报警并关闭加热蒸气阀;当蒸发器进口冷水温度低于某一温度时,发出报警信号,吸收器泵停止运行,并关闭加热蒸气阀;当蒸发器进口冷水断水或压力过低时报警,并关闭吸收器泵及加热蒸气阀;当冷却水断水或水温过低时报警,并关闭加热蒸气阀;当高、低压发生器溶液液位过高时,发出报警信号,并关闭发生器泵;当高压蒸发器内压力高于某一值时报警,并停止加热蒸气。

(4) 动力设备监测。动力设备监测主要包括发生器泵、吸收器泵、蒸发器泵、冷却水泵、冷水泵运行状态监测和事故状态监测。当任一泵出现故障时,均应发出报警信号,并停止加热蒸气,迅速停机。

3) 空调热源系统控制

锅炉是空调热源最常使用的形式,供热介质分为水蒸气和热水。整个空调热源系统由燃烧(加热)系统和供水系统组成。

热源控制通常采用 DDC 控制方式,并把数据实时地送入中央监控站,根据供热实际状况控制锅炉及循环泵的开启台数,设定供水湿度及循环流量。

锅炉采用的燃料不同,其燃烧特性也不尽相同,目前民用建筑逐步开始采用燃气和燃油锅炉。

对于燃气和燃油锅炉,其燃烧系统的控制主要包括监测温度信号,如排烟温度、炉膛出口、省煤器及空气预热器出口温度、供水温度等;监测压力信号,如炉膛、省煤器、空气预热器、除尘器出口烟气压力、一次风、二次风压力、空气预热器前后压差等;监测排烟含氧量信号,通过监测烟气中含氧量,了解空气过剩情况,提高燃烧效率;控制送煤调节机构的速度或位置以控制送煤量;控制送风量以控制风煤比,使燃烧系统保持最佳状态,使燃料充分燃烧,节约能源。

对于燃气和燃油锅炉,其供水系统的控制主要包括保证系统的安全性,主要保证主循环泵的正常工作及补水泵的及时补水,使锅炉中的循环水不中断,也不会由于欠压缺水而放空;

测定供回水温度、循环水量和补水量，从而获得实际供热量和累计补水量等统计信息；调整运行工况，根据要求改变循环泵运行台数或循环泵转速，调整循环流量，以适应热负荷的变化，节省电能。

3. 空气处理设备控制

1）组合式空气处理机组控制

为了节约能源，组合式空气处理机组增加了回风系统，因此需要增加新风、回风空气的温度、湿度检测点，由于新风与回风混合处空气温度、湿度不均匀，因此在空气混合处不设置温度、湿度测试点。为了与消防系统配合，在火灾情况下自动排烟，同时在无火灾情况下净化空气，增加空气的流通，组合式空气处理机组增加了排风系统。组合式空气处理机组 DDC 控制原理图如图 2-12 所示。

在图 2-12 中，RA 为系统的回风，OA 为系统的新风，SA 为系统的送风，AO 为 DDC 的模拟输出量，AI 为 DDC 的模拟输入量，DO 为 DDC 的数字输出量，DI 为 DDC 的数字输入量，TE 为温度传感器，HE 为相对湿度传感器，ΔP 为压差传感器。

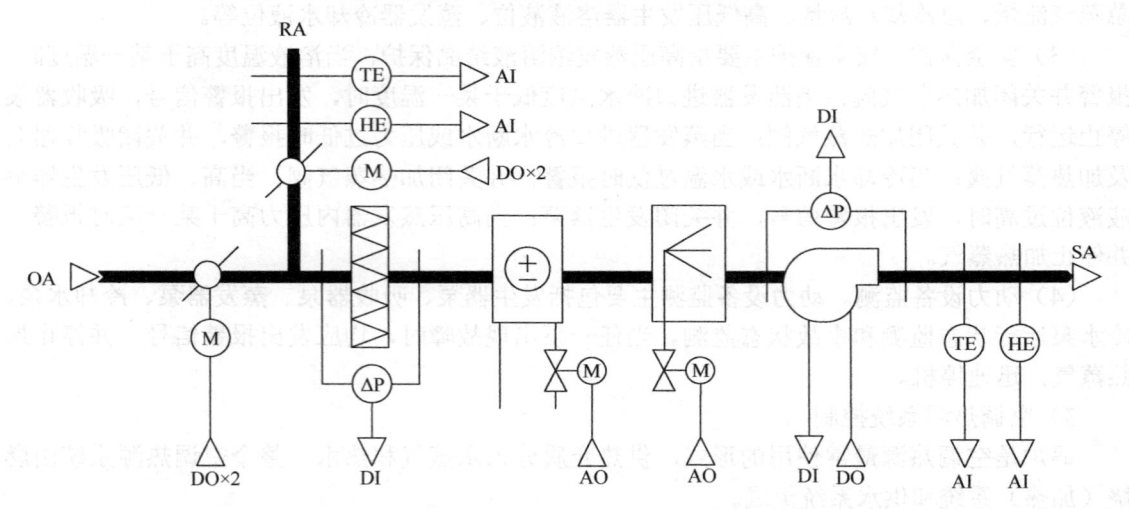

图 2-12 组合式空气处理机组 DDC 控制原理图

（1）送风温度监控。由送风通道的温度传感器实测送风温度，将信号输入 DDC 中与送风温度设定值进行比较，采取 PID 控制，由 DDC 发出指令控制加热器（或表冷器）上的调节阀的开度，用以调节热水（或冷水）流量，使送风温度控制在设定的范围内，使室内的温度保持相对恒定。

（2）送风湿度监控。由送风通道的湿度传感器实测送风湿度，将信号输入 DDC 中与送风湿度设定值进行比较，采取 PID 控制，由 DDC 发出指令，控制冷水阀（或蒸气阀）的开度。例如，夏季环境温度高、湿度大，可以通过增大表冷器的冷水阀开度进行去湿冷却；冬季环境比较干燥，可以通过调节加湿器的阀门，控制蒸气流量，使被调环境的湿度保持相对恒定。

（3）回风温度监控。由回风通道的温度传感器实测回风温度，将信号输入 DDC 中与回风温度设定值进行比较，采取 PID 控制，由 DDC 发出指令控制加热器（或表冷器）上的调节阀的开度，用以调节热水（或冷水）流量，使回风温度控制在设定的范围内。回风温度设定值可随室外的温度变化而调整，这样不会使室内外温差过大，导致人们有不适的感觉。

（4）回风湿度监控。由回风通道的湿度传感器实测回风湿度，将信号输入 DDC 中与回风湿度设定值进行比较，采取 PID 控制，由 DDC 发出指令控制冷水阀（或蒸气阀）的开度，控制表冷器冷却水流量（或控制蒸气流量），使回风湿度保持相对恒定。

（5）新风/回风比例监控。通过送风通道中的温度、湿度传感器和回风通道中的温度、湿度传感器实测新风、回风温度和湿度，将信号送入 DDC 中，按照预先设定的新风/回风比例，DDC 发出指令，控制新风电动风门和回风电动风门的开度。

（6）过滤器堵塞监控与报警。由过滤器两端压差传感器ΔP 监视过滤网的清洁度，当两端压差超过设定值时，说明过滤网堵塞，需要及时清洁或更换，系统发出报警信号。

（7）机组定时启停控制。按实际需要预先编制程序，控制机组启停时间，并累计机组工作时间，达到设定值后自动调整以维护系统，使机组工作效率提高，能量损耗减少。

（8）联锁保护控制。送风机启动后，新风电动风门打开；送风机停止运转后，新风电动风门关闭，表冷器调节阀门关闭，加湿器阀门关闭，加热器阀门关闭。当表冷器的风温低于 5℃时，防冻开关接通，向 DDC 输入信号，DDC 控制加热器热水阀门的开启。当风机两端压差过低时，系统发出报警信号，DDC 发出停机指令。

（9）排烟系统监控。当发生火灾时，新风、回风系统立即停止工作，启动排烟系统，打开排烟阀。

机组运行时间及用电量自动累计。

2）新风机组控制

新风机组是空气—水空调系统中集中处理室外新风的设备。新风机组的基本组成原理与组合式空气处理机组相似，但是不存在利用回风和排烟的问题。新风机组除没有对回风的控制和监控外，其余的部分都与组合式空气处理机组类似。新风机组 DDC 控制原理图如图 2-13 所示。

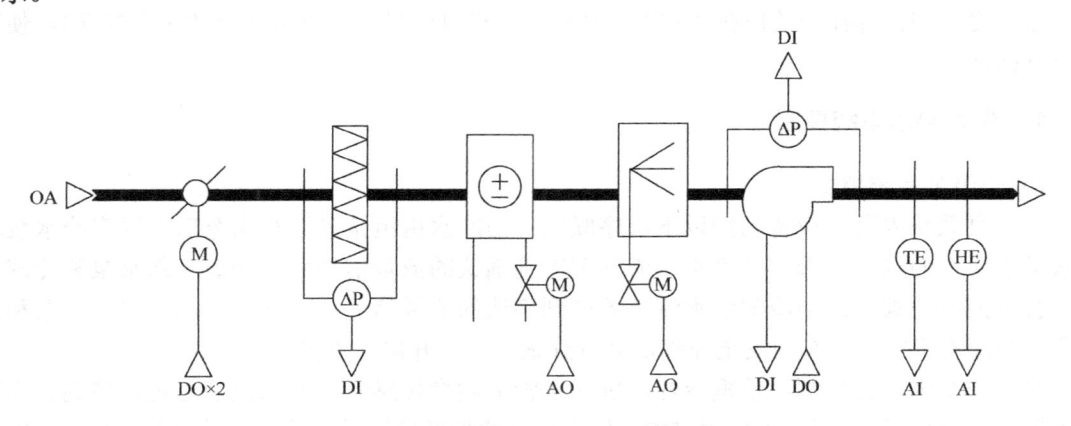

图 2-13 新风机组 DDC 控制原理图

3）风机盘管控制

风机盘管是半集中式空调系统中的局部空气处理装置，由加热、冷却盘管和风机组成。风机盘管通过温度控制器控制加热、冷却盘管的两通阀或三通阀，从而控制加热、冷却盘管水路的通、断。风机盘管属于单回路模拟仪表控制系统，多采用电气式温度控制器，其温度传感器与温度控制器组成一个整体。

风机盘管控制原理图如图 2-14 所示。风机盘管的控制由带三速开关的温度控制器来完成，温度控制器安装在空调房间内。温度控制器的设定温度一般为 5～30℃。

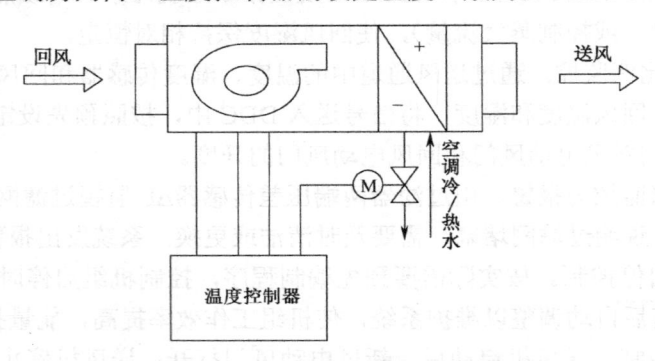

图 2-14 风机盘管控制原理图

拨动温度控制器上的"高""中""低"三挡开关在不同的位置，可以控制风机盘管内的风机按"高""中""低"三种风速运行。

空调在夏季运行时，空调水管供应冷水，温度控制器选择开关应拨在"冷"挡。当室温升高并超过设定温度时，恒温器的触点接通，电动阀被打开，风机运行，风机盘管对室内空气制冷；当室温在冷气的作用下降低并低于设定温度时，恒温器的触点断开，电动阀被关闭，风机停止运行，风机盘管停止对室内空气制冷。这样往复循环，使室温保持在一定范围之内。

空调在冬季运行时，空调水管供应热水，温度控制器选择开关应拨在"热"挡。当室温下降并低于设定温度时，恒温器的触点接通，电动阀被打开，风机运行，风机盘管对室内空气加热；当室温在热气的作用下升高并超过设定温度时，恒温器的触点断开，电动阀被关闭，风机停止运行，风机盘管停止对室内空气加热。这样往复循环，使室温保持在一定范围之内。

当温度控制器选择开关拨在"FAN"挡时，风机盘管只开启风机（电动阀不打开），使室内空气循环。

4．冷水/热水系统控制

1) 一级泵系统控制

一级泵系统内所有设备均按以下次序联锁：当冷水机组接到运行指令后，开启冷水泵和冷水进水管上的电动蝶阀；当冷水水流开关得到确认的流量信号后，开启冷却水泵和冷却水进水管上的电动蝶阀；当冷却水水流开关得到确认的流量信号后，开启冷水机组的油泵和加热器；当冷水机组上所有的安全控制信号得到确认后，开启压缩机。

（1）冷却水温度控制。根据冷却水供水主管上温度传感器上的水温信号进行控制。当冷却水供水温度高于设定温度时，由 DDC 发出信号增加低速运转的冷却塔的台数；当两台冷却塔均开启，而冷却水供水温度仍高于设定温度时，则逐台提高冷却塔的风机转速，直到冷却水供水温度达到设定温度，冷却水供回水干管上的旁通电动水阀仍由该温度信号控制。在天气较冷的季节，当冷却水供水温度低于 15.6℃时，则按上述步骤反向关闭冷却塔的风机。当风机全部关闭，冷却水供水温度仍低于 15.6℃时，则开启旁通电动水阀，以使供水温度达到 15.6℃。

（2）能量控制。冷水供、回水干管上设有温度传感器，供水干管上设有流量测定器。根据供、回水温差和水流量可计算得到总的冷水量。DDC 根据该冷水量以最佳能量控制方法来开启或关闭冷水机组，以求得节能效果并使冷水机组在较高的效率下工作。

（3）冷水供回水压差控制。冷水供水系统是一个变水量系统，在供回水主、干管之间设有旁通管，旁通管上设有电动阀，DDC 通过供回水主、干管之间的压差信号控制电动阀的开启，保持供回水主、干管之间的压差恒定，其作用是保持用户侧的管路系统的水力工况的稳定，保证冷水机组的冷水量。

2）二级泵系统控制

二级泵系统冷水的制备往往采用一泵对一机的配置，保证通过冷水机组的水量恒定。与冷水机组对应的泵称为一级泵，末端设备、管路系统和旁通管组成了二级环路，二级环路的水量是根据实际负荷而变化的。二级泵的控制方法如下。

（1）压差控制。压差控制是利用水泵并联后的总特性曲线设定一个压力为上限压力，设定另一个压力为下限压力。通过上、下限压力控制水泵压差的增减。压差传感器将取得的压差信号送至 DDC，DDC 控制水泵的运行台数并改变调节阀的开度，以改变系统的阻力，稳定系统的压力。

（2）流量控制。对于并联运行的具有平坦特性曲线的水泵，可以采用流量控制的方式。流量传感器安装在次级泵的总供水管上，用以测量实际流量。流量传感器将流量信号送至 DDC，DDC 将各台水泵设定的流量和实际流量进行比较，当实际流量小于设定的流量时，则减少一台水泵，反之增加一台水泵。

（3）负荷控制。在一级泵的总供水干管上安装一个流量传感器，在总供回水干管上各安装一个温度传感器，通过一级泵环路的供回水温差和水量计算所需冷水量。

5. 空调系统节能控制

楼宇中夏季能量的消耗有近一半是中央空调系统的消耗，因此在保证空调使用效果的前提下，减少能耗是空调系统控制的重要组成部分。

空调系统节能控制包括以下方面。

（1）功率控制。在需求功率峰值到来之前，关掉事先选好的设备，以减少高峰功率负荷。

（2）设备间歇运行。通过空调动力设备的间歇运行，减少设备开启时间，减少能耗。

（3）焓差控制。根据新、回风焓值，充分、合理地利用室外新风能量和回收回风能量，控制新风量，决定新风阀门的开度，同时控制回风阀门和排风阀门的开度。

（4）设定值再设定。根据新风温度，重新设定温度值，使之既可以减小室内外温差，又可以减少能耗（夏季工况），达到舒适、节能的目标。

（5）夜晚循环。在下班时间，适当降低空气品质，使温度维持在允许的范围内，减少能耗。

（6）夜风净化。在夏季的夜晚，让室外的冷空气在建筑内流通，使室内清新凉爽。

（7）最佳启动。在人员进入前，为使空间温度达到适宜值，适当提前启动空调系统，以保证在开始使用空调时，温度恰好达到要求，减少不必要的能耗。

（8）最佳停机。在人员离开前的最佳时刻关机，既能使空间维持舒适的水平，又能尽早地关闭设备以节约能量。

（9）零能量区设置。将室外温度分成加热区、零能量区和冷却区。零能量区定义了一个温度区间，在这个区间内不消耗加热或冷却能量，同样可以达到舒适的温度范围。

（10）特别时间计划。为特殊日期（如假日）提供日期和时间安排计划。

（11）运行时间监视。监视并累计设备运行时间（开或关的时间），并发出预先设定的、关于设备运行时间的信息。

2.2.6 典型应用方案

1. 工程概况

某综合楼中央空调系统，工程建筑面积为12250m²，夏季空调负荷为1220.74kW，冬季空调负荷为1425.6kW，冬季供、回水温度为60℃、50℃，夏季供、回水温度为7℃、12℃，冬季的热水由地下机房的板式热交换器提供，夏季的冷水由溴化锂蒸气吸收式制冷机提供。

夏季的主要设计参数：温度为25℃，相对湿度为60%；冬季的主要设计参数：温度为20℃，相对湿度为35%。

1~2层为展览厅，每层采用1台水冷立式空调机组向室内送风。

3~4层每层采用2台水冷吊顶式空调机组。

5~11层采用风机盘管—独立新风系统，共13台机组。

2. 主要空调通风设备

综合楼的主要空调通风设备如表2-2所示。

表2-2 综合楼的主要空调通风设备

编号	名　称	规　格	单　位	数　量	备　注
1	溴化锂蒸气吸收式制冷机	SXZ6-145D	台	1	
2	板式热交换器	FBR03-16	台	1	
3	冷却水泵	SLW250-500A	台	2	
4	冷水循环水泵	SLW200-200（Ⅰ）A	台	4	
5	软化水箱	3m×2m×2m	台	1	
6	逆流式冷却塔	CDBNL3-600	台	1	
7	补水泵	SLW50-250B	台	1	
8	水冷立式空调机组	G-18F	台	2	
9	水冷吊顶式空调机组	G-7X2DF	台	4	
10	水冷吊顶式空调机组	G-2DF	台	6	
11	水冷吊顶式空调机组	G-2.5DF	台	1	
12	防火排烟阀	1000mm×500mm	台	2	常开，70℃熔断
13	防火排烟阀	1000mm×400mm	台	2	常开，70℃熔断
14	防火排烟阀	1000mm×320mm	台	2	常开，70℃熔断
15	防火排烟阀	320mm×200mm	台	6	常开，70℃熔断

续表

编号	名　称	规　格	单位	数量	备　注
16	防火排烟阀	400mm×200mm	台	1	常开，70℃熔断
17	防火排烟阀	1250mm×400mm	台	1	常开，70℃熔断
18	防火排烟阀	320mm×320mm	台	10	常开，70℃熔断

3. 自动控制对象

综合楼自动控制对象主要为水冷立式空调机组和水冷吊顶式空调机组，机组均由 DDC 控制，共有 13 台 DDC，每台 DDC 设置模拟输入接口 4 个、模拟输出接口 2 个、数字输入接口 3 个和数字输出接口 5 个。

根据设定的温度自动设定电动阀。风机的启停与风阀和水阀联锁控制，当风机停止运行时，风阀和水阀自动关闭，当风机启动时，风阀和水阀开启。

2.2.7　常见故障及解决方案

中央空调系统的故障可以分为两种，一种是硬故障，另一种是软故障。硬故障是指设备或装置完全损坏或失效的故障，如风机突然停机、电动机传动皮带断裂、传感器没有输出、阀门完全堵塞等。这种故障发生后系统会出现明显的变化，因此硬故障容易监测。软故障是指设备或装置的性能下降或部分失效的故障，如风机盘管结垢造成风机盘管流通面积减小、阀门泄漏、仪器仪表读数漂移等。软故障通常是逐步出现的，监测起来相对困难。

就系统使用情况而言，中央空调系统的常见故障及解决方案如下。

1. 水泵故障

水泵的常见故障和解决方案如表 2-3 所示。

表 2-3　水泵的常见故障和解决方案

故障现象	解决方案
水泵不出水	①检查底阀是否漏水，向泵体上的注水杯注水直至溢出 ②更换法兰处填料、拧紧螺栓 ③测量水泵转速，检查水泵电压 ④调整电动机接线顺序 ⑤检查并清洗底盘
水泵震动	①调整水泵和电动机的位置，使两者平直同心 ②加固基础 ③减小扬程 ④加强润滑
水泵功率消耗过大	①关小阀门、增加阻力 ②适当放松填料压盖 ③更换泵轴 ④调整水泵和电动机轴，使两者平直同心
电动机发热	①更换电动机密封件 ②调整电动机接线顺序 ③更换轴承

2. 风系统故障

风系统的常见故障和解决方案如表 2-4 所示。

表 2-4 风系统的常见故障和解决方案

故障现象	解决方案
送风参数与设计不符	①调节冷媒和热媒的流量和参数 ②排除水管和风管的泄漏问题 ③加强水管和风管保温 ④消除喷水室堵塞现象
温度、湿度偏高	①清洗喷水系统和喷嘴 ②调节排风量和回风量 ③清洗过滤器
温度正常，湿度偏高	①检修挡水板 ②调节三通阀，降低混合水温 ③检修二次加热器
风量大于设计值	①当有条件时改变风机转速 ②关小风量调节阀
风量小于设计值	①清除管道堵塞物 ②排除风管漏风问题 ③检查风机的皮带、叶轮
机器露点低，室内降温慢	①检查风机出力情况 ②减小二次回风阀的开度 ③调节分配给各房间的风量
风速偏高	①增大风口面积或增加风口数量 ②减小总风量
噪声过大	①检查风机叶轮、减震情况 ②增加消声弯头 ③减小风速

3. 空气处理机组故障

空气处理机组的常见故障和解决方案如表 2-5 所示。

表 2-5 空气处理机组的常见故障和解决方案

故障现象	解决方案
喷水室雾化不够	①加强回水过滤 ②检修喷嘴 ③加大喷水压力
表面热交换器热交换效率下降、凝水外溢	①清除表面污垢 ②清洁凝结水盘，疏通泻水管
过滤器阻力大、寿命短	①清洁过滤器 ②增加中效过滤器

任务2.3 电梯系统

2.3.1 电梯的概述

电梯是现代建筑中必不可少的配套设施之一。电梯是指用电力拖动轿厢运行于铅垂的或倾斜角不大于15°的两列刚性导轨之间的、运送乘客或货物的固定设备。电梯属于起重机械,也是一种升降机械,主要担负垂直方向的运输任务。

1. 电梯分类

目前电梯的主要分类如表2-6所示。

表2-6 电梯的主要分类

分类方式	种 类
按用途分类	乘客电梯、载货电梯、医用电梯、杂物电梯、观光电梯、车辆电梯、船舶电梯、建筑施工电梯、冷库电梯、防爆电梯、矿井电梯、电站电梯及消防电梯等
按驱动方式分类	交流电梯、直流电梯、液压电梯、齿轮齿条电梯、螺杆式电梯及直线电动机驱动电梯等
按速度分类	低速电梯(1m/s)、中速电梯(1~2m/s)、高速电梯(大于2m/s)、超高速电梯(大于5m/s)及特高速电梯(16.7m/s)
按有无司机分类	有司机电梯、无司机电梯及有/无司机电梯等
按操纵控制方式分类	手柄开关操纵电梯、按钮控制电梯、信号控制电梯、集选控制电梯、并联控制电梯及群控制电梯等
按特殊用途分类	冷库电梯、防爆电梯、矿井电梯、电站电梯及消防电梯等

现代建筑使用的电梯主要有信号控制电梯、集选控制电梯、并联控制电梯及群控制电梯四种,其控制特点如下所述。

(1) 信号控制电梯不仅具有自动平层、自动开门功能,还具有轿厢命令登记、层站召唤登记、自动停层、顺向截停和自动换向等功能。

(2) 集选控制电梯是一种在信号控制电梯基础上发展起来的全自动控制电梯,与信号控制电梯的区别在于其能实现无司机操纵。集选控制电梯的主要特点是把轿厢内选层信号和各层外呼信号集合起来,自动决定上、下运行方向并顺序应答。

(3) 并联控制电梯是把2~3台电梯的控制线路并联起来进行逻辑控制,共用层站外召唤按钮,每台电梯本身都具有集选功能。

(4) 群控制电梯的特点是用微机控制和统一调度多台集中并列的电梯。群控制电梯的控制方式有两种,一是控制系统按预先编制好的交通模式程序,集中调度和控制梯群的运行,称为梯群程序控制;二是实现数据的自动采集、交换及存储功能,并可进行分析、筛选及报告,称为梯群智能控制。

2. 曳引式电梯的组成

曳引式电梯是垂直交通运输工具中最普遍的一种电梯，其组成如表 2-7 所示。

表 2-7 曳引式电梯的组成

结构	组成、作用
机械装置部分	① 曳引系统是提供电梯运行动力的设备，可以把曳引机的旋转运动转换为电梯的垂直运动 ② 轿厢在曳引钢丝绳的牵引下沿电梯井道内的导轨进行快速平稳的运行 ③ 轿门系统的作用是打开或关闭轿厢与层站厅门的出入口 ④ 导向系统的作用是限制轿厢和对重的活动自由度，使轿厢和对重只能沿着导轨进行升降运动 ⑤ 重量平衡系统由对重及重量补偿装置组成。对重可以平衡轿厢自重和部分的额定载重。重量补偿装置是补偿高层电梯中轿厢与对重侧曳引钢丝绳长度变化对电梯平衡设计影响的装置 ⑥ 机械安全保护装置由机械限速装置、缓冲器和端站保护装置组成，可以起到防止电梯超速行驶、终端越位、冲顶或蹲底等保护作用
电气装置部分	① 电力拖动系统由曳引机、供电系统、调速装置和速度反馈装置组成，可以对电梯实行速度控制 ② 操作控制系统由操纵装置、平层装置与选层器等组成，可以对电梯实施操纵、监控 ③ 电气安全系统是指在电梯控制系统中用于实现安全保护作用的电路及电气元件

电梯运行必须保障安全第一，所以要针对各种可能发生的危险，设置专门的安全装置。机械安全保护装置有限速器、安全钳及缓冲器等，电气安全保护装置有超速保护装置、层门锁闭装置、电气联锁保护装置、门口安全保护装置、上下端站超越保护装置及缺相断相运行保护装置等。

3. 自动扶梯

自动扶梯是一种带有循环运行的梯级的、用于倾斜向上或向下连续输送乘客的运输设备。自动扶梯就像移动的楼梯，设有移动的扶手带，主要用于人流集中的场所。

自动扶梯主要由梯级、曳引链、驱动装置、导轨、金属骨架、扶手装置、张紧装置、制动器及安全装置组成。

2.3.2 电梯的原理

电梯应在安全可靠的前提下，平稳、迅速地上下运行。当到达目的层时，电梯平层必须要准确。电梯的电气驱动系统和电气控制系统应能提供可靠和舒适的乘坐环境。电气驱动系统主要有交流变极调速系统、交流变压调速系统、交流变频变压调速系统和直流调速系统，目前采用交流变频变压调速的方式已经成为高速电梯的主流。电气控制系统过去采用的继电器逻辑线路已逐渐被可靠性高、通用性强的微机和可编程控制器（PLC）代替。

1. 电梯的运行原理

（1）电梯升降原理如图 2-15 所示。

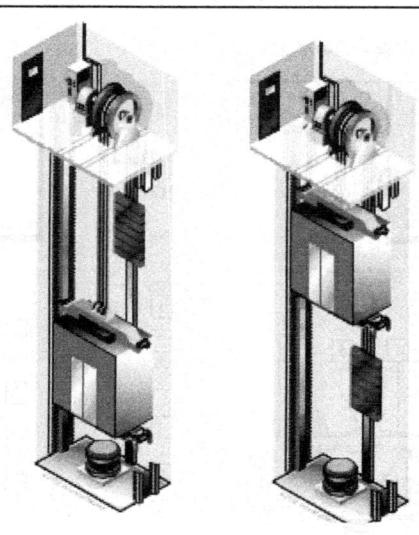

图 2-15　电梯升降原理

（2）电梯门运行原理如图 2-16 所示。

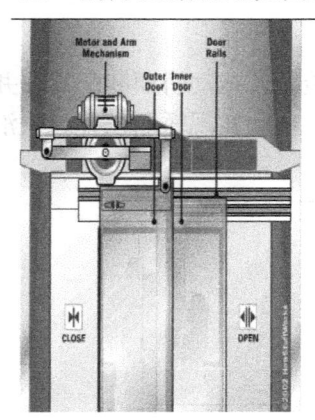

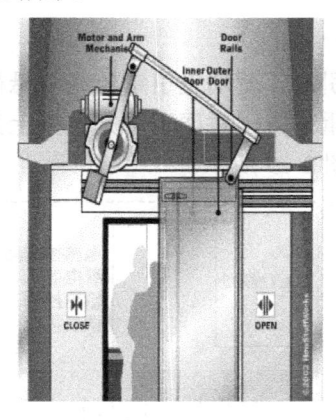

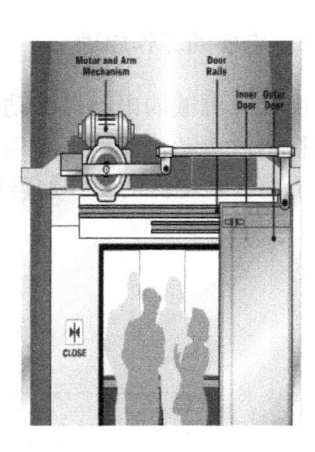

图 2-16　电梯门运行原理

（3）电梯安全钳动作原理如图 2-17 所示。

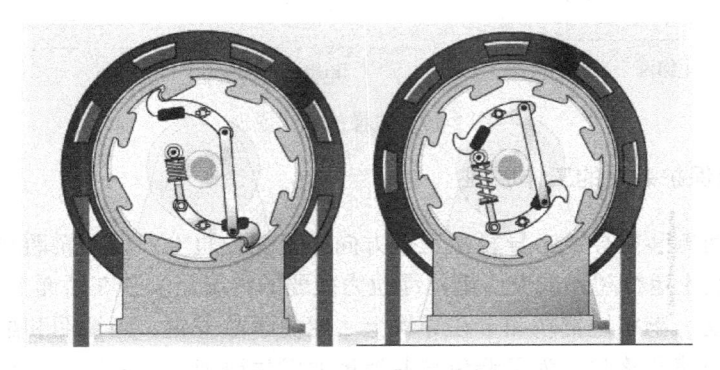

图 2-17　电梯安全钳动作原理

（4）电梯限速器动作原理如图 2-18 所示。

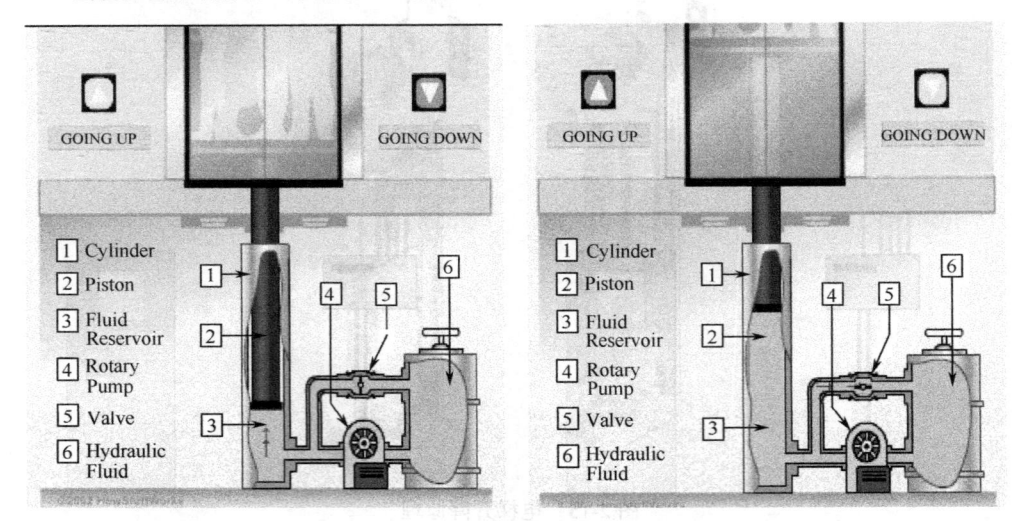

图 2-18　电梯限速器动作原理

2. 电梯的工作原理

由升降机械的电动机带动曳引轮，驱动曳引钢丝绳与悬吊装置，拖动轿厢和配重在井道内进行相对运动，轿厢上升则配重下降，轿厢下降则配重上升，由此实现轿厢在井道中沿导轨上下运行。电梯的工作原理如图 2-19 所示。

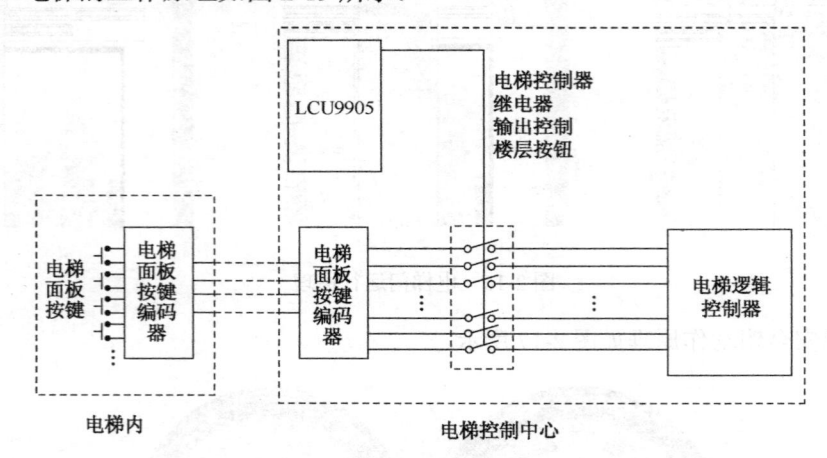

图 2-19　电梯的工作原理

3. 机械安全保护装置的工作原理

电梯的轿厢两侧装有导靴，导靴从三个方向箍紧在导轨上，以使轿厢和配重在水平方向准确定位。一旦发生运行超速或曳引钢丝绳拉力减弱的情况，安装在轿厢上（有的在对重上）的安全钳就会启动，牢牢地把轿厢卡在导轨上，避免事故发生。当轿厢和配重的控制系统发生故障导致电梯急速坠落时，为了避免与井道地面发生碰撞，在井坑下部设置了挡铁和弹簧式缓冲器，以缓和着地时的冲击。

2.3.3 电梯的控制方法

1. 电梯的使用方法

先按呼梯按钮,上楼按"上行"按钮,下楼按"下行"按钮,先出后进。进入轿厢后,按目的楼层按钮。若需要轿门立即关闭则按"关门"按钮。当轿厢内指示灯显示目的楼层时,待轿门完全打开后离开。电梯立面图如图 2-20 所示。

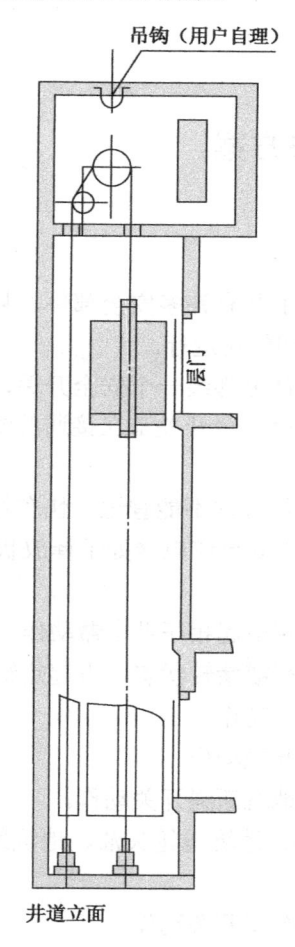

图 2-20 电梯立面图

2. 驾乘电梯注意事项

(1)严禁超载运行。当电梯超载时,蜂鸣器会发出鸣叫声,此时应立即调整载重量,以免发生危险。轿厢内禁止吸烟。不允许装运易燃、易爆、易腐蚀的危险品,更不允许开启轿门或轿顶安全窗来运载超长物件。不允许将乘客电梯作为载货电梯使用。严禁强行打开电梯厅门。在乘梯时,严禁将身体依靠在轿门上。不允许因个人情况将电梯长时间停留在某一楼层,影响其他乘客搭乘。

(2)当电梯发生如下故障时,应立即停止使用并通知维修人员。

① 额定运行速度发生显著变化。
② 在厅门、轿门未完全关闭时，电梯运行。
③ 电梯在运行时，内选、平层、快速、召唤器、指层信号失灵。
④ 有异常噪声或较大震动和冲击。
（3）当发生火灾或地震时，乘客应立即离开电梯并禁止使用电梯。
（4）电梯发生故障将乘客困在里面时，应通过梯内报警按钮或对讲装置不断与外界联系，以便尽早得到救援。切勿勉强逃生。

电梯配电原理图如图 2-21 所示。

2.3.4 常见故障及解决方案

1. 安全回路故障

为保证电梯安全运行，在电梯上装有许多安全部件。只有每个安全部件都在正常的情况下，电梯才能运行，否则电梯应立即停止运行。

安全回路是指在电梯各安全部件上都装一个安全开关，把所有的安全开关串联，共同控制一只安全继电器的回路。只有所有安全开关都在接通的情况下，安全继电器吸合，电梯才能运行。

当电梯处于停止状态时，所有信号均不能登记，快车慢车均无法运行，此时应该到机房控制屏观察安全继电器的状态，如果安全继电器处于释放状态，则为安全回路故障。

电梯产生安全回路故障的原因如下。
（1）输入电源的相序错误或缺相引起相序继电器动作。
（2）电梯长时间处于超负载运行或堵转状态，引起热继电器动作。
（3）限速器超速引起限速器开关动作。
（4）电梯冲顶或沉底引起极限开关动作。
（5）限速器绳跳出或超长引起地坑断绳开关动作。
（6）限速器超速、限速器失油、地坑绳轮失油、地坑绳轮有异物（如老鼠等）卷入、安全楔块间隙太小等引起安全钳动作。
（7）安全窗被人顶起，引起安全窗开关动作。
（8）急停开关被人按下。
（9）如果各开关都正常，应检查开关触点接触是否良好，接线是否松动等。

学习情境 2　楼宇机电设备

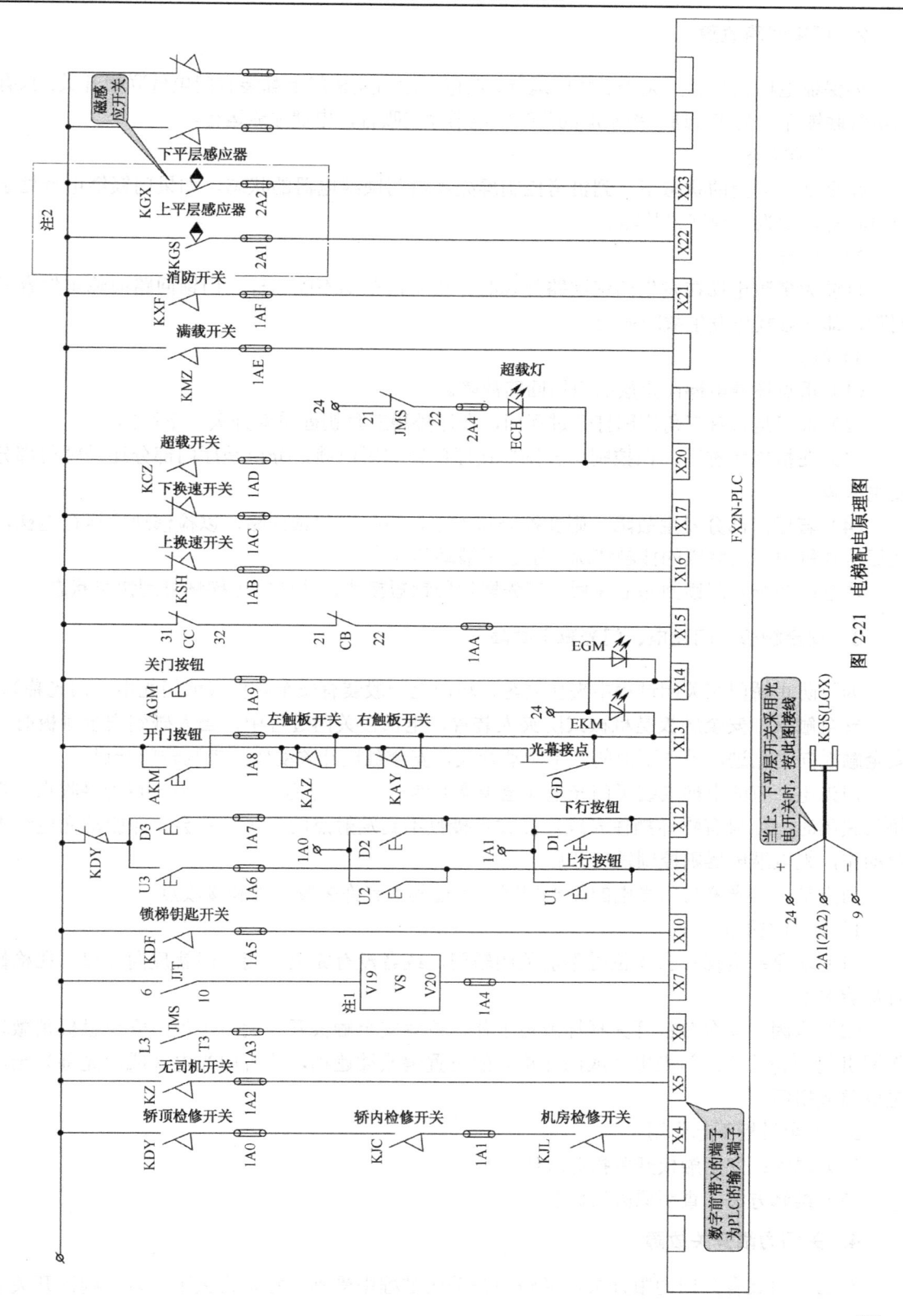

图 2-21　电梯配电原理图

2. 门锁回路故障

为保证电梯在全部门关闭后才能运行，在每扇厅门及轿门上都装有门电气联锁开关。只有门电气联锁开关全部接通，控制屏的门锁继电器才能吸合，电梯才能运行。

1）故障状态

在全部门关闭的状态下，到机房控制屏处观察门锁继电器的状态，如果门锁继电器处于释放状态，则为门锁回路故障。

2）维修建议

目前大多数电梯在发生门锁回路故障时，快车慢车均不能运行，门锁回路故障虽然容易判断，却很难找出发生故障的门。

3）维修方法

（1）重点怀疑电梯停止层的门锁回路故障。

（2）询问是否有三角钥匙打开过厅门，在厅外用三角钥匙重新开关一下厅门。

（3）在检修状态下，在控制屏分别短接厅门锁和轿门锁，分出是厅门部分还是轿门部分发生故障。

（4）若厅门部分发生故障，则在检修状态下，短接厅门锁回路，以检修速度运行电梯，逐层检查每扇厅门联锁的接触情况（别忘了被动门）。

注意：在修复门锁回路故障后，应先取掉门锁短接线，才能将电梯恢复到快车状态。

3. 安全触板（门光电、门光幕）故障

为了防止轿门在关闭过程中夹住乘客，轿门上一般装有安全触板（或门光电、门光幕）。

安全触板：安全触板是机械式防夹人装置，电梯在关门过程中，当人碰到安全触板时，安全触板向内缩进，带动下部的一个微动开关，安全触板开关动作，控制轿门开启。

门光电：有的电梯安装了门光电（至少需要两点），一点为发射点，另一点为接收点。当轿门关闭时，如果有物体挡住光线，接收点接收不到发射点的光源，就会立即驱动光电继电器动作，光电继电器则控制轿门开启。

门光幕：门光幕与门光电的原理相同，不过其上有许多发射点和接收点。

1）轿门关不上

（1）现象：电梯在自动位时不能关闭轿门，或者没有完全关闭轿门就反向开启，在检修时却能关上。

（2）原因：安全触板开关损坏或被卡住，或者安全触板开关调整不当，安全触板稍微动作即引起开关动作；门光电（或门光幕）的位置偏或被遮挡，或者门光电（或门光幕）无供电电源或损坏。

2）安全触板不起作用

（1）原因：安全触板开关损坏或线已断。

（2）维修方法：查明原因后修复。

4. 关门力限开关故障

有的轿门装有关门力限开关，当轿门在关闭过程中受到一定阻力关不上时，则该开关动

作，轿门开启。

有的轿门虽然没有关门力限开关，但也有类似的功能。在关门时如果受到一定的阻力，变频器计算出的门机电流超过一定值仍关不上，则轿门开启。

1）故障状态

当关门力限开关有误动作时，轿门始终关不上。

2）维修方法

查明原因后修复。

5. 开关门按钮故障

当电梯处于自动位时，如果按住开门按钮，则轿门长时间开启，可以方便乘客多时正常进出轿厢。按一下关门按钮，则轿门立即关闭。当电梯处于检修位时，开关门按钮用来控制电梯的开关门。

1）故障状态

开关门按钮被按后卡在里面弹不出来。开门按钮被卡住会引起电梯到站后轿门一直开着关不上；关门按钮被卡住会引起电梯到站后轿门不开启。

2）维修方法

查明原因，保证开关门按钮动作灵活可靠。

6. 厅外召唤按钮故障

厅外召唤按钮是指用来登记厅外乘客的呼梯需要的按钮。厅外召唤按钮有同方向本层开门的功能，如在电梯向上运行时，按住"上"召唤按钮不放，则轿门会长时间开启（有的电梯被设计成超过一定时间后就强制关门）。

1）故障状态

如果厅外召唤按钮被卡住，那么电梯会停在本层不关门或经过一段时间强制关门后运行，然后每次都要驶向该层并停留一段时间。

2）维修方法

查明原因，保证厅外召唤按钮动作灵活可靠。

7. 门机系统故障

门机系统故障及原因如表 2-8 所示。

表 2-8 门机系统故障及原因

门机类型	故障	原因
直流门机系统	电梯开门无减速，有撞击声	1. 门开启时打不到开门减速限位 2. 开门减速限位已坏，不能接通 3. 开门减速电阻已烧断或中间的抱箍与电阻丝接触不良
	电梯关门无减速，关门速度快，有撞击声	1. 门关闭时打不到关门减速限位 2. 关门减速限位已坏，不能接通 3. 关门减速电阻已烧断或中间的抱箍与电阻丝接触不良
	开门或关门时速度太慢	开门或关门减速限位已坏，始终处于接通状态
	门不能关只能开	可能是关门终端限位已坏，始终处于断开状态

续表

门机类型	故障	原因
直流门机系统	门不能开只能关	可能是开门终端限位已坏,始终处于断开状态
	门既不能开也不能关	可能是开关门总电阻已烧断
VVVF变频门机系统	电梯快车和慢车均不能向上运行,但可以向下运行	可能是上终端限位已坏,处于断开状态
	电梯快车和慢车均不能向下运行,但可以向上运行	可能是下终端限位已坏,处于断开状态

8. 向上/下强迫减速限位故障

1m/s 以下速度的电梯,一般装有一只向上强迫减速限位和一只向下强迫减速限位。两只强迫减速限位间的距离应该等于(或稍小于)电梯的减速距离。1.5m/s 以上速度的电梯,一般装有两只向上强迫减速限位和两只向下强迫减速限位。因为电梯快车的运行速度一般分为单层运行速度和多层运行速度两种,在不同的速度下运行减速距离不同,所以要分单层运行减速限位和多层运行减速限位,作用是在电梯运行到端站时强迫电梯进入减速运行状态。目前许多电梯都用强迫减速限位作为电梯楼层位置的强迫校正点。

故障状态 1:电梯快车不能向上运行,但慢车可以。

原因:可能是向上强迫减速限位已坏,处于断开状态。

故障状态 2:电梯快车不能向下运行,但慢车可以。

原因:可能是向下强迫减速限位已坏,处于断开状态。

故障状态 3:电梯处于故障状态,启动保护程序,故障代码显示为换速开关故障。

原因:可能是向上或向下强迫减速限位已坏。因为强迫减速限位在电梯安全中相当重要,许多电梯程序都对该限位有检测功能,如果检测到该限位已坏,则启动保护程序,电梯处于"死机"状态。

9. 选层器故障

1)故障状态

故障状态 1:电梯在确定运行方向时,必须知道电梯目前所在位置,所以电梯位置的确定非常重要,如果这部分电路出现故障,电梯就不能自动确定运行方向了,并会出现信号无法登记的现象。同时,当这部分电路出现故障时,一般会引起楼层显示数字的不正确等现象。

故障状态 2:电梯在运行中有乱层现象。例如,当上换速感应器损坏(不能动作)时,电梯向上运行时楼层数字不会变化,电梯也不能在指定的楼层停靠,而是一直向上快速运行到最高层,楼层数字一下子显示为最高层,电梯减速停靠。

故障状态 3:当旋转编码器损坏(无输出)时,变频器不能正常工作,运行速度很慢,而且显示"PG 断开"等信息。

故障状态 4:当旋转编码器部分光栅损坏时,旋转编码器在运行中会丢失脉冲,电梯运行时有震动感,舒适感差。

2)维修方法

旋转编码器的接线要牢靠,其走线要离开动力线以防干扰。当旋转编码器被污染、旋转编码器光栅堵塞时,可以拆开外壳进行清洁。

注意:旋转编码器是精密的机电一体设备,拆卸时应十分小心。

10. 轿厢上下平层感应器故障

轿厢上下平层感应器用来实现轿厢的平层爬行，同时反馈电梯故障信号。
1）故障状态

当轿厢上下平层感应器不动作（或隔磁板插入轿厢上下平层感应器的位置偏差太大）时，电梯减速后可能不会平层爬行，而是继续缓慢行驶。有些电梯程序能检测轿厢上下平层感应器的动作情况，如当电梯快速运行时，规定到达一定时间必须要检测到平层信号，否则认为轿厢上下平层感应器出错，程序立即反馈电梯故障信号。

2）维修方法

更换轿厢上下平层感应器或调整隔磁板位置。

任务 2.4 变配电和照明系统

2.4.1 配电系统概述

配电系统由配电变电所（通常是指将电网的输电电压降为配电电压的场所）、高压配电线路（1kV及以上电压）、配电变压器、低压配电线路（1kV以下电压）及相应的控制保护设备组成。配电电压通常有35~60kV和3~10kV等。

配电系统常用的交流供电方式有：①三相三线制，其中接线方式分为三角形接线方式和星形接线方式。②三相四线制，用于380/220V低压动力与照明混合配电系统。③三相二线一地制，多用于农村配电系统。④三相单线制，多用于电气铁路牵引配电系统。⑤单相二线制，多用于居民配电系统。

配电系统常用的直流供电方式有：①二线制，用于城市无轨电车、地铁机车、矿山牵引机车等配电系统。②三线制，用于发电厂、变电所、配电所自用电系统，二次设备用电系统和电解和电镀用电系统。

一次配电网络是指由配电变电所引出线到配电变电所（或配电所）入口之间的网络，又称为高压配电网络。一次配电网络的电压通常为6~10kV，城市多使用10kV电压的一次配电网络。随着用电负荷密度加大，城市已开始采用20kV配电方案。由配电变电所引出的一次配电线的主干部分称为干线。由干线分出的部分称为支线。支线上接有配电变压器。一次配电网络的接线方式有放射式接线与环式接线两种。

二次配电网络是指由配电变压器次级引出线到用户入户线之间的线路、元件组成的系统，又称为低压配电网络。二次配电网络的接线方式除放射式接线和环式接线外，城市的重要用户还可采用双回线式接线。用电负荷密度大的市区则采用网格式接线。网格式接线由多条一次配电干线供电，通过配电变压器降压后，经低压熔断器与二次配电网络相连。二次配电网络中相邻的配电变电器会接到不同的一次配电干线上，可避免一次配电线故障导致市中心区停电的情况。

配电线路按结构分为架空电力线路和地下电缆。农村和中小城市采用架空电力线路，大城市（特别是市中心区）、旅游区、居民小区等应采用地下电缆。

2.4.2 变配电系统

变配电系统是建筑主要的能源供给系统,用于对城市电网供给的电能变换处理、分配,并向建筑内的各种用电设备提供电能。变配电设备是现代建筑的基本设备之一。

在智能小区中,变配电系统主要包括配电系统、照明系统和发电系统。

1. 变配电系统特点

1) 高层建筑的负荷分级
(1) 一级负荷:消防用电设备,应急照明设备,消防电梯。
(2) 二级负荷:客用电梯,供水系统,公用照明设备。
(3) 三级负荷:居民用电等其他用电设备。

2) 高层建筑的供电要求

为了保证事故照明用电和计算机、消防及电梯等设备的事故用电,现代高层建筑供电要求采用至少两路独立的 10kV 电源同时供电,目的是保证供电的可靠性。两路独立电源的运行方式原则上是两路电源同时供电,互为备用。另外,现代高层建筑须装设应急备用柴油发电机组,以在 15s 内自动恢复供电。

3) 高层建筑常用的供电方案
(1) 两路高压电源,正常一用一备,主要用于供电可靠性相对较低的高层建筑中。
(2) 两路电源同时供电,当发生故障时由另一回路对故障回路供电,主要用于高级宾馆和大型办公楼宇。

用电量不大的一般高层住宅,可采用一路 10kV 电源作为主电源,400V 电源作为备用电源的高压供电低压后备的主接线方案。

2. 变配电系统组成

高层建筑变配电系统主要是指从变压器开始到最末端的配电箱之间的设备,包括变电设备、配电设备及保护设备。变配电系统的大部分设备都集中在变配电室(又称为配电所)中。变配电系统如图 2-22 所示。

1) 变配电室

变配电室是物业小区从高压电网中引入高压电源,然后将高压电源降压分配给用户使用的场所,担负着接受电能、变换电压及分配电能的任务。大部分的小区将变配电室合建在一起,完成降压和高低压配电的任务。

2) 低压配电箱(盘)

低压配电箱(盘)是直接向低压用电设备分配电能的控制、计量盘,根据保护和控制要求,低压配电箱可以安装不同的设备,如漏电保护器、自动空气开关、电度表及各类的开关插座等。安装低压配电箱应采用明装,如无特殊要求,离地距离为 1.2m。

为缩短配电线路和减少电压损失,单相配电箱的配电半径约为 30m,三相配电箱的配电半径为 60~80m。

照明配电箱的配电要求电流为 60~100A。其中,单相照明配电器的支路以 6~9 路为宜,每一支路上应有过载、短路保护,支路电流不宜大于 15A。每一支路所接用电设备(如灯具、插座等)总数一般不超过 25 具,总负荷不超过 3kW;彩灯支路应设专用开关控制和保护,每一支路负荷不超过 2kW。此外,应保证各配电箱的各相负荷间的不均匀程度小于 30%,在总配电箱配电范围内,各相负荷间的不均匀程度小于 10%。

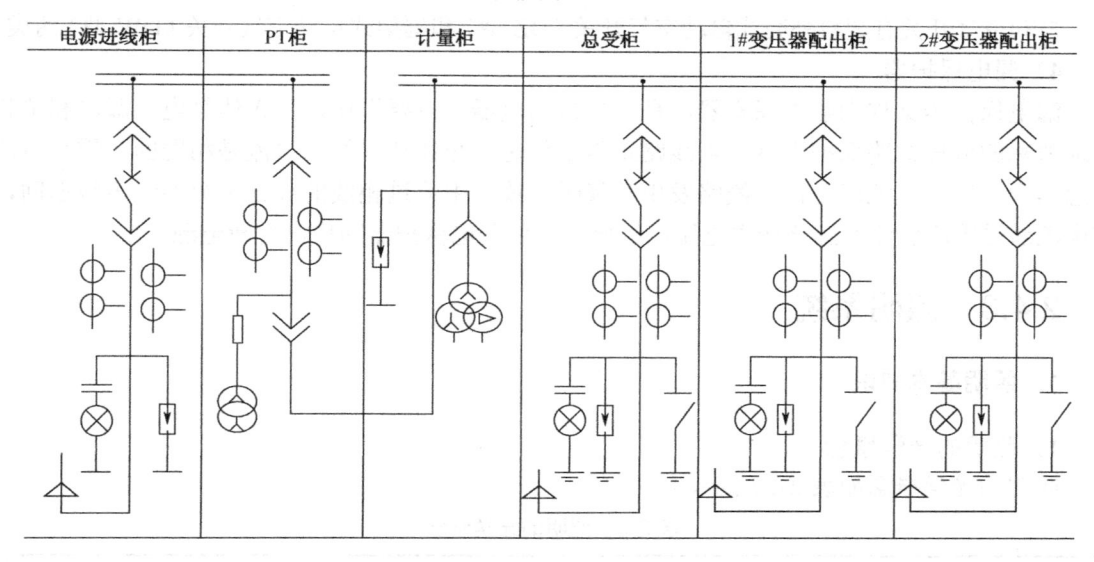

图 2-22 变配电系统

3)配电柜

配电柜是用于成套安装变配电系统中变、配电设备的定型柜,有高压、低压配电柜两类。低压配电柜用于动力、照明及配电设备的电能转换、分配与控制。高压配电柜用于接受、分配电能,并对电路具有控制、保护和测量等功能。

4)建筑的变配电室

建筑的变配电室由高压配电室、变压器室和低压配电室三部分组成。设计建筑的变配电室时应注意位置的选择、形式和布置原则。

3. 配电系统保护装置

为保证配电系统的正常运行,在配电线路中装有短路保护、过负荷保护、接地故障保护和中性线保护等保护措施。常用保护装置有刀开关、熔断器、自动空气开关和漏电保护器。

1)刀开关

刀开关又称为低压隔离开关,通常是指用手操纵的、接通或断开电路的一种控制电器。刀开关不能带负荷操作,主要安装在自动空气开关和熔断器等设备前,目的是在检修低压设备时有一个明显的断开点,起到隔离作用。

2)熔断器

熔断器主要用于设备过载和短路保护,其原理是利用熔体本身产生的热量将自己熔断,使电路断开,达到保护电网和电气设备的目的。熔断器由熔体和安装熔体用的绝缘器组成,常用型号有"RC"插入式熔断器、"RL"螺旋式熔断器、"RM"封闭管式熔断器及"RT"填料管式熔断器等。

3）自动空气开关

自动空气开关又称为自动空气断路器，主要在低压配电网络中作为开关设备和保护元件，也可以在电动机主电路中作为短路保护、过载保护和失压保护元件，还可以作为启动电器。

自动空气开关有塑料外壳式自动空气开关（DZ 型）和框架式自动空气开关（DW 型）两类。

4）漏电保护器

漏电保护器又称为触电保安器，是一种自动电器，主要用作发生人体触电、漏电和单相接地故障的低压线路保护电器。当线路正常工作时，相线和零线的电流是相同的，零线电流互感器中无感生电流产生，当线路发生故障时，线路中流过相线的部分电流不经零线返回，该电流通过零序电流互感器产生电压，经放大后使漏电保护器动作，切断电源。

2.4.3　照明系统

1. 照明基本知识

1）照明的光学概念

照明的光学概念如表 2-9 所示。

表 2-9　照明的光学概念

名　称	定　义	符号、单位
光	光是能量的一种，可以通过辐射的方式在空间进行传播，本质是一种电磁波	
光通量	光源在单位时间内向周围空间辐射出的使人眼产生光感的能量，称为光通量，简称光通	符号 Φ、单位 lm（流明）
亮度	被视物体表面在某一视线方向或给定的单位投影面上所发出或反射的发光强度，称为该物体表面在该方向或该投影面的亮度	符号 L、单位 cd/m^2（坎德拉每平方米）
照度	被照物体单位面积上接收的光通量称为照度	符号 E、单位 lx（勒克斯）

2）照明的分类

照明可分为正常照明、事故照明、警卫值班照明、障碍照明、彩灯和装饰照明。正常照明分为一般照明、局部照明和混合照明。照明的分类如表 2-10 所示。

表 2-10　照明的分类

分　类		作　用
正常照明	一般照明	整个房间普遍需要的照明
	局部照明	在工作地点附近设置照明灯具，以满足某一局部工作地点的照度要求的照明
	混合照明	由一般照明和局部照明共同组成，适用于照度要求较高，工作位置密度不大，且单独装设一般照明不合理的场所
事故照明		正常照明因故中断，供继续工作和人员疏散而设置的照明
警卫值班照明		在值班室、警卫室、门卫室等地方设置的照明
障碍照明		在建筑上装设的用于障碍标志的照明
彩灯和装饰照明		为美化市容夜景及节日装饰和室内装饰而设计的照明

3）照明的质量

照明设计应根据具体场合的要求，正确选择光源和照明器；确定合理的照明方式和布置方案；在节约能源和资金的条件下，创造一个满意的视觉条件，获得一个良好的、舒适愉快的工作、学习和生活环境。良好的照明质量，不仅要有足够的照度，而且对照明的均匀度、亮度的分布、眩光的限制、显色性、照度的稳定性、频闪效应的消除均有一定要求。

照明的质量是衡量照明设计优劣的主要指标，在进行照明设计时，应考虑较好的照明均匀度、舒适的亮度比、良好的显色性、较高的光效、较少的电能、较小的眩光、极小的频闪效应及相宜的色温。

2. 灯具基本知识

灯具是指能透光、分配光和改变光分布的器具，可以达到合理利用和避免眩光的目的。灯具由电光源和灯罩配套组成。

1）常用电光源及其选用

（1）常用电光源。电气照明的重要组成部分是电光源，目前用于照明的电光源，按发光原理可分为两类。

① 热辐射光源。热辐射光源是利用导体在电加热时辐射发光的原理制成的，如白炽灯、卤钨灯等。

② 气体放电光源。气体放电光源是利用气体放电（电流通过气体的过程称为气体放电）时发光的原理制成的，如荧光灯、高压汞灯、高压钠灯及管形氙气灯等。这些光源分类中的高压或低压是按灯管内放电时气体的气压高低来分的。

常用灯具的特点及适用场所如表 2-11 所示。

表 2-11　常用灯具的特点及适用场所

名称	特点、适用场所
白炽灯	特点：显色性好、开灯即亮、可连续调光、结构简单、价格低廉，但寿命短、光效低
	适用场所：居室、客厅、大堂、客房、商店、餐厅、走廊、会议室及庭院等
卤钨灯	特点：具有普通照明白炽灯的全部特点，光效和寿命比普通照明白炽灯提高一倍以上，且体积小
	适用场所：会议室、展览展示厅、客厅、商业照明、影视舞台、仪器仪表、汽车、飞机及其他特殊照明
荧光灯	荧光灯俗称日光灯
	特点：光效高、寿命长、光色好
	适用场所：办公室、学校、医院、商店及住宅等
节能灯	特点：光效高、节能
高压汞灯	特点：寿命长、成本相对较低
	适用场所：道路照明、室内外工业照明及商业照明
高压钠灯	特点：寿命长、光效高、透雾性强
	适用场所：道路照明、泛光照明、广场照明及工业照明等
金卤灯	特点：寿命长、光效高、显色性好
	适用场所：工业照明、城市亮化工程照明、商业照明、体育场馆照明及道路照明等
管形氙气灯	特点：功率大、光效高、开灯即亮
	适用场所：广场、机场及海港等

（2）电光源的选用。各种电光源的光效有较大差别，气体放电光源比热辐射光源的光效高得多。在选用电光源时，应根据照明的要求、使用场所的环境条件和光源的特点合理选用。一般情况下，可用气体放电光源替代热辐射光源，并尽可能选用光效高的气体放电光源。

2）灯罩

灯罩是提高照明质量的一种重要附件，灯罩的主要作用是重新分配电光源辐射的光通量、限制电光源的眩光、减少和防止电光源的污染、保护电光源免遭机械破坏及安装和固定电光源，与电光源配合起一定的装饰效果。

3）灯具

灯具的主要功能是合理分配光源辐射的光通量，满足环境和作业的配光要求，并且不产生眩光和严重的光幕反射。在选择灯具时，除考虑环境光分布和限制眩光的要求外，还应考虑灯具的效率，选择光效高的灯具。

（1）灯具的分类。在实际的照明过程中，裸光源是不合理的，甚至是不允许使用的，因为裸光源会产生刺眼的眩光，而且许多裸光源不能照到需要的工作面上，致使光效低。为了调整光线的射向、有效地节约电能，应采用合适的灯具。

灯具可按以下情况进行分类。

① 按光线在空间的分布情况，灯具可分为直射型、半直射型、漫射型、半间接型及间接型灯具等。

② 按灯具在建筑上的安装方式，灯具可分为吸顶式、嵌入顶棚式、悬挂式、墙壁式及可移动式灯具等。

③ 按使用环境的需要，灯具可分为防潮型、防爆安全型、隔爆型及防腐蚀型灯具等。

（2）灯具的选用。灯具的选用与照明要求有关，具体应根据实际条件进行综合考虑。考虑内容主要有以下几点。

① 配光选择。考虑室内照明是否达到规定的照度，工作面上的照明是否均匀、有无眩光等。

② 经济效益。在满足室内一定照度的情况下，电功率的消耗、设备投资及运行费用的消耗都应该适当控制，以获得较好的经济效益。

③ 环境条件。在选择灯具时，应考虑周围的环境条件，同时考虑灯具的外形是否与建筑相协调。

（3）灯具的布置。灯具的布置应满足以下要求。

① 规定的照度。

② 工作面上照明均匀。

③ 光线的射向适当，无眩光，无阴影。

④ 灯泡安装容量减至最少。

⑤ 维护方便。

⑥ 布置整齐美观并与建筑相协调。

3. 照明供电系统

1）照明供电系统组成

照明供电系统是由室外架空电力线路供电给照明灯具和其他用电器具使用的供电线路的

总称，一般由进户线、配电箱、干线和支线组成。多层建筑配电干线布置如图 2-23 所示。

2）照明供电线路的布置

建筑的电气照明供电一般采用 380/220V 的三相四线制线路供电，额定电压偏移量在±5%范围内。在这种供电方式下，三相动力负载可以使用 380V 的线电压，照明负载可以使用 220V 的相电压。

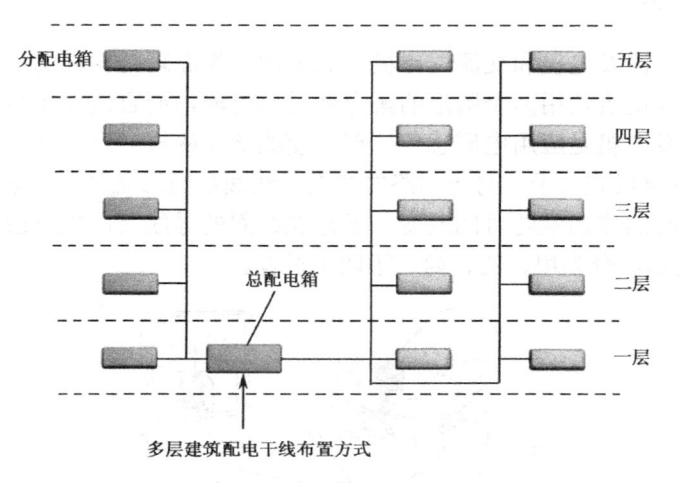

图 2-23　多层建筑配电干线布置

（1）进户线。进户线的位置应根据供电电源的位置、建筑大小和用电设备的布置情况综合考虑后确定。建筑的长度小于或等于 60m，应采用一处进线；建筑的长度大于 60m，可根据需要采用两处进线。进户线与室内地平面的距离不得小于 3.5m，多层建筑可以由二层进户。

（2）配电箱。配电箱是接受和分配电能的装置。配电箱装有开关、熔断器及电度表等电气设备。三相电源的零线不经过开关，直接接在零线极上，各单相电路所需零线都可以从零线接线板上引出。照明配电箱一般在距离地面 1.5m 处安装。

（3）干线。从总配电箱到各分配电箱的线路称为干线。干线布置方式主要有以下几种。

①放射式：适用于小区域的建筑群供电。

②树干式：适用于狭长区域的建筑群供电。

③混合式：适用于大中型建筑群供电或上述两种建筑群的综合供电。

（4）支线。从分配电箱引出的线路称为支线。单相支线电流一般不宜超过 15A，灯和插座数量不宜超过 20 个，最多 25 个。

3）室内照明线路的敷设

室内照明线路的敷设方式有明线敷设与暗线敷设两种。

明线敷设是指将导线沿建筑的墙面或顶棚表面、桁架、屋柱等外表面敷设，导线裸露在外。明线敷设方式有瓷夹板敷设、瓷柱敷设、槽板敷设、铝皮卡钉敷设及穿管敷设等。明线敷设的优点是工程造价低，施工简便，维修容易；缺点是导线容易受到有害气体的腐蚀或机械损伤而发生事故，同时不够美观。

暗线敷设是指将导线预先埋入墙内、楼板内或顶棚内，然后将导线穿入线管中，所需线管有金属钢管、硬塑料管等。暗线敷设的优点是不影响建筑的美观，防潮，可以防止导线受到有害气体的腐蚀和机械损伤；缺点是安装费用较高，要耗费大量管材。由于导线穿入线管内，线管埋在墙内，在使用过程中检修比较困难，所以暗线敷设过程比较严格。

2.4.4 发电系统

1. 发电机的原理

发电机可分为直流发电机和交流发电机，二者的工作原理是相同的，不同之处在于引出电流的方式。交流发电机使用两个圆形的集电环引出电流，而直流发电机使用两个半圆形的集电环引出电流。发电机是应用电磁感应原理，使线圈在磁极间迅速运动产生电流的机械，如图 2-24 所示。发电机施力于一封闭回路的线圈，线圈在马蹄磁铁的两磁极间转动，由于线圈的转动，穿过线圈的磁通量随时间改变，于是在线圈的导线上产生感应电流。发电机的工作原理如图 2-25 所示，分为甲、乙、丙、丁四个过程。

图 2-24 发电机

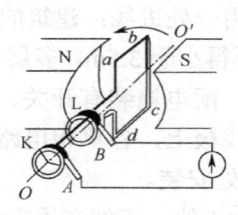

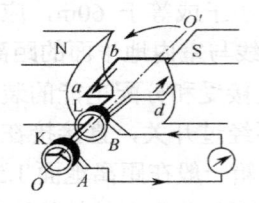

甲：当线圈开始转动时，ab 边向左运动，cd 边向右运动，导线不切割磁感线，电路中没有电流。

乙：在线圈转动的前半周中，ab 边向下运动，cd 边向上运动，导线切割磁感线，电路中有电流，这时外部电路中的电流由 A 到 B。

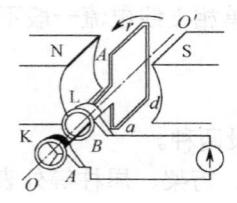

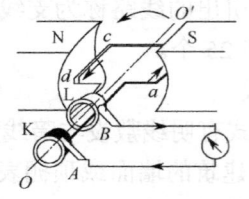

丙：当线圈转到1/2周时，ab 边向右运动，cd 边向左运动，导线不切割磁感线，电路中没有电流。

丁：在线圈转动的后半周中，ab 边向上运动，cd 边向下运动，导线切割磁感线，电路中有电流，这时外部电路中的电流由 B 到 A。

图 2-25 发电机的工作原理

甲：当线圈开始转动时，ab 边向左运动，cd 边向右运动，导线不切割磁感线，电路中没有电流。

乙：在线圈转动的前半周中，ab 边向下运动，cd 边向上运动，导线切割磁感线，电路中有电流，这时外部电路中的电流由 A 到 B。

丙：当线圈转到 1/2 周时，ab 边向右运动，cd 边向左运动，导线不切割磁感线，电路中没有电流。

丁：在线圈转动的后半周中，ab 边向上运动，cd 边向下运动，导线切割磁感线，电路中有电流，这时外部电路中的电流由 B 到 A。

由线圈转动产生的、由电刷传出的感应电流每转半圈方向就改变一次，这种方向交替改变的电流，称为交流电。一般家庭的用电即交流电。方向不变的电流，称为直流电，通常电镀、电解及蓄电池充电都使用直流电。

2. 发电机的构造

发电机主要由磁铁、电枢和集电环三部分组成。其中，磁铁是用于产生磁场的装置；电枢装在磁铁中间，是能自由转动的多匝线圈；集电环是用于引出电流的装置。

2.4.5 常见故障及解决方案

1. 常见故障

1）漏电

线路绝缘结构破损或老化，电流从绝缘结构中泄漏出来的现象称为漏电。泄漏的电流不经过原定电路形成回路，而通过建筑与大地形成回路或在相线、中性线之间组成局部回路。漏电若不严重，则没有明显的故障现象；漏电若较严重，则会出现建筑带电和电量无故增加等故障现象。发生漏电的原因有以下几种。

（1）在施工时损伤了电线和照明灯具附件的绝缘结构。

（2）线路和照明灯具附件年久失修，绝缘结构老化。

（3）违规安装，如导线直接埋在建筑的粉刷层内。

2）过载

实际电量超过线路导线的额定容量的现象称为过载。当出现过载现象时，保护熔丝烧断、过载部分的装置温度剧升。若保护装置未能及时起到保护作用，就会引起严重的电气事故。引起过载的主要原因有以下几种。

（1）导线截面积小，原设计的线路和实际应用的情况不配套或盲目超额用电。

（2）电源电压过低，电扇、洗衣机、电冰箱等输出功率无法相应减小的设备自行增大电流来弥补电压的不足，从而引起过载。

3）短路

许多电气火灾是在短路状态下酿成的。造成短路的原因很多，主要有以下几种。

（1）施工质量不佳，不按规范化要求进行施工。

（2）用电器具内部存在短路故障。

（3）线路年久失修。

（4）导线或附件等受到外力破坏。

2. 故障的排除方法

（1）用电器具内部存在漏电或短路灯具或开路等故障，应修复存在故障的器具。

（2）由插座、灯座和开关等灯具附件损坏，或者线路电气元件触点松脱或绝缘结构老化、触点间绝缘结构表面积灰或元件失灵，外壳或基座破碎等引起的漏电、短路或开路等故障，应更换或修复存在故障的附件和元器件。

（3）由连接工艺失误和加工不良引起的短路和漏电故障，应按工艺要求和规范化要求重新进行加工。

（4）由导线绝缘结构老化和芯线截面积过小引起的故障，应更换符合要求的导线。

（5）由盲目超额用电或乱装保护熔丝引起的短路和过载等故障，应重视安全用电，消除不安全用电的因素，以保证用电安全和供电线路及设备的安全运行。

实 训

为了加深学生对智能楼宇的认识，学习情境 2 讲完以后，教师带领学生去智能办公大楼、智能住宅小区或工厂的物业部门或工程部门实训，在技术人员的指导下操作空调与通风系统、电梯、变配电设备，并要求每位学生完成关于所在实训单位楼宇机电设备结构及组成、操作步骤的实训报告。

知识总结

楼宇机电设备是现代楼宇的重要组成部分，包括空调通风设备、电梯设备、配电照明设备。本学习情境从系统原理、组成结构、操作步骤、常见故障和故障处理几个方面进行了介绍。通过对本学习情境的学习，读者可以了解楼宇机电设备的工作原理、组成结构，同时了解常见故障及其初步解决办法。

复习思考题

一、名词解释

1. 相对湿度
2. 机械通风
3. 交流电梯
4. 电力变压器

二、简答题

1. 蒸气压缩式制冷机的主要设备是什么？工作原理是什么？
2. 空气处理机组自动控制需要监控哪些参数？
3. 请描述电梯的电力拖动系统的组成及其工作过程。
4. 请描述电梯的工作原理。

5．电梯按驱动方式分为哪几类？
6．电力变压器的工作原理是什么？其在电力系统的作用是什么？
7．配电系统保护装置有哪些？各有什么作用和特点？

三、分析计算题

有两台制冷机，一台制冷机的额定制冷量为500USRT（美国冷砘），另一台制冷机的额定制冷量为1500kW（千瓦）。哪台制冷机额定制冷功率大？两台制冷机运行一天（按照8h计算），各耗电多少度？

学习情境 3 消防系统

教学导航

学习任务	任务 3.1　消防系统简介 任务 3.2　火灾报警控制 任务 3.3　灭火与联动控制系统 任务 3.4　火灾产生的原因及防火	参考学时	6
能力目标	1）掌握消防系统的组成 2）熟悉火灾报警系统的工作原理 3）了解常用的火灾探测器的工作原理 4）知道如何在楼宇中防火		
教学资源与载体	多媒体课件、教材、视频、智能楼宇演示设备、作业单、评价表		
教学方法与策略	项目教学法，多媒体演示法，教师与学生互动教学法		
教学过程设计	教师首先介绍消防系统的概念，让学生观看消防部门来学校讲座的多媒体课件，激发学生兴趣，然后引导学生了解火灾的起因及危害，最后介绍灭火的方法		
考核与评价内容	参与互动的语言表达能力，学习态度，任务完成情况		
评价方式	自我评价（10%）小组评价（30%）教师评价（60%）		

任务 3.1　消防系统简介

教师活动

教师要充分备课，在上课前播放消防部门来学校进行消防讲座的 PPT 课件，和学生共同观看火灾的起因及危害，引导学生知道火灾的探测和预防，以及出现火灾时逃生的方法。

学生活动

学生上网查找我国每年发生火灾的实例，火灾的起因及造成的严重后果和惨痛教训。
第一节课结束时每个学生填写的作业单如表 3-1 所示。

表 3-1　作业单

序　号	消防系统的组成	序　号	消防系统的组成

大家知道，我们每天的生活离不开火，人类的进步、社会的发展离不开火。但是，火如果不加控制，任其发展就会危害人类，造成生命和财产的损失，成为火灾。火灾是指在时间和空间上失去控制的燃烧所造成的灾害。随着城市化的大规模发展，人们工作、居住的环境不断改善，高层建筑应运而生，伴随着高层建筑产生了智能建筑，其中智能建筑的消防系统是智能建筑健康发展的重要条件之一。智能建筑的特点是建筑结构跨度大，特性复杂，建筑环境要求高，内部装修材料多且易燃，电气设备多，人员多且集中，建筑功能复杂多样，管道竖井多。智能建筑发生火灾的特点是火势蔓延快，烟气扩散快，人员疏散困难，火灾扑救难度大，火灾隐患多，火灾损失严重。本学习情境将介绍消防系统的原理及火灾的探测和灭火方法。

为了保护人民财产与生命安全，防患于未然，我国《高层民用建筑设计防火规范》及《民用建筑电气设计规范》明确规定，高层民用建筑下列部位应设置火灾自动报警装置：一类建筑的可燃物品库、空调机房、变配电室；高级旅游宾馆的客房和公用活动用房、商场、财贸金融楼的营业厅、展览楼的展览厅；电信楼、广播楼、省级邮政楼的重要机房或房间；重要的图书、资料、档案库，贵重设备间，大中型电子计算机和火灾危险性较大的实验室。

消防系统用来监测现场的火情，在开始冒烟但还未形成明火之前或在已经起火但还未造成损失之前及时发出火灾报警信号，通知消防控制中心及时处理并自动执行消防的前期工作。

消防系统基本上由如下 4 个部分组成。

（1）火灾预防部分。

（2）火灾探测与报警部分。

（3）灭火部分。

（4）人员安全疏散部分。

不同的环境对这 4 个部分的要求是不同的，本书由于篇幅的限制，重点介绍火灾探测与报警部分和灭火部分，至于火灾预防部分和人员安全疏散部分的内容，可参考相关资料。

3.1.1 火灾报警探测系统的组成

一个完善的火灾报警探测系统应该由以下几个部分组成。

1. 火灾探测器

火灾探测器是火灾报警探测系统的感觉部分，又称为火灾传感器，能产生并在火灾现场发出火灾报警信号，传送火灾现场状态信号。

2. 手动火灾报警按钮

手动火灾报警按钮是手动触发装置，该按钮一般装在金属盒内，其外罩用玻璃制成。当用户确认火灾后，敲碎玻璃罩，按下该按钮，报警设备（如火警电铃）动作。同时，手动信号会传送到火灾报警控制器，发出火灾报警信号，手动火灾报警按钮的准确度比火灾探测器高。

3. 火灾报警控制器

火灾报警控制器向火灾探测器提供高稳定度的直流电源，监视连接各火灾探测器的传输导线有无故障，能接收火灾探测器发出的火灾报警信号，迅速正确地进行控制转换和处理，并以声、光等形式指示火灾发生位置，进而发送消防控制设备的启动控制信号。

4. 消防控制设备

消防控制设备主要是指火灾报警装置、火警电话、防排烟装置、消防电梯等联动装置和火灾事故广播系统及固定灭火系统等控制装置。

5. 火警电话

火警电话是独立地向公安消防部门直接报警的外线电话。

6. 火灾事故照明系统

火灾事故照明系统包括火灾事故工作照明系统和火灾事故疏散指示照明系统，其作用是保证在发生火灾时，重要的设备能继续正常工作。事故照明灯的工作方式分为专用照明和混用照明两种，前者平时不工作，在发生事故时强行启动，后者平时为工作照明的一部分。

7. 排烟系统

在火灾死亡人员中，50%～70%的人因一氧化碳中毒死亡。另外，烟雾使逃生的人难辨方向。排烟系统能在火灾发生时迅速排除烟雾，并防止烟雾窜入消防电梯及非火灾区内。

8. 消防电梯

消防电梯用于消防人员扑救火灾和营救人员。在发生火灾时，普通电梯由于电源问题可能不安全。

9. 火灾事故广播系统

通过火灾事故广播系统进行广播，便于组织人员进行安全疏散和通知有关救灾的事项。

10. 固定灭火系统

常用的固定灭火系统有自动喷淋灭火系统和消防栓灭火系统。

3.1.2 火灾探测器

可燃物的燃烧过程依次是产生烟雾→周围环境温度逐渐上升→产生可见光或不可见光。也就是说，可燃物从最初燃烧到酿成大火是需要一定的时间的，有一个发展的过程。火灾探测器的作用是及时感觉、观察到可燃物最初燃烧的参数，并把火灾参数转变为电信号或开关信号，提供给火灾报警控制器。根据火灾早期产生的烟雾、温度和光等参数，有感烟、感温和感光三种类型的火灾探测器，应用最广泛的是感烟探测器，因为感烟探测器是实现早期报警的较理想器件。感温探测器具有性能稳定可靠、误报率低的特点，应用也很广泛。

1. 感烟探测器

烟雾是指人的肉眼可见的燃烧生成物，是粒子直径为 0.01～10μm 的液体或固体微粒。烟雾具有很大的流动性，能潜入建筑的任何空间。火灾产生的烟雾具有毒性，对人的生命具有特别大的威胁。因为感烟探测器对火灾早期报警很有效，所以应用很广泛。感烟探测器可探测 70%及以上的火灾，其适用场所为饭店、旅馆、教学楼、办公楼的厅堂、卧室、计算机房、通信机房、电影或电视放映室、楼道、走廊、电梯机房、书库、档案库等。常用的感烟探测器有离子式感烟探测器、光电式感烟探测器、红外光束式感烟探测器和电容式感烟探测器，下面分别进行介绍。

1）离子式感烟探测器

离子式感烟探测器是采用空气电离化探测火灾的方法进行工作的。离子式感烟探测器利用放射性同位素释放的高能量射线将局部空间的空气电离，产生正、负离子，在外加电压的作用下形成离子电流。当火灾产生的烟雾及燃烧产物，即烟雾气溶胶进入电离空间（一般称为电离室）时，表面积较大的烟雾粒子将吸附其中的带电离子，产生离子电流变化，经电子线路检测，获得与烟雾浓度有直接关系的电测信号，用于火灾确认和报警。

2）光电式感烟探测器

根据烟雾对光的吸收和散射作用，光电式感烟探测器分为散射光线光电式感烟探测器和减光光电式感烟探测器两种。散射光线光电式感烟探测器利用光散射原理对火灾初期产生的烟雾进行探测，并及时发出火灾报警信号，其发光元件（发光二极管）和受光元件（光敏元件）的位置不是相对的，无烟雾存在时，光不能照射到光敏元件上，有烟雾存在时，光通过烟雾粒子散射到光敏元件上。此时，光信号转变为电信号，当烟雾粒子浓度达到一定值时，散射光的能量足以产生一定大小的激励用光电流，该电流经放大电路放大后，驱动报警装置，报警装置发出火灾报警信号。减光光电式感烟探测器由一个光源（灯泡或发光二极管）和一个光敏元件（硅光电池）组成。在正常（无烟）情况下，光源发出的光通过透镜聚成光束，照射到光敏元件上，并将光信号转变为电信号，整个电路维持正常状态，不进行报警。当发生火灾有烟雾存在时，光源发出的光受到烟雾粒子的散射和吸收作用，光的传播特性改变，光敏元件接收的光强明显减弱，电路正常状态被破坏，报警装置发出火灾报警信号。

离子式感烟探测器和光电式感烟探测器的基本性能比较如表 3-2 所示。

表 3-2 离子式感烟探测器和光电式感烟探测器的基本性能比较

序 号	基本性能	离子式感烟探测器	光电式感烟探测器
1	对燃烧物颗粒大小的要求	无要求，均适合	对小颗粒不敏感，对大颗粒敏感
2	对燃烧产物颜色的要求	无要求，均适合	不使用黑烟、浓烟，适用于白烟、浅烟
3	对燃烧方式的要求	适用于明火、炙热火	适用于阴燃火，对明火反应差
4	对大气环境（温度、湿度、风速）的要求	适应性差	适应性好
5	火灾探测器安装高度	适应性差	适应性好
6	对可燃物的选择	适应性差	适应性好

3）红外光束式感烟探测器

红外光束式感烟探测器由发射器和接收器两部分组成，在正常情况下，红外光束式感烟探测器的发射器发送一个波长为 940mm 的红外光束，红外光束经过保护空间不受阻挡地照射到接收器的光敏元件上；当发生火灾时，烟雾扩散到测量区内，接收器收到的红外光束辐射的光通量减弱，当辐射的光通量减弱到设定的感烟动作阈值时，报警装置立即动作，发出火灾报警信号。

4）电容式感烟探测器

电容式感烟探测器是根据烟雾进入电容极板的空间使电容器的介电常数发生变化，从而改变电容器的电容量的原理制成的。

2. 感温探测器

物质在燃烧过程中释放出大量热量，环境温度升高，火灾探测器中的热敏元件发生物理变化，由光信号转变的电信号被传给火灾报警控制器，经判别，火灾报警控制器发出火灾报警信号。在火灾初期，使用热敏元件探测火灾的发生是一种有效的手段，特别是那些经常存在大量粉尘、油雾、水蒸气的场所，无法使用感烟探测器，用感温探测器比较合适。在某些重要的场所，为了提高火灾监控系统的可靠性，或者保证自动灭火系统的准确性，要求同时使用感烟和感温探测器。感温探测器主要由温度传感器和电子线路组成，根据温度传感器的作用原理可分为定温式探测器、差温式探测器及差定温式探测器。

1）定温式探测器

定温式探测器有点型定温式探测器和线型定温式探测器两种，下面简单介绍。

点型定温式探测器一般利用双金属片、易熔合金、热电偶、热敏电阻等元件组成温度传感器。例如，双金属片定温式探测器的主体由外壳、双金属片、触头和电极组成。该探测器的温度敏感元件是一副双金属片。当发生火灾时，该探测器周围的环境温度升高，双金属片受热变形并弯曲。当温度升高到某一特定数值时，双金属片向下弯曲推动触头，于是两个电极被接通，相关的电子线路发送火灾报警信号。

线型定温式探测器由两根弹性钢丝分别包敷热敏绝缘材料，绞对成形，绕包带再加外护套制成，在正常状态下，两根钢丝间的阻值接近无穷大。由于终端电阻的存在，电缆中会通过微小的监视电流。当电缆周围温度上升到额定动作温度时，钢丝间热敏绝缘材料的性能被破坏，绝缘电阻发生跃变，出现短路，火灾报警控制器检测到这一变化后发出火灾报警信号。当线型定温式探测器发生断路时，监视电流变为零，火灾报警控制器据此发出故障报警信号。

2）差温式探测器

差温式探测器通常分为膜盒差温式探测器和空气管差温式探测器两种。

膜盒差温式探测器主要由感热室、波纹膜片、气塞螺钉及触点等组成。外壳、衬板、波纹膜片和气塞螺钉共同形成一个密闭的气室，该气室只有气塞螺钉的一个很小的泄气孔与外界大气相通。当环境缓慢发生变化时，由于泄气孔的调节作用，因此气室内外空气的压力可以保持平衡。但是，当发生火灾时，环境温度迅速升高，气室内的空气急剧受热膨胀来不及从泄气孔外逸，导致气室内的压力增大将波纹膜片鼓起，鼓起的波纹膜片与触点接触接通电源，发送信号到火灾报警控制器。

空气管差温式探测器的温度敏感元件空气管是紫铜管,紫铜管置于保护现场,传感元件和电路部分置于保护现场内或保护现场外。当气温正常变化时,受热膨胀的气体能从传感元件泄气孔排出,因此不能推动膜片,动、静接点不会闭合。一旦发生火灾,气温升高,紫铜管内的空气突然受热膨胀,不能从泄气孔立即排出,膜盒内压力增大推动膜片,使之产生位移,动、静接点闭合,接通电源,发出火灾报警信号。

3) 差定温式探测器

差定温式探测器是具有差温探测和定温探测复合功能的探测器。现以电子差定温式探测器为例简述工作原理,如图3-1所示。

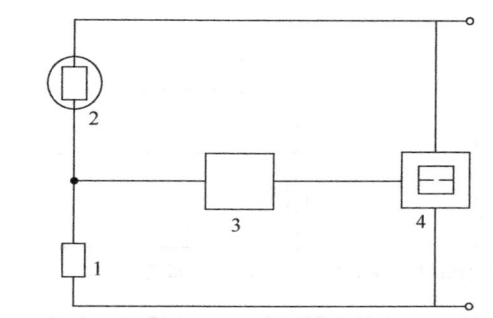

1—采样热敏元件;2—参考热敏元件;3—阈值电路;4—双稳态电路

图3-1 电子差定温式探测器原理图

电子差定温式探测器一般采用两只同型号的热敏元件,其中一只热敏元件位于监测区域的空气环境中,能直接感受到周围环境气流的温度,另一只热敏元件密封在电子差定温式探测器内部,以防止与气流直接接触。当外界温度缓慢上升时,两只热敏元件均有响应,此时电子差定温式探测器表现为定温特性。当外界温度急速上升时,位于监测区域的热敏元件阻值迅速减小,而在电子差定温式探测器内部的热敏元件阻值变化缓慢,此时电子差定温式探测器表现为差温特性。

3. 感光探测器

感光探测器主要指火焰光探测器。火焰光探测器可以对火焰辐射出的红外线、紫外线、可见光予以响应,能够对迅速发生的火灾或爆炸及时响应。

4. 可燃气体探测器

随着城市使用煤气、天然气和民用石油液化气等燃料用户的增多,目前,城市消防部门已经把可燃气体泄漏监测报警装置列入有关规范,在《建筑设计防火规范》(GBJ 16—87)(2001年版)第10.3.2条明确规定:"散发可燃气体、可燃蒸气的甲类厂房和场所,应设置可燃气体浓度检测报警装置"。

可燃气体通常包括煤气、石油液化气、石油蒸气、酒精蒸气和天然气。这些气体主要含有烷类、烃类、烯类、醇类、苯类和一氧化碳、氢气等成分,是易燃易爆的有毒有害气体,可燃气体探测器就是对空气中可燃气体的含量(浓度)进行检测的器件,它和与其配套的火灾报警控制器共同组成可燃气体浓度检测报警装置。

下面以半导体型可燃气体探测器为例进行说明。

半导体型可燃气体探测器的核心元件是对氢气、一氧化碳、甲烷、乙醚、乙醇、天然气等可燃气体灵敏度较高的半导体气敏元件——QN、QM 系列元件。半导体型可燃气体探测器是用金属氧化物通过化学成分配比的偏移制成的 P 型或 N 型半导体，其工作原理如图 3-2 所示。

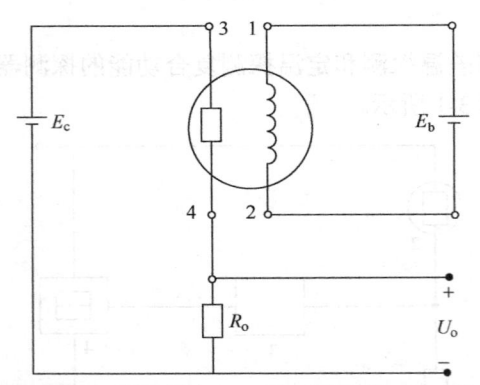

E_b—加热电源；E_c—测量电源；3，4 间—气敏电阻；1，2 间—加热丝

图 3-2　半导体型可燃气体探测器工作原理

由于气敏电阻工作时会产生复杂的物理和化学变化，需要在一定的温度（200～450℃）下进行，所以采用加热丝通电产生热量的方式加热。

当无可燃气体泄漏时，3、4 间阻值一定，R_o 上为某一恒定电压。当有可燃气体泄漏时，3、4 间阻值因其内部多数载流子的浓度发生变化而减小。R_o 上电压增大，将可燃气体浓度的大小转换成相应的毫伏级电信号，电子线路对电信号进行放大变换处理后，实现对可燃气体浓度的监测和报警。

5. 复合火灾探测器

复合火灾探测器是对两种或两种以上火灾参数响应的火灾探测器，主要包括感温感烟探测器、感温感光探测器和感烟感光探测器。

3.1.3　怎样选择火灾探测器

在选择火灾探测器时，应该根据火灾区内可燃物的数量、性质，初期火灾形成和发展的特点，房间的大小和高度，环境特征和对安全的要求等，合理地选用不同类型的火灾探测器。

1. 下列场所宜选用离子式感烟探测器或光电式感烟探测器

（1）饭店、旅馆、教学楼、办公楼的正室、卧室、办公室等。
（2）计算机房、通信机房、电影或电视放映室等。
（3）楼梯、走廊、电梯厅等。
（4）书库、档案库等。
（5）有电气火灾危险的场所。

2. 有下列情形的场所，不宜选用离子式感烟探测器

（1）相对湿度长期大于95%。
（2）气流速度大于5m/s。
（3）有大量粉尘、水雾滞留。
（4）可能产生腐蚀性气体。
（5）在正常情况下有烟雾滞留。
（6）产生醇类、醚类、酮类等有机物质。

3. 有下列情形的场所，不宜选用光电式感烟探测器

（1）可能产生黑烟。
（2）大量积聚粉尘。
（3）可能产生蒸气和油雾。
（4）在正常情况下有烟雾滞留。
（5）存在高频电磁干扰。

4. 下列情形或场所宜选用感温探测器

（1）相对湿度经常大于95%。
（2）可能发生无烟火灾。
（3）有大量粉尘。
（4）在正常情况下有烟雾和蒸气滞留。
（5）厨房、锅炉房、发电机房、茶炉房、烘干车间等。
（6）汽车库。
（7）吸烟室、小会议室等。
（8）其他不宜安装感烟探测器的厅堂和公共场所。

5. 可能产生阴燃火或发生火灾不及早报警将造成重大损失的场所

可能产生阴燃火或发生火灾不及早报警将造成重大损失的场所不宜选用感温探测器；温度低于或等于0℃的场所不宜选用定温式探测器；在正常情况下温度变化较大的场所不宜选用差温式探测器。

6. 有下列情形的场所，不宜选用火焰光探测器

（1）可能产生无焰火灾。
（2）在火焰出现前有浓烟扩散。
（3）火灾探测器的镜头易被污染。
（4）火灾探测器的"视线"易被遮挡。
（5）火灾探测器易受阳光或其他光源直接或间接照射。
（6）在正常情况下有明火作业及X射线、弧光等影响。

7. 当有自动联动装置或自动灭火系统时

当有自动联动装置或自动灭火系统时，宜采用感烟、感温、火焰光探测器（同类型或不同类型）的组合。火灾探测器选择表如表3-3所示。

表 3-3 火灾探测器选择表

设置场所		火灾探测器类型						备 注
使用环境	举例	差温式探测器	差定温式探测器	定温式探测器	离子式感烟探测器		光电式感烟探测器		
^	^	^	^	^	非延时	延时	非延时	延时	^
烹调产生的烟雾有可能流入，而换气性能不良的场所	配餐室、厨房前室、厨房内的食品库等	◎	◎	○					若使用定温式探测器，宜选用 1 级灵敏度定温式探测器
^	食堂、厨房四周的走廊和通道等	◎	◎	×					^
由于吸烟烟雾滞留，而换气性能不良的场所	会议室、接待室、休息室、娱乐室、会场、宴会厅、咖啡馆、饮食店等	△	△	×				◎	
作为就寝设施的场所	饭店的客房、值班室等	×	×	×		◎		◎	
有废气滞留的场所	停车场、车库、发电机室、货物存取处等	◎	◎	×					
除烟雾以外的微粒悬浮的场所	锅炉房	×	×	×		◎		◎	
容易结露的场所	用石板或铁板作为屋顶的仓库、厂房、密闭的地下仓库、冷冻库的四周、包装车间、变电室等	△	×	◎					若使用定温式探测器，要使用防水的型号
容易受到风的影响的场所	大厅、展览厅、寺庙的大殿、塔屋的机械室等	○	×	×				◎	
烟雾经过长距离运动后才能到达火灾探测器的场所	走廊、通道、楼梯、倾斜路、电梯井等					◎			
火灾探测器容易受到腐蚀的场所	温泉地区及靠近海岸的旅馆、饭店的走廊等	×	×	○				◎	若使用定温式探测器，要使用防腐的型号
^	污水泵房等	×	×	◎					^
可能有大量虫子的场所	某些动物饲养室等	◎	○	○					火灾探测器要有防虫罩
可能产生阴燃火的场所	通信机房、电话机房、计算机房、机械控制室、电缆井、密闭仓库等	×	×	×			◎	○	
大空间、高天棚、烟雾和热气容易扩散的场所	体育馆、飞机库、高天棚的厂房和仓库等	△	×	×					

· 60 ·

续表

设置场所		火灾探测器类型							备 注
使用环境	举例	差温式探测器	差定温式探测器	定温式探测器	离子式感烟探测器		光电式感烟探测器		
					非延时	延时	非延时	延时	
粉尘、细粉末大量滞留的场所	喷漆室、纺织加工车间、木材加工车间、石料加工车间、仓库、垃圾处理场等	×	×	○	×	×	×	×	定温式探测器要使用 1 级灵敏度定温式探测器
产生大量水蒸气的场所	开水间、消毒室、浴池的更衣室等	×	×	○	×	×	×	×	火灾探测器要使用防水的型号
可能产生腐蚀性气体的场所	电镀车间、蓄电池室、污水处理场等	×	×	○	×	×	×	×	定温式探测器要使用防腐的型号
在正常情况下有烟雾滞留的场所	厨房、烹调室、焊接车间等	×	×	○	×	×	×	×	厨房等高温场所要使用防水型号的探测器
显著高温的场所	干燥室、杀菌室、锅炉房、铸造厂、电影放映室、电视演播室等	×	×	○	×	×	×	×	
不能有效进行维修管理的场所	人不易到达或不便工作的车间，电车车库等有危险的场合	○	×	×	×	×	×	×	

注：◎表示最适于使用；○表示适于使用；△表示根据安装场所等情形限于能够有效地探测火灾发生的场所使用；×表示不适于使用。

任务 3.2　火灾报警控制

教师活动

教师要充分备课，准备一台烟雾报警器，点燃纸出现烟雾，在课堂上演示报警过程。

学生活动

学生观察教室和走廊顶部安装的烟雾报警器，上网查烟雾报警器的型号，了解其报警原理。

3.2.1　火灾报警控制器的组成和功能

1. 火灾报警控制器的组成

火灾报警控制器由电源部分和主机部分组成。
1）电源部分
电源部分给主机和火灾探测器提供高稳定度的电源，并设有电源保护环节，使整个系统的技术性能得到保障。目前大多数火灾报警控制器使用开关式稳定电源。

2）主机部分

主机部分承担着将火灾探测器传来的信号进行处理、报警并中断的作用。从原理上讲，无论是区域火灾报警控制器，还是集中火灾报警控制器，都遵循同一工作模式，即火灾探测器信号→输入单元→自动控制单元→输出单元。同时，为了使用方便，增加功能，增加了辅助人机接口（键盘、显示部分、输出联动控制部分、计算机通信部分和打印机部分等），如图3-3所示。

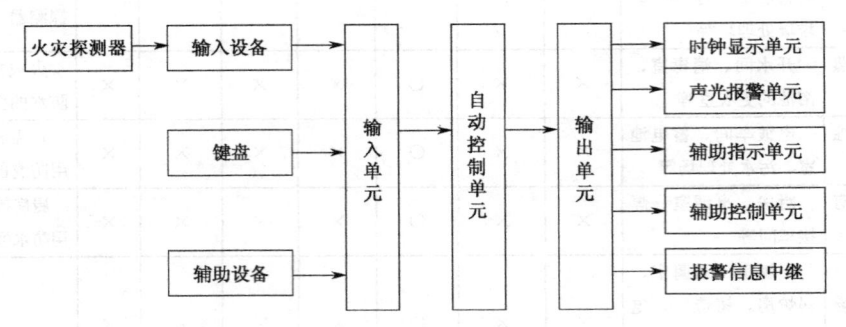

图3-3 主机部分方框图

2. 火灾报警控制器的基本功能

火灾报警控制器的基本功能有以下8种。

1）主备电源互补功能

火灾报警控制器的电源由主电源和备用电源两部分组成。主电源为220V交流电，备用电源选用可反复充放电的各种蓄电池。当主电源有电时，火灾报警控制器自动利用主电源供电，同时对蓄电池充电。当主电源断电时，火灾报警控制器自动切换改用蓄电池供电，以保证系统的正常运行。

2）火灾报警功能

当火灾探测器、手动火灾报警按钮或其他火灾报警信号单元发出火灾报警信号时，火灾报警控制器能迅速、准确地接收、处理，进行火灾报警，指出具体火警地址和时间。

3）故障报警功能

当系统正常运行时，火灾报警控制器能对现场所有的设备及自身进行监视，如有故障发生立即报警，并指出具体故障部位。

4）时钟单元功能

火灾报警控制器本身提供一个工作时钟，用于对工作状态提供监视参考。

5）火灾报警记忆功能

当火灾报警控制器收到火灾报警信号时，能保持并记忆火灾报警信号，火灾报警信号不随火灾报警信号源的消失而消失，同时能继续接收、处理其他火灾报警信号。

6）火警优先功能

如果在系统出现故障的情况下出现火警，火灾报警控制器能由报故障自动转变为报火警，当火警被清除后又自动恢复报原有故障。

7）调显火警地址功能

当收到火灾报警信号时，火灾报警控制器在数码管上显示首次火警地址，通过键盘操作可调显其他的火警地址。

8）输出控制功能

火灾报警控制器具有一对以上的输出控制触点，用于火灾报警时的联动控制。

3.2.2 火灾报警方式

1. 手动报警

火灾发生后，楼内人员可通过装于走廊、楼梯口等处的手动火灾报警按钮进行手动报警，手动火灾报警按钮为装于金属盒内的按钮。一般将金属盒嵌入墙内，外罩红边框的保护罩。人工确认火灾后，打碎保护罩玻璃，按下手动火灾报警按钮，发出信号。此时一方面本地的报警设备（如声光讯响器、警铃）动作，另一方面手动信号被送到区域火灾报警控制器，发出火灾报警信号。与火灾探测器一样，手动火灾报警按钮在系统中占有一个部位号，有的手动火灾报警按钮还具备动作指示和应答功能。

手动火灾报警按钮的设置要求如下。

（1）在火灾报警区域内，每个防火分区应至少设置一个手动火灾报警按钮。从一个防火分区内的任何位置到最近的一个手动火灾报警按钮的距离不应大于30m。手动火灾报警按钮宜设置在公共活动场所的出入口（如大厅、过厅、餐厅、多功能厅等主要公共场所）、各楼层的电梯间、电梯前室、主要通道等。

（2）手动火灾报警按钮应设置在明显的和便于操作的部位，当安装在墙上时，其底边距地面或楼板的高度为1.3～1.5m，且应有明显的标志。

2. 自动报警

火灾自动报警系统主要完成探测和报警功能。火灾自动报警系统是由触发装置、火灾报警装置、火灾警报装置和电源等部分组成的通报火灾发生的全套设备，如图3-4所示。根据工程建设的规模、保护对象的性质、火灾报警区域的划分和消防管理机构的组织形式，将火灾自动报警系统划分为三种基本形式：区域报警系统、集中报警系统和控制中心报警系统。区域报警系统一般适用于二级保护对象，如图3-5所示；集中报警系统一般适用于一、二级保护对象，如图3-6所示；控制中心报警系统一般适用于特级、一级保护对象，如图3-7所示。

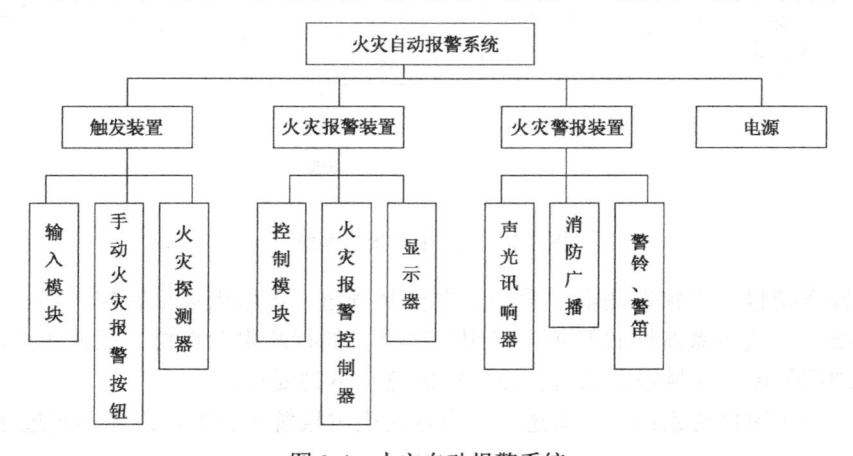

图3-4 火灾自动报警系统

图 3-5 区域报警系统

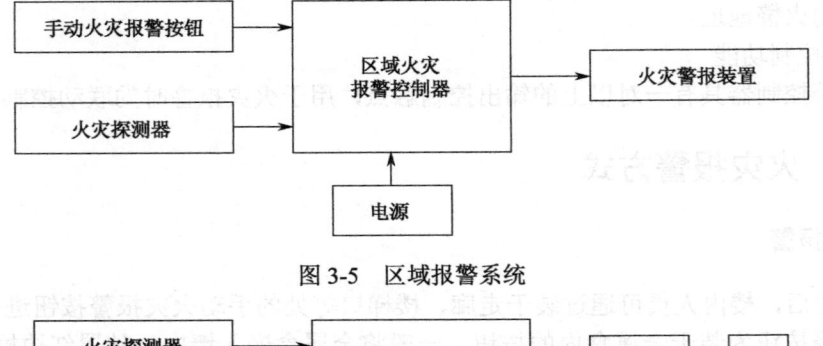

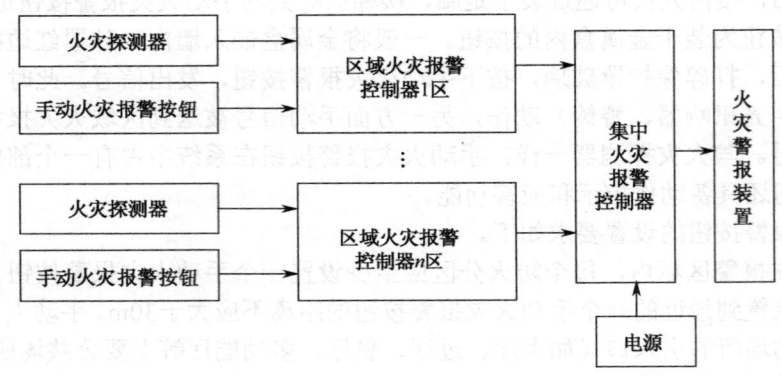

图 3-6 集中报警系统

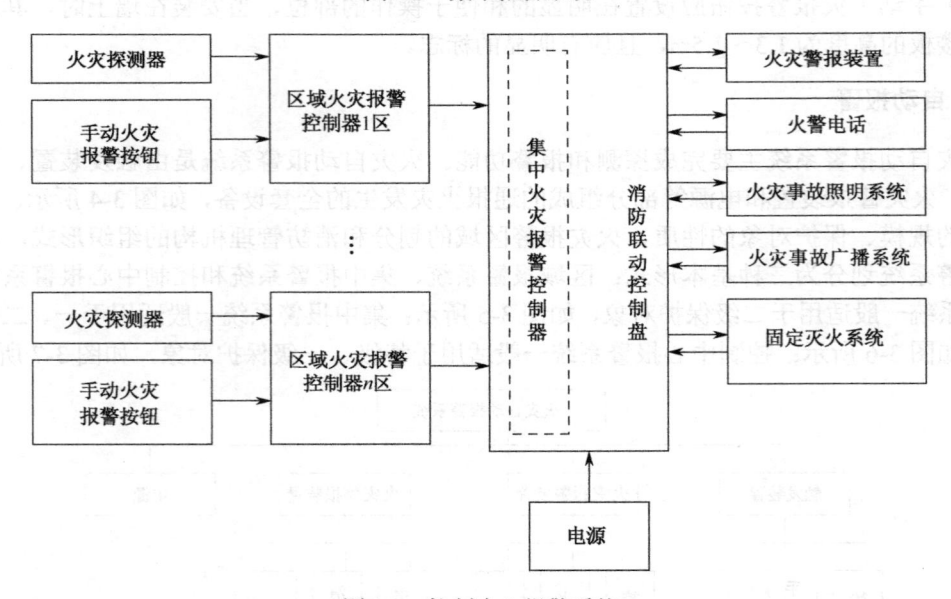

图 3-7 控制中心报警系统

区域报警系统包括火灾探测器、手动火灾报警按钮、区域火灾报警控制器、火灾警报装置和电源等部分。这种系统比较简单，使用很广泛，如行政事业单位、工矿企业的要害部位和娱乐场所均可使用。区域报警系统在设计时应符合下列要求。

（1）在一个区域报警系统中，宜选用 1 台通用火灾报警控制器，最多不超过 2 台。

（2）区域火灾报警控制器应设置在有人值班的房间。

（3）区域报警系统比较小，只能设置一些功能简单的联动控制设备。

（4）当用区域报警系统警戒多个楼层时，应在每个楼层的楼梯口和消防电梯前的明显部位设置识别报警楼层的灯光显示装置。

（5）当区域火灾报警控制器安装在墙上时，其底边距地面或楼板的高度为1.3~1.5m，距门轴侧面的距离不小于0.5m，正面操作距离不小于1.2m。

集中报警系统由1台集中火灾报警控制器、2台以上的区域火灾报警控制器、火灾警报装置和电源组成。高层宾馆、饭店、大型建筑群一般使用的都是集中报警系统。集中火灾报警控制器设在消防控制室内，区域火灾报警控制器设在各楼层的服务台处。对于总线制火灾报警控制系统，区域火灾报警控制器是重复显示屏。

集中报警系统在设计时，应注意以下几点。

（1）在集中报警系统中，应设置必要的消防联动控制输出节点，控制有关消防设备并接收反馈信号。

（2）在火灾报警控制器上应能准确显示火警的具体地址，并能实现简单的联动控制。

（3）集中火灾报警控制器的信号传输线应通过子节点，应具有明显的标志和编号。

（4）集中火灾报警控制器所连接的区域火灾报警控制器应符合区域报警系统的技术要求。

控制中心报警系统除包括集中火灾报警控制器、区域火灾报警控制器、火灾探测器外，还在消防控制室内增加了消防联动控制盘。被联动控制的设备包括火灾警报装置、火警电话、火灾事故照明系统、火灾事故广播系统和固定灭火系统等。也就是说，集中报警系统加上联动的消防控制设备构成了控制中心报警系统。控制中心报警系统主要用于大型宾馆、饭店、商场、办公楼、大型建筑群和大型综合楼等。在一个大型建筑群里组成控制中心报警系统是一项非常复杂的消防工程。消防系统的设计指导思想综合考虑了可靠安全性、系统扩充性、管理方便性三要素。消防设备包括火灾探测、报警、联动控制设备，消防设备的自动检测设备，避难诱导设备等。

任务3.3 灭火与联动控制系统

3.3.1 自动喷淋灭火系统

自动喷淋灭火系统属于固定灭火系统，是目前世界上广泛采用的一种固定消防设施，具有价格低廉、灭火效率高等特点，能在火灾发生后自动地进行喷淋灭火，并能在喷淋灭火的同时发出警报。在一些发达国家的消防规范中，几乎所有的建筑都要求采用自动喷淋灭火系统。在我国，随着建筑业的快速发展及消防法规的逐步完善，自动喷淋灭火系统得到了广泛的应用。

1. 自动喷淋灭火系统的分类

（1）湿式喷水灭火系统。

（2）室内消防栓灭火系统。

（3）干式喷水灭火系统。
（4）干湿两用式喷水灭火系统。
（5）预作用喷水灭火系统。
（6）雨淋喷水灭火系统。
（7）水幕灭火系统。
（8）水喷雾灭火系统。
（9）轻装简易灭火系统。
（10）泡沫雨淋灭火系统。
（11）大水滴（附加化学品）灭火系统。
（12）自动启动灭火系统。

下面以湿式喷水灭火系统为例进行介绍。

2. 湿式喷水灭火系统的结构组成

湿式喷水灭火系统是一种应用广泛的固定灭火系统，该系统的配水管网内充满压力水，长期处于备用工作状态，适于在4~70℃的环境温度中使用，当保护区内某处发生火灾时，环境温度升高，喷头的温度敏感元件（玻璃球）破裂，喷头自动启动将水直接喷向火灾发生区域，并发出火灾报警信号，达到报警、灭火、控火的目的。

湿式喷水灭火系统主要由以下几部分组成。

（1）水箱。水箱在正常状态下维持配水管网的压力，在火灾初期给配水管网提供灭火用水。

（2）水力报警阀。水力报警阀用于湿式、干式、干湿两用式、雨淋和预作用喷水灭火系统中，是自动喷淋灭火系统中的重要部件。当火灾发生时，水力报警阀流出带有一定压力的水驱动水力警铃报警。当水力警铃流量等于或大于一个喷头的流量时水力报警阀立即动作。

（3）湿式报警阀。湿式报警阀安装在总供水干管上，连接供水设备和配水管网，一般采用止面阀的形式。当配水管网中有喷头喷水时，破坏了阀门上下的平衡压力，使阀板开启，接通水源和配水管网。同时部分水流通过阀座上的环行槽，经信号管道流至水力警铃，发出火灾报警信号。

（4）消防水泵结合器。消防水泵结合器用于给消防车提供水口。

（5）控制箱。控制箱安装在消防控制室内，用于接收系统传来的电信号及发出控制指令。

（6）压力罐。压力罐用于自动启停消防水泵。当配水管网中的水压过低时，与压力罐连接的压力开关发出信号给控制箱，控制箱接到信号后发出指令启动消防水泵给配水管网增压。当配水管网水压达到设定值后消防水泵停止供水。

（7）消防水泵。消防水泵给配水管网补水。

（8）喷头。喷头可分为易熔金属式、双金属片式和玻璃球式喷头三种，其中玻璃球式喷头应用最广泛。在正常情况下，喷头处于封闭状态；当有火灾发生且温度达到动作值时，喷头开始喷水灭火。

（9）水流指示器。水流指示器的原理是当水流指示器感应到水流时，其电触点动作，接通延时电路（延时20~30s）。延时时间到后，水流指示器通过继电器触发，发出声光信号给消防控制室，以识别火灾区域。

（10）压力开关。压力开关是自动喷淋灭火系统的自动报警和控制附件，能将水压力信号转变为电信号。当压力超过或低于预定工作压力时，电路就闭合或断开，输出信号至火灾报警控制器或直接控制启动其他电气设备。

（11）延时器。延时器是一种罐式容器，安装在水力报警阀与水力警铃之间，可以对水压突然发生变化引起的水力报警阀短暂开启或对因水力报警阀局部渗漏而进入水力警铃管道的水流起一个暂时容纳的作用，避免虚假报警。只有当真正发生火灾时，喷头和水力报警阀相继打开，水流源源不断地流入延时器，经 30s 左右充满整个延时器后，水流才会冲入水力警铃管道。

（12）试警铃阀。试警铃阀用于人工测试。打开试警铃阀泄水，水力报警阀自动打开，水流充满延迟器后可使压力开关及水力警铃动作报警。

（13）放水阀。放水阀用于检修时放空配水管网中的余水。

（14）末端试水装置。末端试水装置设在配水管网末端，用于自动喷淋灭火系统等流体工作系统中。该试水装置相当于一个标准喷头流量的接头，打开该试水装置，可进行系统模拟试验调试。利用此试水装置可对系统进行定期检查，以确定系统是否能正常工作。

3. 湿式喷水灭火系统的工作原理

当发生火灾时，温度上升，喷头上装有热敏液体的玻璃球达到动作温度，由于液体的膨胀，玻璃球炸裂，喷头开始喷水灭火。喷头喷水导致配水管网的压力下降，水力报警阀压力下降使阀板开启，接通配水管网和水源以供水灭火。火力报警阀动作后，水力警铃经过延时器的延时（大约 30s）后发出火灾报警信号。配水管网中的水流指示器感应到水流时，经过一段时间的延时，发出电信号到消防控制室。当配水管网压力下降到一定值时，配水管网中的压力开关发出电信号到消防控制室，启动消防水泵开始供水。

湿式喷水灭火系统动作程序如图 3-8 所示。

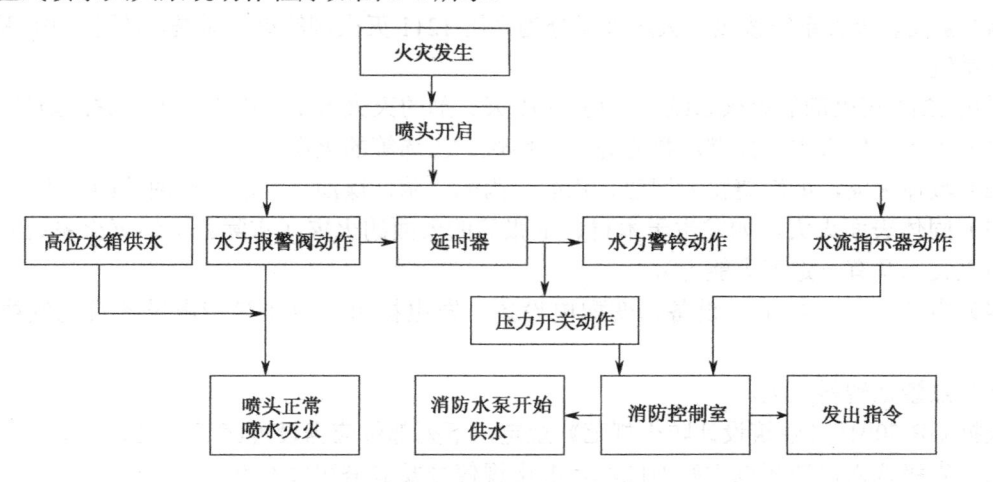

图 3-8 湿式喷水灭火系统动作程序

3.3.2 气体自动灭火系统

气体自动灭火系统包括卤代烷灭火系统、七氟丙烷灭火系统和二氧化碳灭火系统等。

1. 卤代烷灭火系统

卤代烷灭火系统是将具有灭火功能的卤代烷碳氢化合物作为灭火剂的灭火系统。卤代烷灭火剂主要有一氯一溴甲烷（简称1011）、二氟二溴甲烷（简称1202）、二氟一氯一溴甲烷（简称1211）、三氟一溴甲烷（简称1301）、四氟二溴乙烷（简称2402）。卤代烷灭火器是充装卤代烷灭火剂的灭火器，该类灭火剂种类较多，国内常见的卤代烷灭火器充装的灭火剂有两种：二氟一氯一溴甲烷和三氟一溴甲烷，对应的两种灭火器分别简称1211灭火器、1301灭火器。

卤代烷灭火系统有全湮没卤代烷灭火系统和局部应用卤代烷灭火系统两种。

全湮没卤代烷灭火系统能在封闭空间内使卤代烷灭火剂在空气中的浓度在较长时间内保持基本不变，从而达到灭火所需的浸渍时间。这种系统可分为组合分配系统、单元独立系统和无管网系统。组合分配系统采用一套卤代烷灭火装置，可以保护多个区域。无管网系统属于半固定灭火系统，用于小面积区域防护，不设固定管道和储存容器间。

局部应用卤代烷灭火系统由灭火装置直接向燃烧物喷射卤代烷灭火剂灭火，其各种部件是固定的，可自动喷射灭火剂。

以下为卤代烷灭火系统常见的分类。

（1）卤代烷灭火系统按照灭火方式分为全湮没卤代烷灭火系统、局部应用卤代烷灭火系统。

（2）卤代烷灭火系统按照系统结构分为有管网卤代烷灭火系统、无管网卤代烷灭火系统。

（3）卤代烷灭火系统按照加压方式分为临时加压卤代烷灭火系统、预先加压卤代烷灭火系统。

（4）卤代烷灭火系统按照灭火剂种类分为采用1211灭火剂的灭火系统、采用1301灭火剂的灭火系统。

采用1211灭火剂的灭火系统、采用1301灭火剂的灭火系统可用于下列火灾的防护。

（1）可燃气体火灾，如燃烧物为煤气、甲烷、乙烯等的火灾。

（2）液体火灾，如燃烧物为甲醇、乙醇、丙酮、苯、煤油、汽油、柴油等的火灾。

（3）固体表面火灾，如发生于木材、纸张等的表面的火灾（实际上上述灭火系统对固体深处的火灾也具有一定灭火能力）。

（4）电气火灾，如电子设备、变配电设备、发电机组、电缆等带电设备及电气线路的火灾。

（5）热塑性塑料火灾。

根据GB 50016《建筑设计防火规范》规定，下列部位应当设置卤代烷灭火设备。

（1）省级或人口数超过100万的城市的电视信号发射塔和微波室。

（2）人口数超过50万的城市的通信机房。

（3）放置大中型计算机的机房或放置贵重设备的室内。

（4）省级或藏书量超过100万册的图书馆，以及市级以上（含）的文物资料珍藏室。

（5）市级以上（含）的档案库的重要部位。

根据 GBJ 110—1987《卤代烷 1211 灭火系统设计规范》规定，这些部位应当设置卤代烷灭火设备：油浸变压器室、计算机房、通信机房、图书室、资料室、档案库、柴油发电机室。

根据 GB 50045—1995《高屋民用建筑设计防火规范（2005 年版）》规定，高层建筑的这些房间应当设置卤代烷灭火设备：大中型计算机房、自备发电机房、贵重设备室、珍藏室。

此外，金库、软件室、精密仪器室、空调机、印刷机、浸渍油坛、喷涂设备、冷冻装置、中小型油库、化工油漆仓库、车库、船舱和隧道等场所和设备都可用卤代烷灭火设备进行有效的火灾防护。

2. 七氟丙烷灭火系统

七氟丙烷是无色、无味、不导电、无二次污染的气体，具有清洁、低毒、绝缘性好、灭火效率高的特点，特别是对臭氧层无破坏，在大气中残留的时间比较短，其环保性能明显优于卤代烷，是目前为止研究开发比较成功的一种洁净气体灭火剂，被认为是替代卤代烷（主要指 1301、1211）的理想产品之一。

七氟丙烷灭火系统由储存瓶组、储存瓶组架、液流单向阀、集流管、选择阀、三通（含异径三通）、弯头（含异径弯头）、法兰、安全阀、压力信号发送器、管网、喷嘴、药剂、火灾探测器、气体灭火控制器、声光报警器、放气指示灯、紧急启动/停止按扭等组成。

3. 二氧化碳灭火系统

二氧化碳灭火系统是一种不发生化学反应的气体灭火系统。该系统可喷放二氧化碳灭火剂，主要通过降低氧气浓度、窒息燃烧和冷却等物理作用扑灭火灾。二氧化碳被高压液化后罐装、储存，喷放时由液体变为气体，体积急剧膨胀并吸收大量的热，可降低火灾现场的温度，同时降低被保护空间的氧气浓度达到窒息灭火的效果。二氧化碳是一种惰性气体，本身具有不燃烧、不助燃、不导电、不含水分、对保护物不会造成污损等优点，是一种采用较早、应用较广的灭火剂。二氧化碳价格便宜，灭火时不污染环境，灭火后很快散逸、不留痕迹。应该注意的是，二氧化碳对人体有窒息作用，因此二氧化碳灭火系统只能用于无人场所，若在经常有人工作的场所使用，应采取适当的防护措施以保障人员的安全。

二氧化碳灭火系统根据设计应用形式可分为全湮没二氧化碳灭火系统、局部应用二氧化碳灭火系统。

二氧化碳灭火系统的优势如下。

（1）二氧化碳的密度相对较大，在用于较低位置的灭火时，可快速沉入底部挤出氧气，形成保护堆积层，因此防火、灭火效果比氮气更好。

（2）二氧化碳的纯度可以接近 100%，基本不含氧气。氮气的纯度一般只能达到 97%左右，含氧约 3%，因此二氧化碳防火、灭火效果优于氮气。

（3）刚从二氧化碳灭火系统喷出时，二氧化碳液体的温度很低，接触热源后，二氧化碳液体汽化吸收大量热量，利于降温、灭火。

（4）二氧化碳灭火系统一般采用模块化、组合式结构，气体产生率较高，可达 1000～2000m^3/h，灌注速度极快，能快速发挥防火、灭火作用。

（5）二氧化碳灭火系统体积小、投资少、费用小，其安装使用成本仅为同等灭火能力的高纯度氮气灭火系统的 1/30~1/10。

（6）目前的二氧化碳灭火系统基本实现了自动监控、管理。操作员可以在指挥中心监控整个二氧化碳灭火系统的运行过程。

3.3.3 火灾事故广播与消防电话系统

消防控制中心应设置火灾事故广播系统与消防电话系统专用柜，其作用是在发生火灾时指挥现场人员进行疏散并向消防部门及时报警。

1. 火灾事故广播系统

火灾事故广播系统按线制可分为总线制火灾事故广播系统和多线制火灾事故广播系统。火灾事故广播系统的设备包括音源、前置放大器、功率放大器及扬声器，各设备的工作电源由消防控制系统提供。

1）扬声器的设置要求

在民用建筑内扬声器应设置在走廊和大厅等公用场所，其设置应保证防火区域的任一位置与最近的一个扬声器的距离不大于 20m。

每个扬声器的额定功率不小于 3W。在客房设置的扬声器的功率一般不小于 1W。

在环境噪声大的工业场所设置的扬声器，在其播放范围内最远点的声压级应高于背景噪声 15dB。

2）其他要求

火灾事故广播系统的线路应独立敷设并设有耐热保护装置，不应和其他线路同槽或同管敷设。

当火灾事故广播系统与背景音乐或其他广播系统合用时，应符合下列要求。

（1）当发生火灾时应能在消防控制室将火灾疏散层的扬声器和公共广播扩音机强制转入火灾应急广播状态。

（2）消防控制室应能监控用于火灾应急广播的扩音机的工作状态，并应具有遥控开启扩音机和采用传声器播音的功能。

（3）床头控制柜内设有的服务性音乐广播扬声器应有火灾应急广播功能。

（4）应设置火灾应急广播备用扩音机，其容量不应小于火灾时同时广播的范围内的火灾应急广播扬声器最大容量总和的 1.5 倍。火灾应急广播备用扩音机要求在火灾应急广播时能够强行切入，同时中断其他音源的传输。

3）总线制火灾事故广播系统

总线制火灾事故广播系统由消防控制中心的广播设备、配合使用的总线制火灾报警控制器、消防广播切换模块及扬声器组成。

4）多线制火灾事故广播系统

多线制火灾事故广播系统对外输出的广播线路是按广播分区划分的，每一个广播分区由两条独立的广播线路与现场扬声器连接，各广播分区的切换控制由消防控制中心专用的多线制消防广播切换盘完成。多线制火灾事故广播系统使用的播音设备与总线制火灾事故广播系统相同。

多线制火灾事故广播系统的核心设备是多线制消防广播切换盘，通过此盘摁扣完成手动或自动对各广播分区进行正常或消防广播的切换。多线制火灾事故广播系统的缺点是比较复杂，如 n 个广播分区需要敷设 $2n$ 条广播线路。

2. 消防电话系统

消防电话系统是一种消防专用的通信系统，分为多线制消防电话系统和总线制消防电话系统两种。通过消防电话系统可迅速实现对火灾的人工确认，并可及时掌握火灾现场情况和进行其他必要的通信联络，便于指挥灭火及恢复工作。

1）消防电话系统的设置要求

（1）消防专用电话网络应为独立的消防通信系统。

（2）消防控制室应设置消防专用电话总机，且宜选择共电式电话总机等通信设备。

（3）应设置消防专用电话的场所为消防水泵站、备用发电机房、配变电室、主要通风和空调机房、排烟机房、消防电梯机房及其他与消防联动控制有关的且经常有人值班的机房、灭火控制系统操作装置处或控制室、企业消防站、消防值班室和总调度室。

（4）在设有手动火灾报警按钮、消防栓按钮等处宜设置电话插孔。电话插孔在墙上安装时，其底边距地面或楼板的高度应为 1.3～1.5m。

（5）特级保护对象的各避难层应每隔 20m 设置一个消防专用电话分机或电话插孔。

（6）消防控制室、消防值班室或企业消防站等处，应设置可直接报警的外线电话。

2）总线制消防电话系统

总线制消防电话系统由火灾报警控制器、总线制消防电话主机、现场电话分机、电话专用模块及电话插孔组成。该系统的主要功能：分机可呼叫主机，无须拨号，通过主机允许可以与主机通话；主机可呼叫任一分机，分机之间通过主机允许也可互相通话；电话插孔可任意扩充；摘下固定分机或将分机插入电话插孔都视为分机呼叫主机；主机呼叫固定分机可通过火灾报警控制器完成；可通过响应的电话专用模块来实现分机振铃振动。

3）多线制消防电话系统

多线制消防电话系统的控制核心是多线制消防电话主机。按实际需要的不同，多线制消防电话主机的容量也不同。在该系统中，每一部消防电话分机占用消防电话主机的一路，采用独立的两根线与消防电话主机相连。

3.3.4 防排烟系统

防排烟系统在整个消防联动控制系统中的作用非常重要。在火灾事故中造成的人身伤害，绝大部分是窒息造成的。燃烧产生的大量烟气若不及时排除，则会影响人们的视线，使疏散的人群不易辨别方向，造成不应有的伤害，同时会影响消防人员对火灾环境的观察及采取灭火措施的准确性，降低灭火效率。

在建筑中采用的防烟和排烟方式有自然排烟、机械排烟、自然与机械组合排烟及机械加压送风排烟等。其中，自然排烟是指利用室内外空气对流作用进行排烟，具有设备简单、节约能源等优点，但排烟效果受外界环境的影响很大。机械排烟不受外界环境的影响。

一般来讲，防排烟设施的控制方式有中心控制和模块控制两种。下面以机械排烟系统为例对这两种方式加以说明。

1. 机械排烟系统的中心控制方式

中心控制方式的机械排烟控制框图如图 3-9（a）所示。当发生火灾时，火灾探测器动作，将火灾报警信号送入消防控制中心。消防控制中心发出控制信号到排烟阀门使其开启，排烟风机联动运行。消防控制中心也发出控制信号到空调风机、送风机、排风机等设备，使它们关闭。消防控制中心在发出控制信号的同时接收各设备的返回信号，检测各设备的运行情况。

2. 机械排烟系统的模块控制方式

模块控制方式的机械排烟控制框图如图 3-9（b）所示。消防控制中心接到火灾报警信号，产生排烟阀门和排烟风机等的动作信号，经总线和控制模块驱动各设备动作，接收它们的返回信号，监测各设备的运行状态。

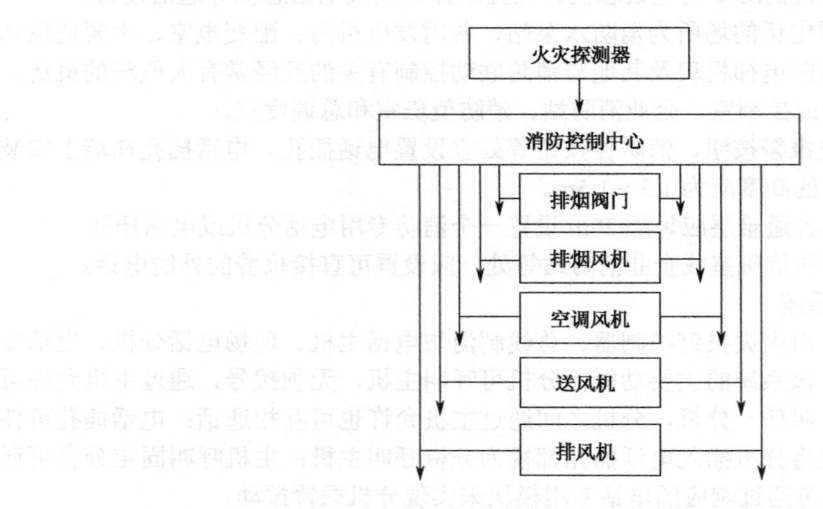

（a）中心控制方式的机械排烟控制框图

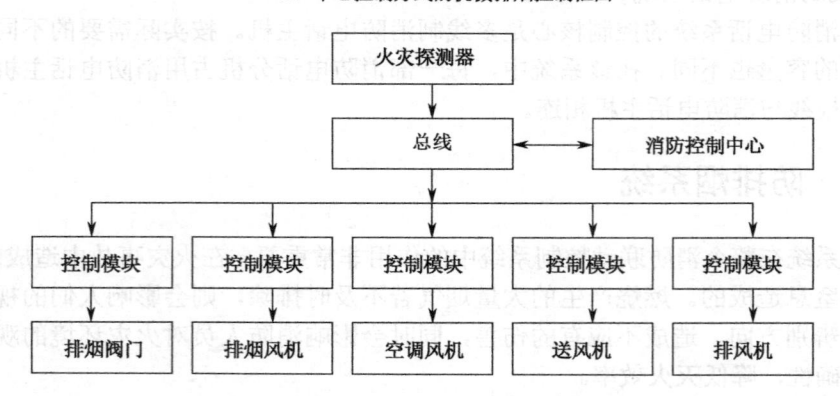

（b）模块控制方式的机械排烟控制框图

图 3-9 防排烟设施的中心控制方式和模块控制方式

3.3.5 防火卷帘门控制

防火卷帘门应设置在建筑中的防火分区通道口处,形成门帘式防火分隔。当发生火灾时,可就地手动操作或根据消防控制中心的指令使防火卷帘下降至预定点,经延时降至地面,以达到人员紧急疏散、灾区隔烟和控制火势蔓延的目的。消防控制设备对防火卷帘的控制应符合下列要求。

(1) 疏散通道上的防火卷帘两侧,设置火灾探测器组及火灾警报装置,在防火卷帘两侧设置手动控制按钮。

(2) 疏散通道上的防火卷帘,在感烟探测器动作后,应根据程序自动控制防火卷帘下降至距地(楼)面 1.8m 处或下降到底。

(3) 用于防火分隔的防火卷帘,在火灾探测器动作后,该防火卷帘应下降到底。

(4) 感烟、感温探测器的火灾报警信号及防火卷帘的关闭信号应送至消防控制室。

(5) 在火灾报警后,消防控制设备对防烟、排烟设施应有下列控制、显示功能。

① 停止有关部位的空调送风,关闭电动防火阀,并接收其反馈信号。

② 启动有关部位的防烟和排烟风机、排烟阀等,并接收其反馈信号。

③ 控制挡烟垂壁等防烟设施。

3.3.6 消防电梯

电梯是高层建筑中必不可少的纵向交通工具,消防电梯可在发生火灾时供消防人员灭火和救人使用,在平时消防电梯也可作为普通电梯使用。当发生火灾时,普通电梯由于供电电源没有把握,非特殊情况下不能使用。消防电梯的控制方式有以下两种。

(1) 将所有消防电梯控制显示的副盘设在消防控制室,供消防人员直接操作。

(2) 消防控制室自行设计消防电梯控制装置,消防值班人员在发生火灾时可通过消防电梯控制装置向消防电梯机房发出火灾报警信号和强制消防电梯全部停于首层的命令。

每个建筑内消防电梯数量的多少是根据建筑的层建面积确定的,通常当层建面积不超过 1500m² 时,应设置一台消防电梯;当层建面积在 1500～4500m² 之间时,应设置两台消防电梯;当层建面积大于 4500m² 时,应设置三台消防电梯。

3.3.7 消防供电

火灾自动报警与消防联动控制系统的特点是连续工作,不能间断,这就要求消防设备的供电系统应该能够保证供电的可靠性。只有这样才能充分发挥消防设备的作用,及时发现火情,将火灾造成的损失降到最小。在高层建筑中,通常采用单电源或双回路供电方式,在双回路供电方式中,用两个 110kV 电源和两台变压器组成消防主供电电源。

任务 3.4 火灾产生的原因及防火

3.4.1 电气设备火灾原因分析及防火

现代建筑由于级别高、功能复杂、机电设备多、线缆用量大、易燃烧装饰材料多，在事故情况下极易诱发火灾。一旦高层建筑失火，损失将是极其严重的。因此，对建筑电气设备火灾原因进行分析是很重要的。简单而言，引起建筑电气设备火灾的原因有如下几个方面。

1. 接触电阻大引起火灾

衡量电气设备接头好坏的标准是接触电阻的大小。容量大的电气设备的接头的接触电阻要小些，容量小的电气设备的接头的接触电阻可大些，重要的母线和干线接头必须符合规定标准，否则易过热、打火，酿成火灾。接触电阻增大的主要原因是铜铝接头发生电化学腐蚀，即在铜铝两种导体处形成原电池反应，使铜铝接头腐蚀加剧，形成接触电阻。接触电阻增大的其他原因有金属接触面长期受接触压力作用或受磁场和电场力的作用等。

2. 短路故障引起火灾

短路是指电气线路中相线与相线、相线与中性线（零线）或大地在未通过负荷且电阻很小或无电阻的情况下相碰，造成电气线路中电流大量增加的现象。短路电流使短路处甚至使整个电路过热，使导线的绝缘层燃烧起来引燃周围建筑内的可燃物。大量事实证明，电气线路短路的原因如下。

（1）电气线路陈旧破损，绝缘层被击穿。
（2）电气线路敷设不合规范，设备安装不合理。
（3）私接乱拉电气线路及设备。
（4）不注意电气设备的有效寿命，长期使用，内部部件绝缘层老化，异物侵入后电动机不转，过电流形成匝间短路。

3. 静电引起火灾及爆炸

静电是一种"电"现象，静电虽然容易被忽视，但影响及危害极大。大家知道，在无人作业的易燃、易爆建筑和机房等场合中常使用二氧化碳作为防爆灭火措施。现代火灾研究发现，高压液态二氧化碳高速释放会产生强烈的静电现象，在易燃、易爆场合会酿成静电灾害。从 20 世纪 50 年代至今，国内外均发生过手提式灭火器二氧化碳释放引起的火灾和爆炸事故。虽然静电引燃条件较为苛刻，但静电"源"在现代建筑中很普遍。无论是静电直接致火还是静电电击致伤而诱发衍生灾害，其危害都是严重的。因此，控制静电类火灾极为重要。

4. 过负荷引起火灾

电气线路过负荷通常被认为是电气系统发生火灾的主要原因。线缆的铜芯、铝芯的熔点分别为 1083℃和 668℃，而电气绝缘层的熔点远低于此。当线路负荷大大超过允许值时，绝缘层熔化可导致芯线短路，产生电弧和高温从而引起火灾；当线路过负荷不严重时，绝缘层虽未熔化但长期的过高温度会导致绝缘层过早老化（变硬、变脆、失去弹性），同样会导致短路。过负荷的原因是导线选择不对，实际负荷量超过了导线的安全负荷量。

5. 漏电及接地故障引起火灾

当单线接地故障以弧光短路的形式出现或线路绝缘层被损坏时，将导致供电线路漏电。低压电路的泄漏电流随电路的绝缘电阻、对地静电电容、温湿等因素的变化而变化，同一电路在不同季节测得的数据也不相同。一般额定电流为 25A 的电气设备，在正常工作时泄漏电流为 0.1mA 左右。25A 电能表的泄漏电流在阴雨天为 6mA 左右。由于泄漏电流不大，因此保护装置不会动作，但当漏电处的热量积蓄到一定值时，就很可能酿成火灾。

3.4.2 电气设备及高层建筑如何防火

变配电所是变换和交换电能的场所，负责将电能输送并分配到各种电压等级的不同电能用户。变配电所主要由变压器、母线和开关控制设备等组成。常见的变配电所有独立变配电所、附设变配电所、外附露天式变配电所、车间内变电所、杆（台）上变配电所等。目前许多变配电所都设置在公路的人行道上，其防火的主要对象首先是变压器，然后是断路器和开关控制设备，以及电容器等。

1. 变压器的防火措施

变压器，特别是油浸变压器，若遇到高温、火花和电弧，容易引起火灾和爆炸。所以，对于变压器必须采取各种防火措施，以确保安全。

（1）在选择变压器时，宜选用优质产品，并进行严格的检查试验。油浸变压器要重视油箱强度，能承受较大的内压，排除故障后能及时灭弧。变压器应能承受二次线端的突发短路，且无损坏。

（2）设置完善的变压器保护装置，正确选用熔断器，并采用过电流保护装置及气体保护装置、信号湿度计保护装置等，以在变压器发生故障时及时发现并切断电源。

（3）注意变压器的运行、维护工作，定期化验分析，搞好巡视检查，及时发现异常声音、温度等。变压器应具有良好的通风条件，变压器不应过负荷运行。

2. 断路器的防火措施

根据大量的事故分析，油断路器出现的问题较多，因此，对于油断路器必须使其断流容量大于电力系统在其装设处的短路容量，必要时采取增容措施；安装前严格检查，经常检修，定期试验其绝缘性能，保持油面高度，防止渗油、漏油，及时换油，在切断故障电流之后，应检查其触头是否有烧损现象。

真空断路器是一种利用真空绝缘灭弧的断路器，绝缘及灭弧性能较好。

六氟化硫断路器是利用六氟化硫（SF_6）作为灭弧介质的一种断路器。SF_6 气体绝缘性能好，灭弧能力强，热稳定性好，而且具有不燃特性，防火、防爆性能较好，所以得到了广泛应用，在新的高层建筑中被大量推广。

3. 蓄电池室的防火措施

蓄电池必须放置在专用的、不燃的房间内，并分别用耐火极限不低于 2.5h 的非燃体墙和耐火极限不小于 1.5h 的非燃体楼板与其他部位隔开。为防止室内形成通风不良的死角，蓄电池室的顶棚宜制成平顶，不宜采用折板屋盖和槽形天花板，室内地坪应耐酸，墙壁、天花板和台架应涂耐酸油漆，门窗应向外开并涂耐酸油漆，入口处宜经过套间。

蓄电池在充电过程中，尤其在接近充电末期时，由于电流对水的分解作用，会放出大量氢、氧气体，同时逸出许多硫酸雾气，会有燃烧和爆炸的危险，所以蓄电池室必须保持良好的通风条件，经常换气并控制室内温度。

4. 电容器的防火措施

变配电所常采用电容器（高、低压）作为功率因数补偿使用。电容器在运行中会出现渗油、鼓肚、喷油等故障，若不及时处理极易引起火灾，因此必须采取有效措施加以防范。

主要防范措施：防止过电压，保持良好的通风条件，室内温度不宜超过 40℃，加强维护，要求有良好的接地装置和必备的保护装置。对有电容器堆的场所，必须采用专门的灭火器装置，以及固定的灭火设施。

5. 变配电所土建防火措施

变配电所的设备须采取防火措施，变配电所的土建部分也必须采取相应的防火、防爆措施。

必须合理确定变配电所的位置，不允许与观众厅、教室、病房等人员聚集多的房间相邻。建筑的耐火等级不低于有关规定。

防火间距要严格执行规程，要有贮油设施，要有消防通道，周围不允许堆放易爆物品。

6. 照明装置防火措施

照明装置是把电能转化为光能的一种光源。照明装置在工作过程中，往往要产生大量的热，其玻璃灯泡、灯管、灯座等表面温度较高。灯具选用不当或发生故障会产生电火花、电弧；灯具接触不良会导致局部过热；导线和灯具的过负荷和过电压，会引起导线过热，以及灯具的爆碎。以上这些，都会造成可燃气体、易燃蒸气和粉尘爆炸，或者引起可燃物起火燃烧。另外，照明装置广泛应用于生产和生活的各个领域，人们往往麻痹大意，忽视防火安全，结果增大了火灾发生的可能性。由照明装置引发的火灾时有发生，且损失极大、教训惨痛，所以照明装置的防火问题必须予以高度的重视。

照明装置的防火措施如下。

（1）灯泡的正下方不可堆放易燃易爆物品。灯泡距地面高度不应低于 2m，否则应采取防护措施，如用金属或网罩加以防护。

（2）卤钨灯一般功率大，温度高，所以其附近的导线应采用玻璃丝、石棉、瓷珠等材质的护套或耐热绝缘导线，不采用具有不延燃性的绝缘导线。

（3）室外或某些特殊场所（如浴池）的照明灯具应有防溅或防水设施，避免灯泡遇水炸裂，引发事故。

（4）镇流器与灯管的电压和容量应匹配。镇流器在安装时应注意通风散热，不应安装在可燃物上。

（5）可燃吊顶内安装的灯具功率不宜过大，应以荧光灯为主，且灯具上方应保持一定的空间，以便散热。另外，在安装灯具及其发热附件时，其周围应用不燃材料（石棉板或石棉布）做好防火隔热处理，或者在可燃材料上涂防火涂料。

（6）应选购质量优良的灯具、器具、灯座、灯具开关、线盒等。现在市场上出现大量的伪劣照明器材，给防火安全带来了严重的隐患，因此必须在购买时选用正规厂家生产的合格产品。

（7）在安装灯具时，导电部分必须保证截面积足够大，否则容易发热带来隐患。连接处必须可靠牢固，接触良好，如果接触不良、接触电阻大，会产生明火，引起火灾事故的发生，所以必须予以高度重视。

7．高层建筑防火措施

我国消防工作方针是"预防为主，防消结合"。只要我们能够充分认识高层建筑防火安全的重要性，从设计、施工、使用管理、维修等方面认真贯彻消防工作方针，坚持从严管理、防患未然、立足自救的原则，积极采取必要的有效措施，就能做好消防工作，最大限度地保障建筑防火安全。

1）严把消防设计关

在进行高层建筑设计的过程中，必须结合建筑的各种功能要求，认真考虑防火安全，做好防火设计。设计人员应严格按照 GB 50045—1995《高层民用建筑设计防火规范（2005 年版）》的要求进行防火设计。设计单位的各级负责人应对工程的防火设计负责，凡不符合防火规范的工程设计，不得上报审批或交付使用。

在进行高层建筑的防火设计时，应着重考虑以下几方面。

（1）总体布局要保证畅通、安全。

（2）合理划分防火分区。

（3）安全疏散路线要简明、直接。

（4）尽量做到建筑内部装修、隔断、家具、陈设的不燃化或难燃化，控制可燃物的存放数量，以减小火灾发生可能性和降低火灾蔓延速度。

（5）构造设计要使建筑的基本构件（墙、柱、梁、楼板、防火门等）具有足够的耐火极限，以保证结构的耐火支持能力和防火分区的隔火能力。

（6）做好建筑室内、外消防给水系统的设计，保证足够的消防用水量。

（7）采用先进可靠的火灾自动报警和灭火系统并正确地处理其安装位置及联动控制功能。

2）加强施工阶段的消防监督检查

凡承揽工程的施工单位，对于建筑工程的防火构造、技术措施和消防措施等，必须严格按照经消防设计审核合格的设计图纸进行施工，不得擅自更改。对于防火结构的保护层、设置于吊顶或管井内的防火分隔物，以及暗敷的消防电源线路等，必须认真做好施工和监督检查记录。

3）认真履行各级消防安全责任，建立健全各项防火安全检查制度通过对高层建筑火灾原因进行分析，我们发现 80%以上的火灾是人的疏忽大意或操作不当造成的。起火原因大多是用火不慎（如液体、气体燃料的泄漏引起爆炸）、吸烟不慎（烟头未熄使可燃物阴燃起火）、电气设备的短路或超负荷用电，以及照明灯具或电热设备靠近可燃物等。此外，还有特殊工程人员违章操作、无证上岗或临时动用明火作业等违章行为造成的火灾。因此，每个经营者、管理者和居住者都应该增强责任意识和防火意识，把预防工作作为整个管理工作的一个重要部分，使防火工作经常化、制度化、社会化。

4）认真做好消防设施的日常维护、管理和保养，确保其在火灾时发挥应有的作用

高层建筑在使用过程中，其设备一般要进行定期的检查维修，包括结构调整、设备更新等。对于消防设施，更应定期检查维修，因为消防设施一般在发生火灾时发挥作用，平时不使用不易暴露问题，一旦需要其发挥作用时失灵，将会造成不可弥补的损失。特别是现代化的消防设施，如火灾自动报警和灭火系统、防排烟设备、防火门、防火卷帘、消防水泵和消火栓、消防控制室和仪表设备等，都应该有严格的检查制度，设专人定期测试检查，凡失灵损坏的要及时维修、更换，确保完整好用，并建立档案记录每次的检查情况。

5）定期检查每个房间安装的自动烟雾报警器

目前，几乎所有建筑内房间的天花板上都安装了自动烟雾报警器。自动烟雾报警器基本上分为两种类型，一种是有火灾烟雾时只报警，不喷水；另一种是有火灾烟雾时既报警又启动自动喷淋灭火系统，旋转喷头喷水，大大加强灭火效果。在自动烟雾报警器与空气接触的外表面上有一层不锈钢钢丝网罩，用于防止灰尘进入传感器，时间久了就会有灰尘堵塞不锈钢钢丝网罩的空隙，导致火灾发生后，传感器未感觉到烟雾，起不到报警的作用，因此要定期拆下来清洗不锈钢钢丝网罩，同时，要定期检查自动烟雾报警器里面的加热线圈是否烧断，因为加热线圈是持续通电的，一旦烧断，外表丝毫看不出，但自动烟雾报警器完全失去了报警的功能。所以要定期检查，确保完好，并建立档案记录每次的检查情况。

实　　训

防火卷帘门和室内自动烟雾报警器的使用

实训目的：熟悉走廊防火卷帘门及室内自动烟雾报警器的安装位置，会操作防火卷帘门，具有自动烟雾报警器的操作控制能力。

实训原理：向感烟探测器吹烟，看防火卷帘门是否下降，降到什么程度。向自动烟雾报警器吹烟，看是否报警。

主要设备：防火卷帘门及自动烟雾报警器。

实训步骤：准备实训用具，熟悉系统的安装位置，每位学生独立地对防火卷帘门的升降操作一次，并向防火卷帘门的感烟探测器部位吹烟，看防火卷帘门是否下降，降到什么程度；向自动烟雾报警器吹烟，看是否报警，如果不报警，查找原因，并完成实训报告。

知识总结

本学习情境介绍了消防系统的组成，并对火灾报警探测原理进行了分析，介绍了常见的火

灾探测器的工作原理，分析了灭火与联动控制系统并对电气设备火灾原因及防火进行了阐述。

复习思考题

1. 火灾探测器分为几种？
2. 火灾发生后，如何手动报警？
3. 引起建筑电气设施火灾的原因有几个方面？
4. 建筑电气设备如何防火？
5. 家用电器如何防火？

学习情境 4 安防系统

教学导航

学习任务	任务 4.1 安防系统简介 任务 4.2 视频监控系统 任务 4.3 防盗报警系统 任务 4.4 智能卡系统 任务 4.5 车库管理系统	参考学时	10
能力目标	1）掌握楼宇安防系统的基础知识 2）熟悉视频监控、防盗报警、智能卡及车库管理系统的基本组成及主要功能 3）知道视频监控、防盗报警、智能卡及车库管理系统设备的常见故障及解决方案		
教学资源与载体	多媒体课件、教材、视频、作业单、评价表		
教学方法与策略	项目教学法，多媒体演示法，教师与学生互动教学法		
教学过程设计	教师首先介绍安防系统的基础知识及基本功能，然后介绍实例使学生了解楼宇安防系统的主要组成及控制原理，帮助学生掌握安防系统的常见故障及解决方案		
考核与评价内容	对安防系统的基础知识、主要功能、常见故障及解决方案的掌握，参与互动的语言表达能力，学习态度，任务完成情况		
评价方式	自我评价（10%）小组评价（30%）教师评价（60%）		

安防系统是安全防范技术与系统的简称，有时也称为安防自动化系统，是现代化楼宇、物业管理的必备技术与系统。安防系统的作用是防止非法入侵，避免人员伤害和财产损失。随着科学技术的发展和人们生活水平的提高，安防系统的应用与普及越来越广，科技含量越来越高，尤其是随着信息时代的来临，安防系统已由分离的各种安全防范系统走向集成化的安全防范自动化系统。

任务 4.1 安防系统简介

教师活动

教师要准备现代智能楼宇的视频监控、防盗报警、智能卡及车库管理系统设备的 PPT 课件，激发学生兴趣，引发学生的求知欲望，为安防系统课程的学习做好铺垫。

学生活动

给每个学生准备的作业单如表 4-1 所示，第一节课结束时填写完毕。

表 4-1 作业单

序　号	智能楼宇安防系统的组成	序　号	智能楼宇安防系统的组成

4.1.1　安防技术概述

安全防范是社会公共安全科学技术及其产业的一个分支，是指以维护社会公共安全为目的，采取防入侵、防破坏、防爆炸、防盗窃、防抢劫和安全检查等措施。安全防范就防范手段而言包括人力防范、实体（物）防范和技术防范三个范畴。人力防范和实体防范是传统的防范手段，是安全防范的基础。随着科技的进步，以电子技术、传感器技术、通信技术、自动控制技术、计算机技术为基础的安全防范技术器材与设备逐渐应用于安全防范，形成一个完整的安全防范自动化系统，简称安防系统。

现代物业管理中楼宇、工厂等建筑的大型化、多功能化、高层次和高技术的特点，对安防系统提出了更高的要求，一般要求实现防范、报警、监视记录功能，具体要求如下。

1. 防范

安防系统应对安防区域内的财物、人身或重要的数据等进行安全保护。安防系统应把防范放在首位，防止罪犯进入安防区域或在罪犯企图犯罪时及时察觉并采取相应的保护处理措施。

2. 报警

当发现设备遭到破坏时，安防系统应及时在安防中心和相关区域发出特定的声光报警信号，并将声光报警信号通过网络传送到相关的安防部门。

3. 监视记录

在发出声光报警信号的同时，安防系统应迅速地把出事地点的现场录像和声音传到安防中心进行监视并实时记录下来便于查阅。

4.1.2　安防系统的组成和功能

智能建筑常用的安防系统有视频监控系统、防盗报警系统、门禁管理系统、对讲系统、电子巡更系统、停车管理系统等。

1. 视频监控系统

视频监控系统的主要任务是对建筑内重要部位进行监视、控制，以便对各种异常情况进行实时取证、复核，具有及时性与实时性。

2. 防盗报警系统

防盗报警系统利用探测设备对建筑内的重要地点和区域进行布防，当盗情发生时，通过报警器报警并进行相应的处理。

3. 对讲系统

对讲系统适用于高层及多层公寓和小区物业管理，是保障住户安全的必备设施。

4. 门禁管理系统

门禁管理系统又称为出入口控制系统，是对智能建筑的出入通道进行管理，控制人员出入，控制人员在楼内或相关区域的行动的一种系统。

5. 电子巡更系统

在电子巡更系统中，工作人员在建筑的相关区域建立巡更站，按规定的路线进行巡逻检查，以防止异常事件的发生，同时及时了解安防区域内的情况，防患于未然。

6. 车库管理系统

车库管理系统对车辆进行出入控制、停车位与计时收费管理等，以加强安全管理。

智能建筑中常用的安防系统主要具有以下功能。

1. 图像监控功能

安防系统采用各类摄像机和闭路电视技术、模拟或数字技术进行图像监控、图像捕捉和图像识别。

2. 探测报警功能

安防系统采用各类感应器（红外探测器、玻璃破碎报警器、声音报警器、门磁开关、光纤、电容开关、微波等）进行内部防卫探测、边界防卫探测和报警点定位监控。

3. 联动控制功能

安防系统将探测感应信息通过通信技术传送到中央处理单元后进行处理，再通过控制系统进行相应的联动处理，如图像的显示、切换、记录控制，门禁控制，车辆出入控制，报警联动控制等。

4. 辅助功能

安防系统在完成基本控制功能的同时完成一些辅助功能，如内部通信、有线广播、巡更管理、员工考勤等功能。

任务 4.2 视频监控系统

视频监控系统是安防系统的"眼睛",利用视频监控系统可直接监视建筑内外的情况,安保人员可以在监控中心方便地了解监控区域内外的情况。视频监控系统能实时、形象、真实地反映被监控对象的状态。

4.2.1 工作原理

视频监控系统是安防系统的重要组成部分。通常视频监控系统可以通过遥控摄像机及其辅助设备(云台、镜头)直接显示监控区域的状态,把监控区域的图像、声音内容传送到监控中心计算机终端进行处理,图像通过显示终端显示,监控区域的情况实时显现在安保人员面前。计算机终端还可以与防盗报警系统等安防体系联动运行,实现自动跟踪、实时处理,另外可以将监控区域的图像与声音全部或部分存储,便于为日后某些事件的处理提供依据。随着计算机网络技术的发展,形成了一种新型的视频监控系统,即网络数字监控系统,其主要工作原理为将摄像头摄取的模拟信号转换成图像信号,通过计算机硬盘存储图像信号。新型的视频监控系统网络内的计算机根据应用的权限不同,都可作为监控终端,而不受地域环境的限制,采用硬盘压缩方式实时储存图像资料,并提供数字报警功能,对监控区域实行分区报警控制,便于进行监控、防盗管理和远程控制。

4.2.2 基本组成

一般视频监控系统主要由前端(由摄像部分和监听部分组成)、传输、终端(显示与记录)和控制 4 个部分组成。图 4-1 所示为典型的视频监控系统,其主要由控制主机、传输部分、前段部分和显示与记录部分组成,完成图像信号的获取、传输、分配、切换、显示、存储、处理和还原功能。

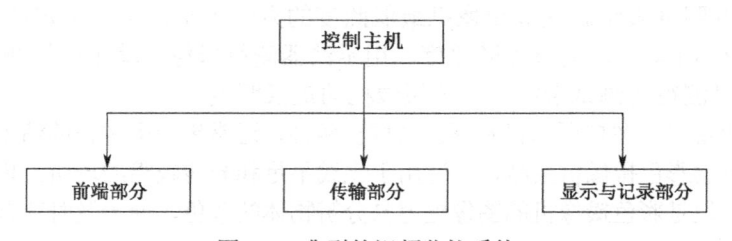

图 4-1 典型的视频监控系统

1. 前端部分

前端部分的主要任务是获取监控区域的图像和声音信息,其作用是把系统所监控的目标送入系统的传输部分进行传送,主要包括各种摄像机(或麦克风)、镜头、支架和云台等设备。在技术防范中摄像机用来进行定点或流动的监视和图像取证。

通常前端部分公开或隐蔽地安装在安防区域内,它们长时间不间断地工作,同时必须在各种恶劣的"全天候"环境下工作,因此要求具有较高的可靠性和稳定性,另外要求操作简便，调整机构少，灵敏度高，光动态范围大，有的还要求具有遥控功能。

1）摄像机

前端部分的核心是摄像机，摄像机是获取监控现场图像的前端设备，以图像传感器为核心部件，外加同步信号产生电路、视频信号处理电路及电源等，是光电信号转换的主体设备，是整个前端部分的眼睛，其功能是探测、收集信息。图4-2所示为常用的摄像机。摄像机的性能及其安装方式是决定前端部分质量的重要因素。目前，电荷耦合器件（CCD）摄像机已经取代了传统的光导摄像机。

图4-2 常用的摄像机

CCD摄像机的主要性能及技术参数如下。

（1）CCD尺寸。CCD尺寸即CCD摄像机靶面的尺寸，原来多为1/2in，现在1/3in的CCD摄像机已经普及化，1/4in和1/5in的CCD摄像机也已经商品化。

（2）CCD像素。CCD像素是CCD的主要性能指标，它决定了显示图像的清晰程度。CCD由面阵感光元素组成，每一个面阵感光元素称为像素，像素越多，图像越清晰。现在市场上大多以百万像素为分界线，百万像素以上的摄像机都为高清摄像机。

（3）分辨率。分辨率用于表示人眼对视频图像细节清晰度的量度，用电视线TVL（TV Lines）表示。目前在视频监控系统使用的摄像机中，彩色摄像机的分辨率一般为330～500线，主要有330线、380线、420线、460线、500线等不同档次，黑白摄像机的分辨率一般为380～600线。分辨率与CCD和镜头有关，还与摄像头电路通道的频带有关，通常1MHz的频带宽度相当于80线的分辨率。频带越宽，图像越清晰，分辨率越大。

（4）照度。照度是指摄像机在什么光照强度下可以输出正常图像信号的一个指标。摄像机的灵敏度以最低照度表示。获取摄像机最低照度的方法为摄像机以特定的测试卡为摄取目标，在镜头光圈为F1.4时，调节光源照度，用示波器测得摄像机输出的视频信号幅度作为额定值的10%，此时测得的测试卡照度为该摄像机的最低照度。

（5）色彩。摄像机有黑白摄像机和彩色摄像机两种，通常黑白摄像机的清晰度比彩色摄像机高，且黑白摄像机比彩色摄像机灵敏，更适用于光线不足和光线较暗的场所。黑白摄像机比彩色摄像机价格便宜，但是彩色摄像机的图像更容易分辨物体的颜色，便于及时获取、区分监控现场的实时信息。

（6）自动增益控制（AGC）。在低照度的情况下，自动增益控制可以提高图像信号的强度以获得清晰的图像。目前市场上的CCD摄像机的最低照度都是在自动增益控制条件下测得的。

2）镜头

当监控区域面积较大时，为了减少摄像机数量，简化传输系统及控制与显示系统，一般会在摄像机上加装各种镜头，使摄像机所能观察的距离更远、图像更清晰。摄像机常用镜头如图4-3所示。严格来说，摄像机是摄像头和镜头的总称，而实际上，摄像头与镜头大部分是分开购买的。用户根据目标物体的大小和摄像头与物体的距离，通过计算得到镜头的焦距，所以每个用户需要的镜头都是依实际情况而定的。

(a) 红外镜头　　(b) 电动镜头　　(c) 手动镜头　　(d) 固定镜头　　(e) 自动镜头

图 4-3　摄像机常用镜头

镜头的种类繁多，按照其功能和操作方法可分为常用镜头和特殊镜头两大类。常用镜头是厂家设计出的适用于一般场所的镜头，特殊镜头是根据特殊的环境或用途专门设计的镜头。从焦距上分类，镜头可分为短焦距镜头、中焦距镜头、长焦距镜头和变焦距镜头；从视角上分类，镜头可分为广角镜头、标准镜头、远摄镜头；从结构上分类，镜头可分为固定光圈定焦镜头、手动光圈定焦镜头、自动光圈定焦镜头、手动光圈变焦镜头、自动光圈变焦镜头、电动三可变镜头（指光圈、焦距、聚焦三者均可变）等类型。由于镜头选择合适与否，直接关系到摄像质量的优劣，因此必须合理选择。下面分别就主要的镜头进行说明。

（1）定焦距镜头。定焦距镜头的焦距是固定的，手动聚焦，常用于监视固定场所。

（2）变焦距镜头。变焦距镜头的焦距是可调的，电动或手动聚焦，可对监视场所的视角及目的物进行变焦距摄取图像，适合远距离观察和摄取目标，常用于监视移动物体。

（3）广角镜头。广角镜头又称为大视角镜头或短焦距镜头，可以摄取广阔的视野，适用于监视面积较大的场所。

（4）针孔镜头。针孔镜头具有细长的圆管开镜筒，端部是直径为几毫米的小孔，多用在隐蔽监视的环境。

镜头的选择取决于景物的图像尺寸、摄像机与被摄体间的距离、景物的亮度。一般来说摄取静态目标的摄像机，可选用定焦距镜头；有视角变化要求的动态目标摄像场合，可选用变焦距镜头；景深远、视角范围广的监视区域及需要监视变化的动态场景一般应选用带全景云台的摄像机，并配置 6 倍以上的自动光圈变焦镜头；CCD 摄像机一般选用自动光圈镜头，当室内照度恒定或变化很小时，可选择手动可变光圈镜头；电梯内的摄像机应根据轿厢体积的大小选用水平视角大于 70°的广角镜头。镜头的焦距和摄像机靶面的大小决定了视角，焦距越短，视角越大；焦距越长，视角越小。若要考虑清晰度，可选用电动变焦镜头，根据需要随时调整，摄像机镜头应从光源方向对准监视目标，避免逆光。镜头的通光量是用镜头的焦距和通光径的比值（光圈）来衡量的，一般用 F 表示。在光线变化不大的场合，光圈调节到合适的大小后不必改动，此时选用手动光圈镜头即可；在光线变化大的场合，如在室外，一般选用自动光圈镜头。

摄像机在工程安装使用时，须配备相应的防护罩和支架，如图 4-4 和图 4-5 所示。防护罩分为室外型防护罩和室内型防护罩。室内型防护罩的要求比较简单，主要功能是保护摄像机，能防尘、通风，有防盗、防破坏功能。有时须考虑隐蔽作用，使摄像机不易被察觉，此时常用带有装饰性的球形罩。室外型防护罩比室内型防护罩要求高，主要功能是防尘、防晒、防水、防冻、防结露和通风。室外型防护罩一般装有控制开关，温度高时开风扇冷却，温度低时自动加热，下雨时可控制雨刷器刷雨。

(a) 室外型防护罩　　(b) 室内型防护罩　　(c) 球形罩　　　(a) 红外灯支架　　(b) 加强支架　　(c) 含鸭嘴云台支架

图 4-4　摄像机防护罩　　　　　　　　　　　图 4-5　摄像机支架

特殊类型的防护罩有强制风冷型防护罩、水冷型防护罩、防爆型防护罩、特殊射线防护型防护罩等。

3）云台及云台控制器

为了扩大摄像机的工作范围，减少投入，要求摄像机能够以支撑点为中心，在垂直和水平方向的一定角度内自由活动。这个在支撑点上能够固定摄像机并带动摄像机自由转动的机械结构称为云台，云台是承载摄像机进行水平和垂直两个方向转动的装置，如图 4-6 所示。

(a) 室内壁装云台　　(b) 室内万向云台　　(c) 室外万向云台　　(d) 室内水平云台

图 4-6　摄像机云台

云台按照其原理分为手动云台和电动云台两类。手动云台又称为支架或半固定支架。手动云台一般由螺栓固定在支撑物上，摄像机可以在一定的范围内调节方向，调节方向时可松开方向调节螺栓进行调节。电动云台内置两个电动机，一个电动机负责水平方向的转动，另一个电动机负责垂直方向的转动。电动云台既能左右旋转，又能上下旋转，又称为全方位云台。电动云台的控制，可以采用电缆传输的有线控制方式，也可以采用无线控制方式。很多时候也采用自动跟踪云台。当摄像机捕捉到被搜索的目标后，自动跟踪云台便按照自动跟踪指令带动摄像机自动跟踪目标运动的方向并进行摄像，可以延长监视摄像的持续时间，获得更多的信息。

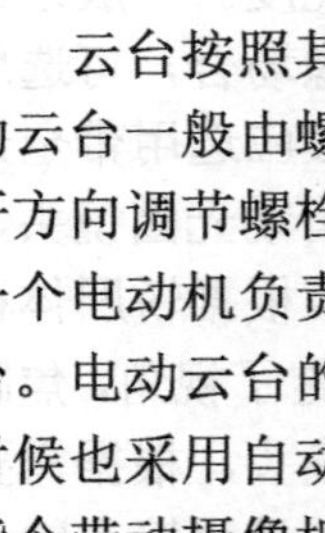

4）解码器

在传统的视频监控系统中，每台摄像机的图像须经过单独的同轴电缆传递到控制主机中，以达到对镜头和云台的控制。除近距离和小系统的情况采用多芯电线进行直接控制外，摄像机的图像一般由控制主机通过总线先送到解码器，由解码器对总线信号进行译码，即确定对哪台摄像机执行何种控制动作，再经电子电路放大功率，驱动指定云台和镜头进行相应动作。

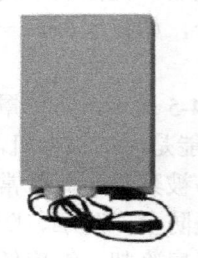

图 4-7　解码器

解码器属于前端设备，如图 4-7 所示，一般安装在配有云台及电动镜头的摄像机附近，由多芯控制电缆与云台及电动镜头相连，另有通信线（一般为双绞线）与控制主机相连。解码器不能单独使用，必须与控制主机系统配合使用。通常解码器完成以下功能。

（1）前端摄像机的电源开关控制。
（2）云台左右、上下旋转运动控制。
（3）云台快速定位。
（4）镜头光圈变焦变倍、焦距调整。
（5）摄像机防护装置（雨刷、除霜、加热、通风）控制。
（6）自动检测云台控制器、电源、镜头的型号并进行调整。
（7）数据回传。

2. 传输部分

传输部分是视频监控系统的前端设备与监控中心设备的连接桥梁，一方面将前端的摄像机、监听头、报警探测器或数据传感器捕获的视频、音频信号及各种测控数据传送到监控中心；另一方面将监控中心的各种控制指令传送到前端的解码器等受控设备。传输部分是双向的，在大多数情况下传输的信息包括视频信号和控制信号两种。

传输部分主要由传输线缆、调制解调设备、线路驱动设备等组成。为了保证视频监控系统的工作质量和指标，传输部分应尽量减小失真。

通常传输方式按连接方式分为有线传输和无线传输，有线传输按介质又分为同轴电缆、电话线、光纤和双绞线传输。一般根据视频监控系统的规模大小、覆盖区域、信号传输距离、信息容量及对视频监控系统的功能及质量指标和造价的要求，选取不同的传输方式。当摄像机安装位置离监控中心较近时（几百米以内），多采用视频传输方式（也称为视频带传输方式）；当摄像机安装位置离监控中心较远时，往往采用双绞线或光纤传输方式；当摄像机安装位置离监控中心更远且不需要传送标准动态实时图像时，可采用电话线传输方式。随着现代网络通信技术的发展和网络摄像机的出现，现在视频监控系统多采用"光纤—交换机—宽带网线"传感架构。

下面分别对有线传输中的同轴电缆、光纤、双绞线和电话线传输进行介绍。

1）同轴电缆传输

绝大多数视频监控系统采用同轴电缆来进行信号传输，同轴电缆传输又分为基带传输和调制传输两种。

基带传输是指在摄像机与控制台间直接传递视频信号，如图 4-8 所示。这种传输方式的优点是传输系统简单、可靠、失真小、信噪比高，不必增加调制解调器等附加设备；缺点是传输距离不能太远，一根同轴电缆只能传送一路视频信号。视频监控系统通常用于一定的区域，摄像机一般与监控中心距离不太远，所以在视频监控系统中采用基带传输方式是常见的。

调制传输是指将视频基带信号用调制器调制到某一高频载波上通过同轴电缆传输，在监视终端解调成视频信号显示。这种传输方式一般适用于传送多路视频信号，可以达到频分复用的目的，实现用一根同轴电缆传送多路视频信号的功能。当闭路电视信号传输距离小于或等于 500m 时可以不考虑衰减的影响，大于 500m 时通常加装电缆补偿器。

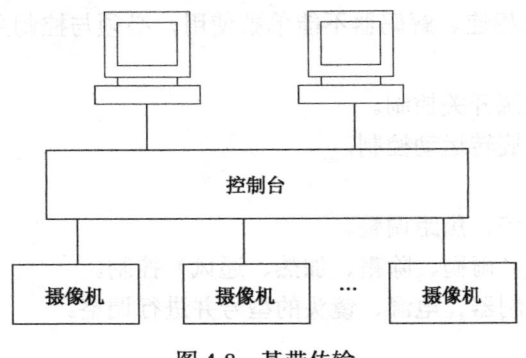

图 4-8 基带传输

2) 光纤传输

光纤的损耗小，用光纤代替同轴电缆进行信号传输，能够提高视频监控系统的信号传输质量。光纤在不加中继器时的传输距离一般为几千米到十几千米，其特点是信息容量大、质量高、保密性好。光纤传输适合于传输距离远的大型视频监控系统，如城市交通管理系统、高速公路、铁路及大型智能建筑的视频监控系统。图 4-9 所示为光纤传输原理图。

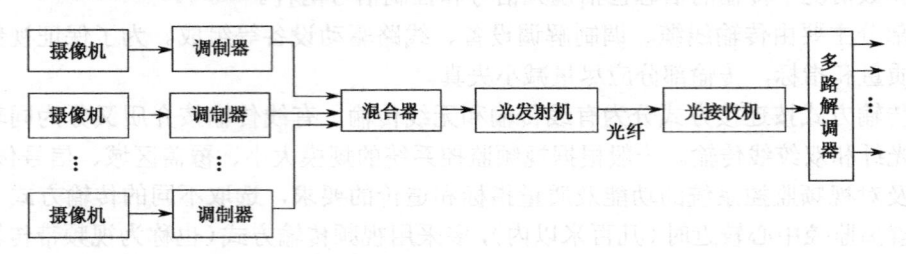

图 4-9 光纤传输原理图

在光纤传输信号时，须在前端加一台光发射机，把电信号转变为光信号，在监控端加一台光接收机，把光信号转变为电信号进行处理。

3) 双绞线和电话线传输

双绞线传输（又称为视频平衡传输）是解决远距离传输的一种方式，其工作原理为发送机将摄像机输出的视频信号变为一正一负的差分信号，在传输中产生幅频和相频失真，在最终合成时将失真抵消。双绞线传输原理图如图 4-10 所示。

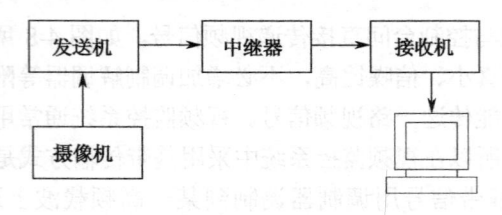

图 4-10 双绞线传输原理图

摄像机输出的全视频信号经发送机转换成一正一负的差分信号，差分信号经双绞线传至监控中心的接收机，由接收机重新合成为标准的全视频信号再送入监控中心的视频切换设备或其他设备。中继器是为了支持更远距离传输所使用的一种传输设备，当不加中继器时黑白信号可传输 2000m，彩色信号可传输 1500m；当加中继器时黑白信号最远可传输 20km。

3. 控制主机

控制主机是整个视频监控系统的指挥中心，主要负责视频监视系统所有设备的控制与视频信号的处理。控制主机主要由总控制台（有些系统还设有副控制台）组成。

控制主机采用矩阵切换原理，可以将任意一台摄像机的音频、视频信号同步切换到任一台指定的输出设备上。控制主机配合由单片机组成的控制电路，采用积木式设计，可以组成具有几路到几千路的输入的控制系统。

控制主机的主要作用如下。

（1）视频信号的放大与分配。
（2）视频信号的处理与补偿。
（3）视频信号（有时还包括声音信号）的切换。
（4）视频信号（有时还包括声音信号）的记录。
（5）辅助控制功能。控制主机负责控制摄像机及其辅助部件（如镜头、云台、防护罩等）；设置密码防止未授权使用；设置不同的监控运行模式。控制主机带有字符发生器，可在屏幕上生成日期、时间、场所等信息，还带有报警接口，可与计算机连接。

在视频监控系统运行时，微处理器通过扫描通信端口来监测键盘、控制面板、控制键盘、报警接口箱、多媒体是否传来控制信号，同时扫描自身的报警接口板。当控制面板或控制键盘有按键被按下时，微处理器可判断该按键的功能含义，并向相应控制电路发出控制信号。

图 4-11 所示为各种控制主机外形图。

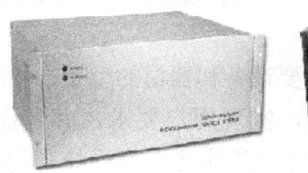

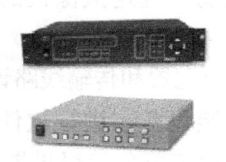

图 4-11　各种控制主机外形图

4. 显示与记录部分

显示与记录部分主要用于视频监控系统的显示与记录，通常由监视器、录像机、视频切换器、多画面处理器、视频信号分配器等组成。显示与记录部分可将现场传来的信号转换为视频信号显示在监视设备上，并用录像机记录下来。在视频监控系统中，特别是在由多台摄像机组成的视频监控系统中，一般都不是一台监视器对应一台摄像机进行显示，而是多台摄像机的视频信号用一台监视器通过切换轮流显示，目前一般采用四台摄像机对应一台监视器的方式。利用视频切换器可以将几台摄像机送来的视频信号同时显示在一台监视器上。采用这种方法可以大大节省监视器。

1）监视器

整个视频监控系统的运行效果主要由监视器来体现。监视器的主要指标是视频通道频响、水平分辨率、灰度等级和屏幕大小等。

2）录像机

录像机是视频监控系统中进行记录和重放的装置。录像机一般要求可长时间、遥控操作。录像机内通常可根据需求时长安装不同容量的硬盘，达到长时间存储数据的目的。现在主流的 NVR（网络硬盘录像机）已经具备了图像处理、摄像机通道控制、视频分割与切换、多画面处理功能，可以部分或完全替代控制主机、视频切换器、多画面处理器等。

3）视频切换器

视频切换器具有扩大监视范围、切换输出画面、节省监视器等特点，同时可用来产生特技效果，如图像混合等。

4）多画面处理器

多画面处理器具有顺序切换、画中画、多画面输出、回放影像显示、摄像机报警显示、点触式暂停画面、报警记录回放、时间显示、日期显示、标题显示等功能。

4.2.3 典型应用方案

通常的视频监控系统规模都不大，功能也相对简单，适用的范围较广。楼宇、厂房主要在出入口、公共场所、通道、电梯及重点部位和重要场所安装摄像机，通过摄像、传输、显示监视、图像记录与控制，对所监控区域的人、商品、货物或车辆进行监控。视频监控系统可以自成体系，也可以与防盗报警系统或门禁管理系统组合，组成综合保安监控系统，还可以通过综合布线接入楼宇智能管理系统中。

监控方案的实施主要分以下几个步骤。

（1）考察现场，确定摄像机的布局和数量，确定控制室地点，进行系统设计，报相关部门审核。

（2）完成系统配置和传输线路设计方案，确定主要设备和器材的型号、性能、数量与产地。

（3）现场安装设备，进行软件设计、硬件设置，实现用户要求，并且保证输入输出容量有扩展余地，安全防范分等级设置、能独立运行也可与其他防入侵系统和门禁管理系统联动。

（4）完成调试工作，报相关部门验收。

图 4-12 所示为某银行视频监控系统应用实例。

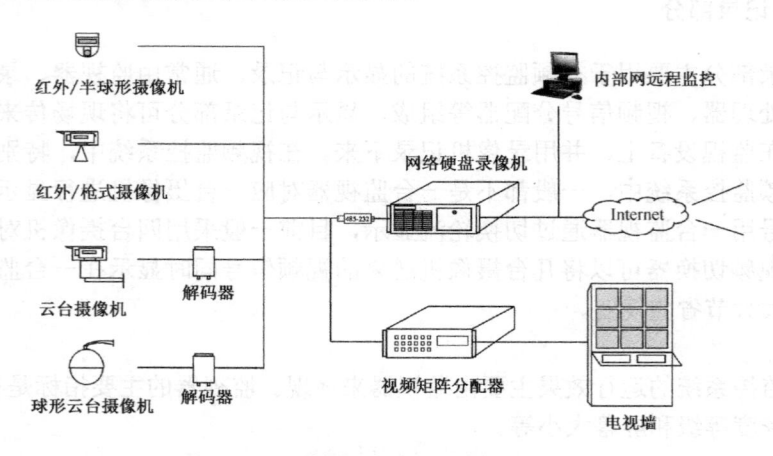

图 4-12　某银行视频监控系统应用实例

任务 4.3 防盗报警系统

4.3.1 工作原理

防盗报警系统一般是指用物理方法或电子技术,自动探测发生在布防监测区域内的侵入行为,产生报警信号,并辅助提示值班人员发生侵入行为的区域部位,显示可以采取的对策的系统。

防盗报警系统负责对建筑内外的各个点、线、面和区域巡查报警任务,一般由探测器、报警控制器和报警控制中心组成。探测器负责探测非法入侵人员,有异常时发出声光报警信号,同时向报警控制器发送信息;报警控制器负责对下层探测设备、报警设备进行管理,同时可向报警控制中心传送监控区域报警信息。

4.3.2 基本组成

防盗报警系统可以很简单也可以很复杂,简单的防盗报警系统可由一个或几个探测器加上一个报警控制器组成。复杂的防盗报警系统可由若干个基本系统或简单系统通过计算机通信网络组成区域性报警系统,区域性报警系统又可进一步互联成城市综合监控系统。不论简单与复杂,防盗报警系统通常由探测器、执行器、传输部分、报警控制器几个基本部分组成。最基本的防盗报警系统如图 4-13 所示。下面分别对每一部分进行简要介绍。

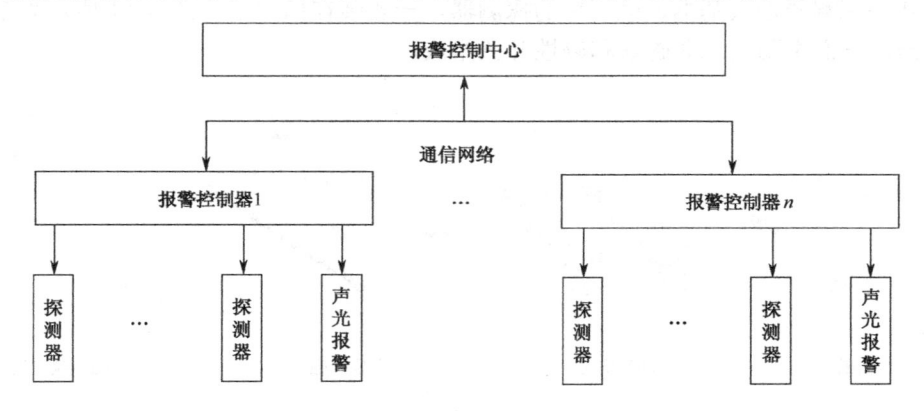

图 4-13 最基本的防盗报警系统

1. 探测器

探测器通常又称为入侵探测器,是防盗报警系统的输入部分,是用来探测入侵者入侵时所发生的移动或其他动作的装置。探测器通常由传感器、信号处理电路和接口电路组成,简单的探测器也可以没有后两部分。

传感器是一种感应非电量并将非电量按一定的比例关系转化为电量的装置或器件,通过对入侵者入侵时引发的声音、振动、光、压力变化、温度变化进行感应并将之转变为标准电信号,从而达到探测入侵、防盗的目的。探测器还具有防拆、防破坏功能,当入侵者企图破坏或传感器断路时探测器可以发出报警信号。

按探测原理不同，探测器可分为微波探测器、超声波探测器、主动红外探测器、双技术探测器、机电探测器、玻璃破碎探测器、光电探测器、磁性开关探测器、热释电探测器、接近探测器、振动探测器、开关探测器、声控探测器、电场感应探测器、电容探测器及视频探测器等。

按警戒方式不同，探测器可分为点型、线型、面型和空间型探测器。按警戒方式分类的探测器如表 4-2 所示。

表 4-2 按警戒方式分类的探测器

警戒方式	探测器种类
点型控制	开关探测器、机电探测器、磁性开关探测器
线型控制	主动红外探测器、激光探测器
面型控制	玻璃破碎探测器、振动探测器
空间型控制	微波探测器、超声波探测器、热释电探测器、声控探测器、视频探测器等

探测器按工作方式可分为主动式探测器、被动式探测器；按工作原理可分为光电型探测器、热电型探测器、压电型探测器、压阻型探测器、磁电型探测器、热阻型探测器等；按使用环境可分为室内型探测器和室外型探测器等；按输出信号可分为模拟型探测器和数字型探测器等。下面主要介绍几种常见的探测器。

1）磁性开关探测器

磁性开关探测器是最基本、最简单的探测器，一般装在门窗上。图 4-14 所示为常用磁性开关探测器，它们主要由永久磁铁和磁性开关组成。

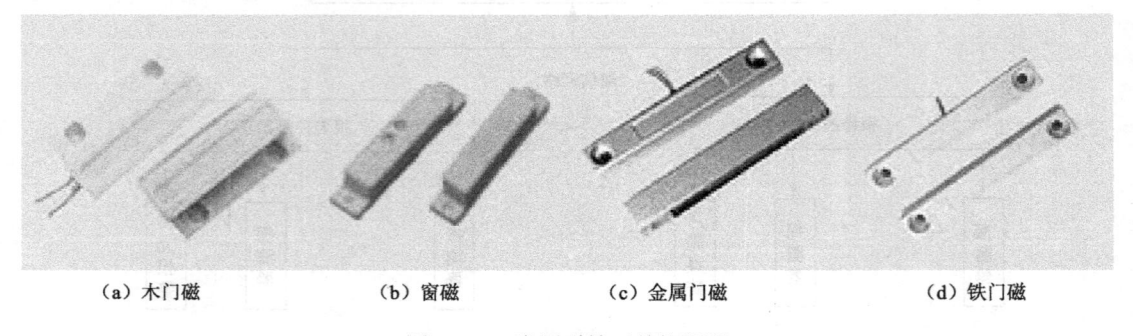

(a) 木门磁　　　　(b) 窗磁　　　　(c) 金属门磁　　　　(d) 铁门磁

图 4-14 常用磁性开关探测器

磁性开关探测器种类多样，按工作原理分为干簧管型探测器（也称机械型探测器）、霍尔型探测器（霍尔效应）、磁敏电阻型探测器（磁阻效应）和磁敏二极管型探测器（磁电效应）；按工作极性分为无极性型探测器和有极性型探测器，其中干簧管型探测器和磁敏电阻型探测器是无极性探测器，而霍尔型探测器和磁敏二极管型探测器是有极性探测器。

在使用时将磁性开关探测器固定在希望警戒的门、窗上，可以选择露出或埋入，永久磁铁与磁性开关分别固定在门、窗和框上，当门、窗开或关时磁性开关探测器就会有不同的动作。应当注意的是，探测距离的选择随组成门、窗的材料的不同而不同。另外应注意的是，在磁性材料的门、窗上安装时一定要加上绝缘垫片以隔开一定的距离。

2）主动红外探测器

主动红外探测器又称为对射型红外光电开关，由一个光发射头和一个光接收头组成，在结构上两者是相互分离的。当正常工作时光接收头被光发射头的光束一直照着，当有物体进入光路中，光束被中断，会产生一个开关信号变化。常见主动红外探测器如图 4-15 所示。

主动红外探测器的光发射头与光接收头必须在同一轴线上安装。主动红外探测器的优点是可辨别不透明的反光物体；有效距离大；光束跨越感应距离的次数仅一次，不易受干扰，可以用于野外或有灰尘的环境中。主动红外探测器的不足之处在于装置的消耗高，光发射头和光接收头都必须敷设电缆。主动红外探测器可根据不同使用要求设置 2 束、4 束等多束光束，其目的是减少误报，保证安全性和可靠性。主动红外探测器主要对建筑的外墙或围墙等区域进行保护。

图 4-15　常见主动红外探测器

3）热释电探测器

热释电探测器又称为被动红外探测器或热感红外探测器，利用红外辐射的原理进行工作。当热释电探测器探测到来自移动人体的红外辐射时能够发出警戒或动作信号，这些信号被报警控制器接收，其作用距离一般只有几米到十几米。热释电探测器的外形如图 4-16 所示，对于一个简单的临街店面，最容易受到入侵的位置是玻璃门、店面玻璃橱窗和后窗，可选一个探测范围为 6m×11m 的热释电探测器，其安装方式如图 4-17 所示。

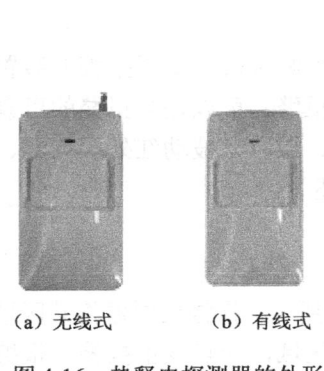

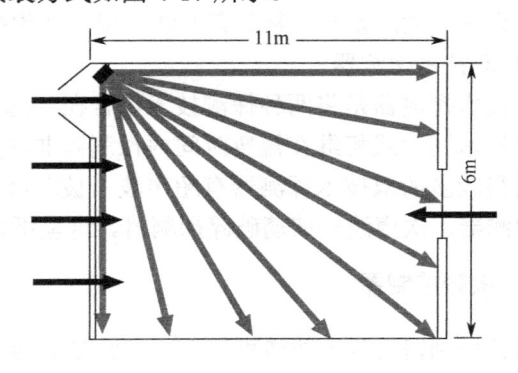

（a）无线式　　（b）有线式

图 4-16　热释电探测器的外形　　　　图 4-17　热释电探测器的安装方式

热释电探测器一般用于重要出入口入侵警戒及区域防护，也常用于公共场所自动门的开关。

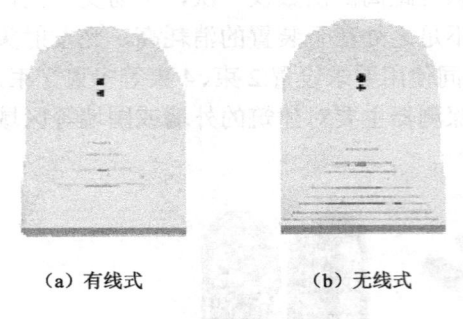

4）玻璃破碎探测器

玻璃破碎探测器通常利用压电效应或采取压电式拾音器的原理进行工作，是专门用来探测玻璃是否破碎的探测器。玻璃破碎探测器安装在面对玻璃的位置，当入侵者打碎玻璃试图作案时，即可发出报警信号，它只对高频的玻璃破碎声音进行有效检测，不受玻璃本身震动的影响。玻璃破碎探测器如图 4-18 所示，一般用于玻璃门窗的防护等。

5）泄漏电缆探测器

泄漏电缆探测器由平行埋在地下的两根泄漏电缆组成，一根泄漏电缆与光发射机相连，用来发射能量，另一根泄漏电缆与光接收机相连，用来接收能量。光发射机发射的高频电磁能量经发射电缆向外辐射，部分能量耦合到接收电缆，在两根电缆之间形成了一个椭圆形的电磁场探测区域。非法入侵者进入探测区域时改变了电磁场，使接收电缆接收的电磁场信号发生了变化，泄露电缆探测器产生报警信号。泄漏电缆探测器一般用于周界防护。

（a）有线式　（b）无线式

图 4-18　玻璃破碎探测器

6）微波探测器

微波探测器又称为雷达探测器，是利用目标的多普勒效应进行工作的探测器。多普勒效应是指当发射源和被测目标之间有相对径向运动时，接收到的信号频率将发生变化。人体在不同的运动速度下产生的多普勒频率是音频段的低频信号。当微波探测器探测到音频段的低频信号时就能获得人或其他动物的运动信息，达到检测运动目标的目的，完成报警功能。由于微波可以穿透非金属物质，因此微波探测器可以隐蔽安装或外加装饰物，起到防范作用。

7）视频探测器

视频探测器又称为景象探测器，多采用 CCD 作为探测元器件，是通过检测区域的图像变化来报警的一种装置。在正常情况下，视频探测器通过模拟数字转换器把图像的像素转换成数字信号存入存储器，当有非法入侵时，摄像机监视的图像发生变化，与前面的图像进行比较，如果有很大的差异，判断有非法入侵。视频探测器一般用于夜间无人值守的场合。

8）双技术探测器

双技术探测器是将两种探测技术结合在一起，由复合探测来决定是否报警的装置，当两种探测技术同时或相继在短暂时间内探测到非法入侵时才报警，可以提高报警的可靠性。目前应用得较多的双技术探测器有超声波—被动红外探测器、微波—被动红外探测器、声控—振动探测器、次声波—玻璃破碎探测器。这里不再详细描述了。

2. 报警控制器

报警控制器又称为防盗报警主机，如图 4-19 和图 4-20 所示。报警控制器将某区域内的所有探测器、执行器通过通信网络连接起来，形成一个布防区域，一旦发生报警，报警控制器可以迅速反映出报警区域。报警控制器向探测器供电，接收探测器发出的报警信号，并对此信号进一步处理，发送到执行器执行各报警点的报警。

图 4-19　报警控制器（A）　　　图 4-20　报警控制器（B）

1）报警控制器的分类

报警控制器的布防方式一般以多回路分区布防为主，布防区域通常为 2～100 回路。按回路的数量多少，报警控制器可分为小型报警控制器、区域报警控制器和集中报警控制器。

小型报警控制器一般用于银行的储蓄所、学校的财会室、档案室等较小区域，主要有以下功能：能在任何一路信号报警时，发出声光报警信号，并显示报警部位与时间；对系统有自查能力；带有自备电源；能预存 2～4 个紧急报警电话，当发生紧急情况时，能自动拨号报警。

区域报警控制器一般用于相对较大的工程系统，要求防范的区域较大，防范点也较多，如高层写字楼、高级住宅小区、大型仓库、货场等。区域报警控制器具有小型报警控制器的所有功能，而且有更多输入端、输出端。区域报警控制器的输入信号使用总线制。探测器根据安置的地点，统一编码，探测器的地址码、信号及供电由总线完成，大大简化了工程安装。每路输入总线上可挂接探测器，总线上有短路保护装置，当某路电路发生故障时，控制中心能自动判断故障部位并进行隔离，且不影响总线上其他各路的工作状态。当任何一个探测器发出报警信号后，报警控制器可以根据编码进行显示，同时可以驱动现场的声光讯响器进行报警，并按预定的程序进行隔离或自动拨打报警电话向更高级的集中报警控制器、报警中心或有关主管单位报警。

集中报警控制器一般用于大型和特大型的报警系统，如城市防盗报警系统、区域性银行防盗报警系统等。一般通过集中报警控制器把多个报警控制器通过以太网或局域网联系起来，集中报警控制器能接收各个区域报警控制器送来的信息，同时能向各区域报警控制器送去控制指令，直接监控各区域报警控制器的防范区域。集中报警控制器还能直接切换出任何一个区域报警控制器送来的声音和图像复核信号，并根据需要用录像记录下来。

2）报警控制器的控制

将探测器与报警控制器连接并接通电源，就组成了防盗报警系统。在用户或安装单位对报警控制器进行编程的情况下，操作员可在键盘上按操作说明书进行操作。只要输入不同的操作码，就可通过报警控制器对探测器的工作状态进行控制。

防盗报警系统主要有 5 种工作状态：布防状态、撤防状态、旁路状态、24 小时监控状态、系统自检与测试状态。

（1）布防状态。布防状态也称设防状态，是指操作员执行了布防指令后，探测器开始工作，并进入正常警戒状态。

（2）撤防状态。撤防状态是指操作员执行了撤防指令后，探测器不能进入正常警戒状态，或从正常警戒状态退出，探测器无效。

（3）旁路状态。旁路状态是指操作员执行了旁路指令后，探测器会从整个探测器的群体中被旁路（失效），而不能进入正常工作状态，当然它也会受到整个防盗报警系统布防、撤防操作的影响。可以只将其中一个探测器单独旁路，也可以将多个探测器同时旁路。

（4）24 小时监控状态。24 小时监控状态是指某些探测器处于常布防的全天候工作状态，一天 24 小时始终保持着正常警戒状态（如用于匪警的紧急按钮、某些感温与感烟探测器），这些探测器不会受到布防与撤防操作的影响。

（5）系统自检与测试状态。系统自检与测试状态是指在撤防时防盗报警系统进行自检和测试。例如，对各布防区域的探测器进行测试，当某一布防区域的探测器被触发时，探测器就会发出声音。

4.3.3 典型应用方案

图 4-21 所示为某小区的防盗报警系统图。防盗报警系统将小区按地理位置分为 8 个片域，每个片域设置一个报警器，相关的探测器、执行器进行现场处理，区域报警控制器与探测器、执行器之间的连接采用总线编码方式，通过以太网将信息发送到控制中心，由控制中心的管理计算机进行数据分析与处理。

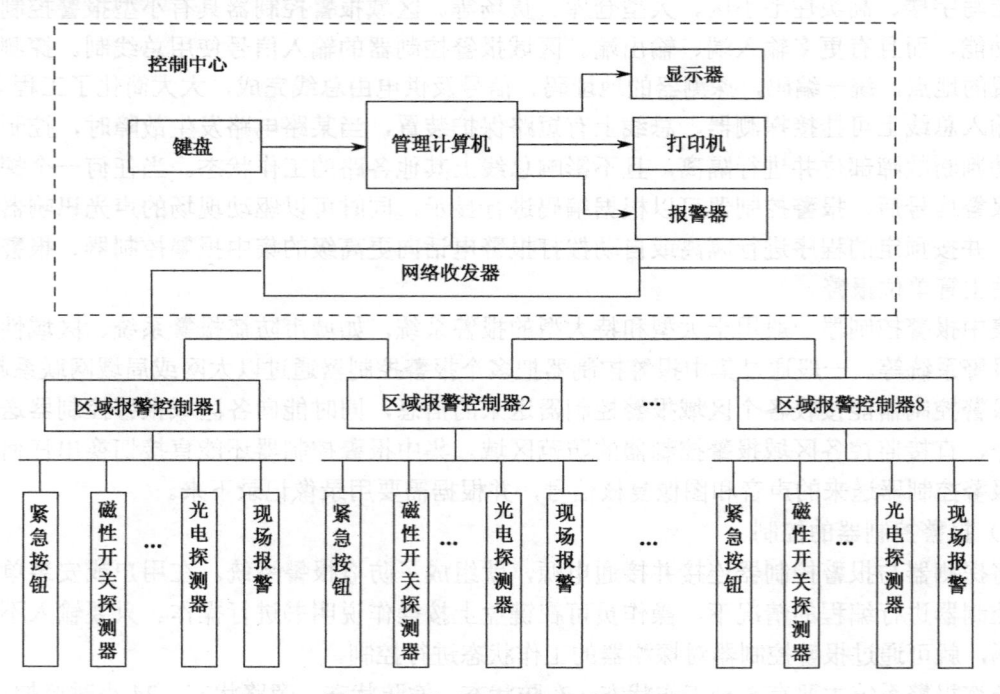

图 4-21 某小区的防盗报警系统图

任务 4.4 智能卡系统

在现代化智能管理系统中，除前面所讲的视频监控系统、防盗报警系统等常用的安防系统外，还有门禁管理系统、对讲系统、电子巡更系统等安全控制和管理系统。由于这些系统普遍存在身份确认问题，在使用中通常要使用到智能卡技术，因此通常将这些系统称为智能卡系统。

4.4.1 门禁管理系统

门禁管理系统又称为出入口控制系统，它是对出入口通道进行管制的系统，是确保智能建筑的安全、实施智能化管理的简便有效的系统。

1. 门禁管理系统的工作原理

门禁管理系统对控制区域内正常的出入通道进行管理，控制人员的出入，控制人员在楼内或相关区域内的行动。门禁管理系统事先对人员允许的出入时间和出入区域等进行设置，根据预先设置的权限对出入人员进行有效的管理，通过门的开启和关闭保证授权人员的自由出入，限制未经授权人员的进入，对暴力强行进入进行报警，同时对出入人员的代码和出入时间等信息进行实时记录与存储。

门禁管理系统的工作原理为系统安装设置完毕后，将已授权的标识卡或密码发放给授权人员，管理人员将各授权人员的信息通过管理软件加载到各个门禁控制器上。当授权人员来到门口在读卡器上读卡时，读卡器将所读的标识卡或密码传输到门禁控制器上，此时控制系统根据读到的卡上资料，对该卡进行判断与识别，若为有效卡，则门禁控制器发出开锁指令，电子门锁开锁，授权人员可以进门，如果在系统所设置的延时时间内没有推门进入，那么电子门锁自动关闭，须重新刷卡进入。另外门禁管理系统将对进入人员的信息、时间进行存储，便于以后查阅。

2. 门禁管理系统的结构与组成

通常的门禁管理系统主要由物理层、控制层和管理层组成，各层之间采用总线编码方式连接，如图 4-22 所示，其中各层包括以下设备。

（1）物理层。物理层包括安装在现场的输入输出装置，如读卡器、指纹识别器、虹膜识别器、电子门锁、出口按钮、各种探测器、传感器等。

（2）控制层。控制层主要由各种型号的门禁控制器组成。

（3）管理层。管理层包括管理计算机、外设及相应软件。

门禁管理系统中每个授权人员均有一张独立的标识卡（密码或指纹），标识卡可以随时从门禁管理系统中被取消，标识卡一旦丢失即可使其失效（指纹或虹膜不可能丢失），而不必像使用机械门锁那样，须重新配制钥匙或更换门锁。门禁管理系统可以用程序设置其中一些人进入的优先权，一部分人可以进入某一组门，而另一部分人只可以进入另一组门。这样，就能在智能大厦内控制谁可以去什么地方，谁不可以去什么地方。

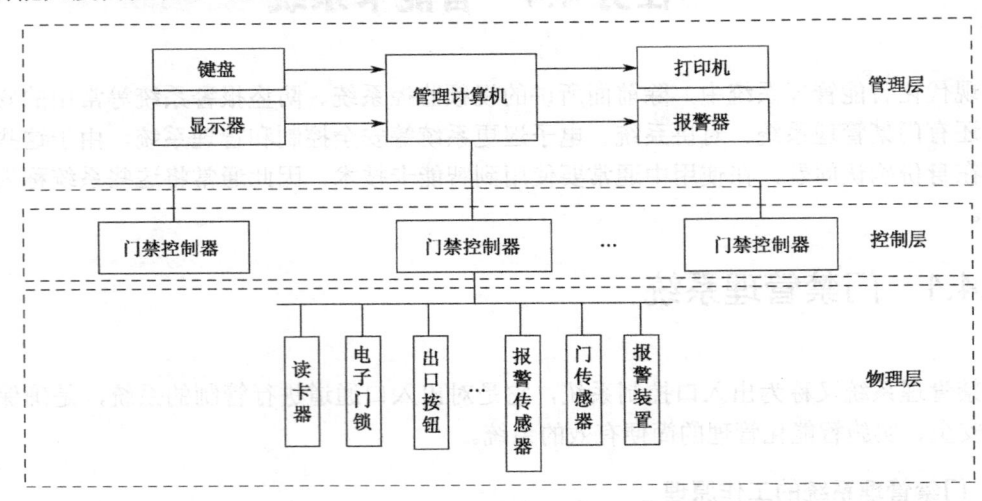

图 4-22 门禁管理系统的基本结构

门禁管理系统随着技术的不断发展逐渐由传统的机械门锁发展到电子门锁，由密码识别发展到智能识别，特别是随着现代生物识别技术和感应卡技术的发展，出现了感应卡门禁管理系统、指纹门禁管理系统、虹膜门禁管理系统、面部识别门禁管理系统、乱序键盘门禁管理系统等各种先进的门禁管理系统，这些系统在日常生活中被广泛应用。

3. 门禁管理系统的常用设备

通常门禁管理系统的常用设备包括身份识别设备、读取设备、门禁控制器、执行器等。图 4-23 所示为门禁系统常用设备。

图 4-23 门禁系统常用设备

1）身份识别设备

（1）磁卡。磁卡又称磁条卡，是目前最常用的卡片系统，读卡器利用磁感应对磁卡中磁性材料形成的密码进行辨识。磁卡具有成本低，使用简便，可随时更改密码等优点，但容易消磁和磨损，还容易被伪造，目前主要用于各种楼宇的出入口、车库管理系统中。

（2）光学卡。光学卡的结构很简单，在其表面上有一定的孔洞组成的图案，密码的检测由穿过孔洞的光线完成。目前大多数的光学卡都使用了红外技术，即用一支特殊的标记笔在特殊的金属薄片上画上记号，通过读卡器检测出相应的图像。

（3）IC 卡。IC 卡按信息存储和处理方式可以分为接触式 IC 卡和非接触式 IC 卡。

接触式 IC 卡的卡内装有集成电路，通过卡上触点与读卡器上的触点接触接通电路进行信息读写。接触式 IC 卡具有保密性好，难以伪造或非法写入等优点，但仍需要刷卡，降低了识别速度，同时触点容易被污染损坏。目前接触式 IC 卡主要用于 POS 机。

非接触式 IC 卡又称为感应卡，这种卡不需要插入读卡器，只要持卡人进入读卡器的特定频率辐射范围内，卡中的感应式电子回路就会因感应而将卡内存储的信息发送到读卡器，进行身份识别。这种卡安全性高、免刷卡、免供电，逐渐取代了磁卡。

（4）键盘代码比对识别设备。键盘代码比对识别设备以输入代码的正确与否作为是否开门允许进入的依据，使用的键盘有固定键盘和乱序键盘两种。

固定键盘上数字 1～9 在键盘上的位置是固定不变的，在输入密码时，容易被人窥视而仿冒，因此现在仅与刷卡机配套使用。

乱序键盘上数字 1～9 在键盘上的排列方式不是固定的而是随机的，每次使用时在每个显示位置的数字都不同，这样就避免了被人窥视而泄漏密码的可能。

在这两种键盘中，乱序键盘比固定键盘安全，但二者都不能进行双向控制，现在一般与 IC 卡配合使用。

（5）人体生物特征识别系统。人体生物特征识别系统以人体生物特征作为辨别条件，主要采用指纹、掌纹、语音、虹膜、脸形、步态等识别技术，其优点是安全性极高，几乎不可能复制，所以常用于安防系统中的要害部位，缺点是技术复杂、成本高。

2）读取设备

（1）键盘。键盘主要用于输入代码，以完成开门、报警、触发继电器和相应过程控制，同时用来建立系统和对用户代码数据库进行编程。乱序键盘由触摸式键盘、状态指示灯及实现乱序的电路组成。门禁管理系统的编程可通过乱序键盘读出器完成。

（2）读卡器。读卡器主要用于对 IC 卡数据的读取。接触式读卡器主要利用 IC 卡的插入接通读卡器内部电路进行识别。非接触式读卡器内含信息发射与接收天线、发射电路、接收电路、滤波放大电路、解译码电路和通信接口等。当 IC 卡进入激发磁场范围，IC 卡中感应式电子回路因感应而将卡内存储的信息发送到读卡器，读卡器接收信息后将编码内容译出，同时查核此编码是否正确，如果编码正确，则由通信接口送出提供给门禁控制器，门禁控制器进行相应的处理。

（3）生物特征读取器。生物特征读取器以生物测量技术为基础，利用人类的生物特征，如指纹、掌纹、语言、虹膜、脸形、步态等来鉴别用户的身份。生物特征识别主要包括生物特征图像（或声音）获取、现场图像（或声音）获取、对比三部分，其应用分为验证与辨识。验证是指将现场生物特征与已登记的生物特征一对一地比对，辨识则是指在生物特征数据库中找出与现场生物特征相匹配的生物特征。

3）门禁控制器

门禁控制器又称为门禁控制主机，具有输入和输出接口，可以连接读卡器、探测器、控制开关和执行器。门禁控制器具有计算机常用的 CPU、存储器、I/O 接口。

门禁控制器可分为独立式门禁控制器和联机式门禁控制器，其中联机式门禁控制器又分为独立联机式门禁控制器和联网联机式门禁控制器。

门禁控制器可对读卡器传送来的信息进行判断、分析、计算与处理，同时可根据相应的处理控制执行器动作，如报警、开门等。门禁控制器具有较大的存储空间，可进行内存扩展。所有的卡片、进入、报警、动作信息都可存储于存储器中，便于查阅，断电信息也不会丢失。门禁控制器为积木式的构架，I/O 接口可扩展，通过 I/O 模块，每个门禁控制器可控制增加输入和输出点，不必更换现有的读卡器和卡片，不必重新施工布线，就可扩充系统的容量。门禁控制器还可通过网络与计算机连接，将信息发送到服务器的数据库中。当网络中断时，门禁控制器可独立工作将数据记录到自己的存储器中，一旦网络恢复，门禁控制器可及时将中断期间的信息发送到服务器进行数据更新，服务器将更新后的数据下载到每个相应的门禁控制器。

4）执行器

执行器主要包括报警器和电控锁。电控锁是门禁管理系统中锁门的执行部件，电控锁的动作正确与否是反映门禁管理系统是否正常工作的主要指标。下面主要介绍电控锁。

电控锁按其工作的原理分为电磁锁、阳极锁和阴极锁三种。一般来说电磁锁是断电开关型的，这种锁适用于单向的木门、玻璃门、防火门、对开的电动门，符合消防要求，可以配备多种安装架以供顾客选择。阳极锁也是断电开关型的，适用于双向的木门、玻璃门、防火门，阳极锁本身带有磁性开关探测器，可随时检测门的状态，符合消防要求，一般安装在门框的下方。阴极锁是通电开关型的，适用于单向木门，由于停电时阴极锁是锁住的，所以阴极锁一般要配备 UPS 电源以防断电。一般阴极锁使用较少。

电控锁按关门方式可分为通电关门型电控锁与断电关门型电控锁两种。断电关门型电控锁是指在关门情况下，锁体并未通电，当需要开门时门禁控制器发出指令对锁体进行通电完成开门动作的锁。断电关门型电控锁适用于金库等一些财产保险性较高的门禁场合。通电关门型电控锁是指在开门情况下，锁体并未通电，当需要关门时门禁控制器发出指令对锁体进行通电完成关门动作的锁。断电开门型电控锁符合消防要求，当发生火灾时一旦断电，断电开门型电控锁自动开启，便于人员逃生。

4. 门禁管理系统的典型应用

图 4-24 所示为某公司门禁管理系统，该系统由中央处理器、门禁控制器、读取设备和执行器 4 部分组成。

该公司需要控制的入口有 7 个，分别在三个楼层，门禁管理系统中物理层的工作内容：在每一个入口处配置电控锁执行门的开闭动作，磁性开关探测器负责反馈门的开关状态，读卡器与读卡器接口负责将持卡人的身份识别、进出信息反馈给控制层。控制层的工作内容：三个门禁控制器通过现场总线与物理层进行信息反馈、指令发送，同时通过网络与管理层进行信息交换。管理层的工作内容：主控计算机及辅助设备实现信息管理。管理层除可实现在一定时间内让授权人员进入指定的地方而不许未授权人员进入的控制功能外，还能实现系统管理、时间管理、事件记录、报表生成和网间通信等功能。

（1）系统管理功能。系统管理功能包括设备注册、增加或删除门禁控制器、登记卡片或删除无效卡片、设定授权级别、预先设置各个持卡人的授权优先级和权限管理等。

（2）时间管理功能。时间管理功能包括设定各个门禁控制器允许持卡人进入或离开的时间，设定各个通道允许通行的时间等。

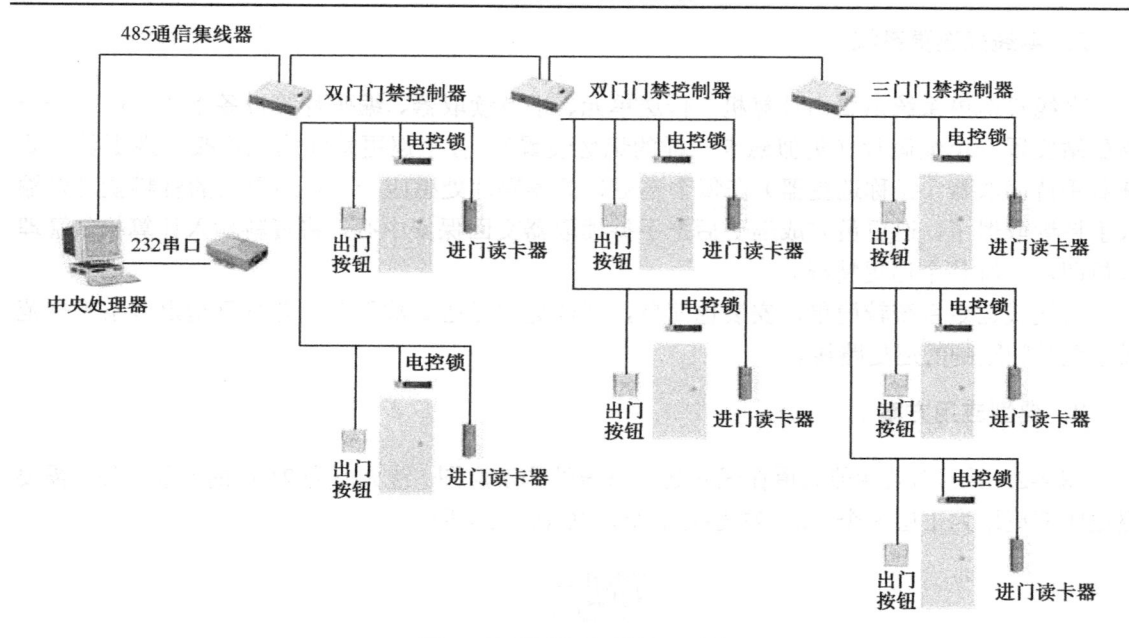

图 4-24 某公司门禁管理系统

（3）事件记录功能。事件记录功能是指在系统正常运行时，对出入事件、异常事件及其处理方式进行记录，保存在数据库中，以备日后查询。

（4）报表生成功能。报表生成功能是指根据要求，定时或定期地打印各种报表，以查出某人在某一段时间内的出入情况，某个通道在某一段时间内的人员出入情况等。

（5）网间通信功能。网间通信功能是指完成门禁管理系统与其他系统的信息交换，以便实现联动控制，若有非法入侵者，要向视频监控系统发出信息，使摄像机监视该现场情况，并进行现场实时录像。

4.4.2 电子巡更系统

巡更是维持社会治安的一种有效手段，智能楼宇、小区出入口多，进出人员复杂，为了维护楼宇的安全，一般需要有人专门负责巡更，一些重要的地方还须设巡更站，以便定时进行巡更。电子巡更系统是考核巡更员和保护巡更员的重要手段和工具。

目前电子巡更系统可分为在线式巡更系统和离线式巡更系统。

1. 在线式巡更系统

在线式巡更系统由巡更站、通信网络、巡更控制器和装有巡更软件的微机管理中心组成。巡更站的数量和位置视管理区域的具体情况而定，一般有几十个，巡更站多安装于管理区域内的重要位置。巡更员按规定时间和路线到达每个巡更站，不能迟到、不能绕道，并输入该站密码，向微机管理中心报到，报到信号通过巡更控制器输入计算机。管理人员通过显示装置了解巡更实况，巡更站可以是密码读卡器，也可以是电控锁。

2. 离线式巡更系统

离线式巡更系统主要由计算机、传送单元、手持读取器、编码片等设备组成。在每一个巡更站安置一个编码片（类似磁卡一样的记忆装置），各个巡更站间均无连接。巡更员只要拿着手持读取器（又称巡更器）在每个巡更站的编码片处感应一下，巡更站的资料就可以输入手持读取器了，巡更员完成巡更后把手持读取器交回保安中心，将资料输入计算机，管理人员即可了解整个巡更情况。

离线式巡更系统较简单，安装也简单，其巡更站可达到数百个，并且可指定多条不规范或不受时间限制的巡更路线。

3. 典型应用方案

图 4-25 所示为某智能大厦在线式巡更系统结构示意图。该大厦为 21 层的智能大厦，需要巡更的巡更站为 1 层 8 个、2~21 层各 2 个，共 48 个巡更站。

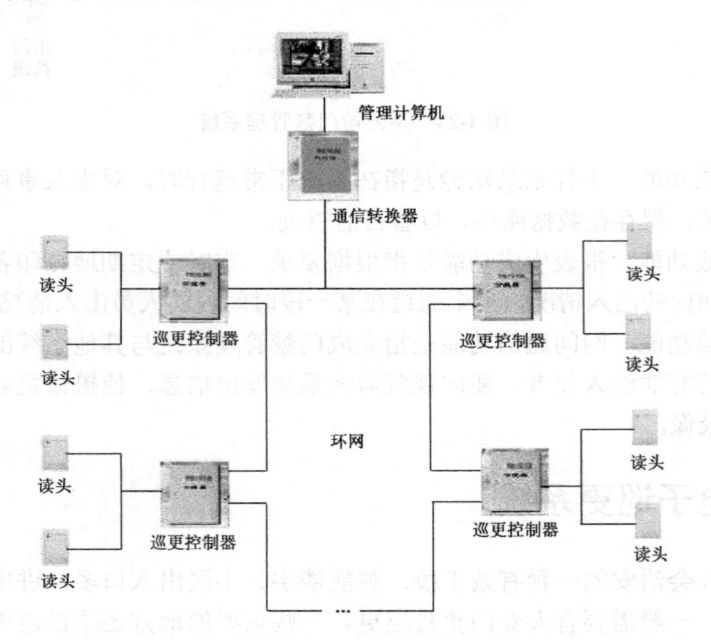

图 4-25 某智能大厦在线式巡更系统结构示意图

4.4.3 对讲系统

对讲系统是采用计算机技术、通信技术、传感技术、自动控制技术和视频技术设计的一种访客识别的智能信息管理系统。对讲系统把楼宇的入口、业主及物业管理部门三方面的信息及通信包含在同一个网络中，成为防止住宅受非法入侵的重要安全保障手段，可以有效保护业主的人身和财产安全。

1. 对讲系统工作原理

楼门平时处于闭锁状态，避免非本楼人员未经允许进入楼内，楼内的住户可以用钥匙或密码开门，自由出入。当有客人来访时，客人须在楼门外的门口主机键盘上按出被访住户的房间号，呼叫被访住户的室内分机，接通后与被访住户的主人进行双向通话或可视通话。通过对话或图像确认来访者的身份后，住户主人若允许来访者进入，就用室内分机上的开锁按键打开大楼入口门上的电控锁，来访者便可进入楼内。

住宅小区的物业管理部门通过对讲管理主机对小区内各住宅楼宇对讲系统的工作情况进行监视。若有住宅楼入口门被非法打开或对讲系统出现故障，则对讲管理主机会发出报警信号并显示出报警的内容及地点。

小区楼宇对讲系统的主要设备有对讲管理主机、门口主机、室内分机、电控锁、多路保护器、电源等。对讲管理主机设置在住宅小区物业管理部门的安全保卫值班室内，门口主机安装在各住户大门内附近的墙上或门上。

2. 对讲系统的分类与组成

按系统组成和工作原理，对讲系统可分为独立对讲系统、非可视对讲系统、可视对讲系统。这三种系统是从简单到复杂、从分散到整体逐步发展的。小区联网型对讲系统是现代化住宅小区管理的一种标志，是可视或非可视对讲系统的高级形式。

1）独立对讲系统

独立对讲系统又称为别墅对讲系统，是以别墅或单独的小单元为使用对象的对讲系统。图 4-26 所示为独立对讲系统图。独立对讲系统是具备可视对讲或非可视对讲、遥控开锁、主动监控、自动拨号报警、可输出到监视器等功能的对讲系统。独立对讲系统中的室内分机分台式室内分机和壁挂式室内分机两种。

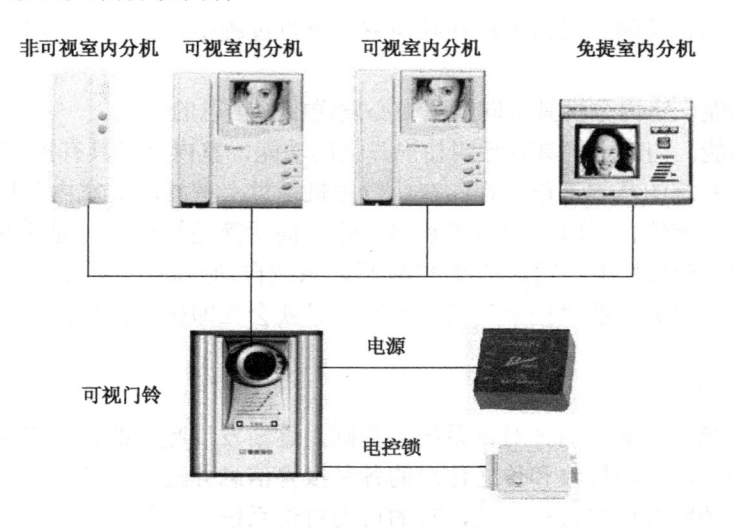

图 4-26 独立对讲系统图

2）非可视对讲系统

非可视对讲系统适用于多层或高层住宅小区，主要由管理计算机、控制主机、电控锁、室内分机、解码器、门口主机、电源、打印机、报警器等设备组成。根据使用户数的多少，门口主机容量不同。门口主机分为直按式主机和报号式主机。直按式主机容量较小，有 14、

15、18、27 户不等，适用于多层住宅用户，其特点是一按就应、操作简便。报号式主机容量较大，多为 256～891 户不等，适用于高层住宅用户，其特点是容量大、界面豪华，操作方式和电话一样。图 4-27 所示为非可视对讲系统图。

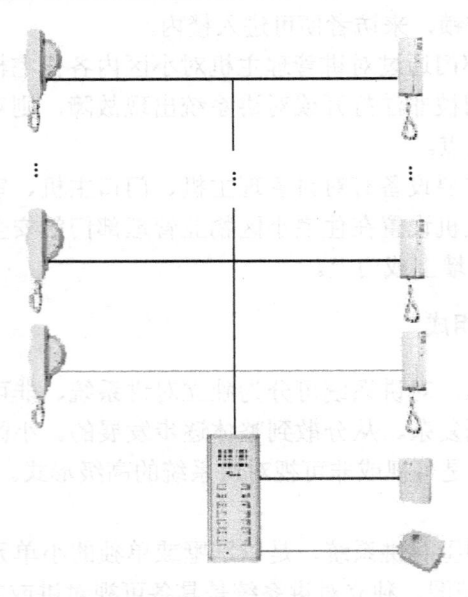

图 4-27　非可视对讲系统图

非可视对讲系统具备以下功能。

（1）呼叫与中止功能。门口主机在呼叫室内分机过程中，按任意键将停止呼叫，门口主机进入待机状态。

（2）报警功能。室内分机具有向管理中心发送报警信息的功能。

（3）锁控功能。门口主机具有呼叫住户开锁的功能，室内分机具有控制开锁的功能。

非可视对讲系统的基本工作过程：在门口主机键盘上按相应的室内分机号，进入呼叫等待，住户室内分机响铃，同时门口主机响铃，住户提话筒进行通话，通话期间可按"开锁"键开锁，通话结束后可挂机。通话超过 120s 后，系统自动挂断。当住户遇到紧急情况时，住户只须摘机按下室内分机的"报警"键，报警信息就会立即传至门口主机和管理中心，值班人员可根据情况处理。

3）可视对讲系统

可视对讲系统是在前面两种对讲系统的基础上逐渐发展起来的，不仅具备可视对讲、遥控开锁等基本功能，还能接收和传送住户的各种报警信息并进行紧急求助，能主动呼叫辖区内任一住户或群呼所有住户进行广播，有的可视对讲系统还能与三表（水表、煤表、电表）抄送系统、门禁管理系统和其他系统组成小区物业管理系统。

可视对讲系统是由门口主机、室内对讲可视分机、不间断电源、电控锁、闭门器、中央管理机及其辅助设备等组成的，它在非可视对讲系统的基础上增加了影像传输功能。图 4-28 所示为可视对讲系统图。

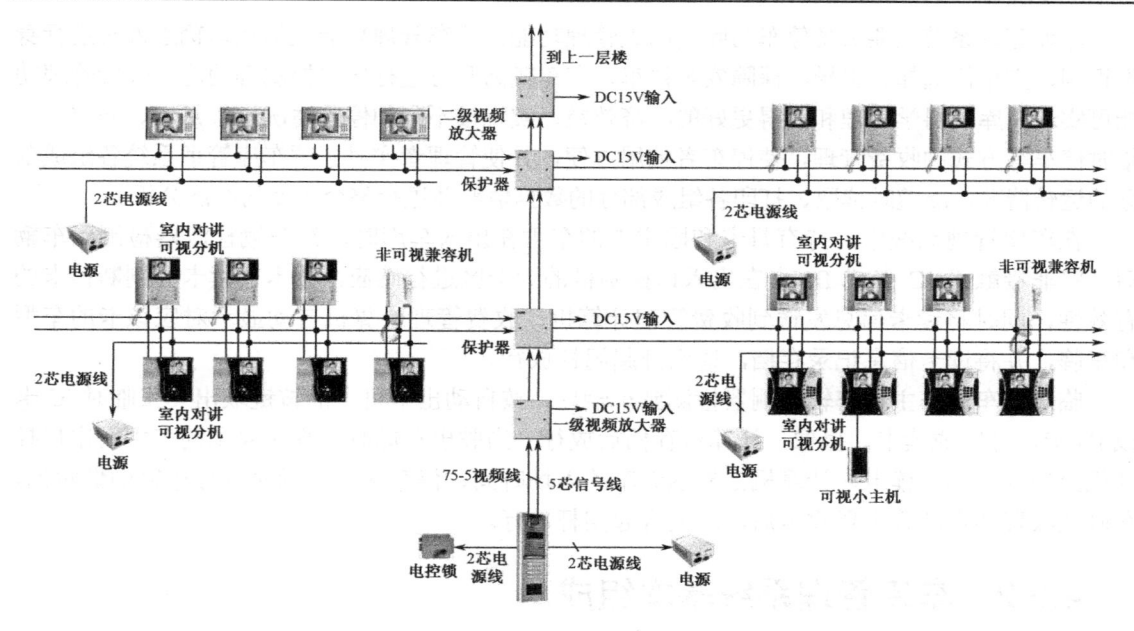

图 4-28 可视对讲系统图

可视对讲系统具备以下功能。

（1）门口主机显示功能。门口主机采用高亮度数码管显示各种信息。

（2）多门口主机控制功能。可视对讲系统支持同一单元多门口主机直接控制不同出入口。

（3）弹性编码功能。小区单元门口主机栋号、单元号、室内对讲可视分机号设置全弹性，由单元门口主机及室内对讲可视分机设置完成。

（4）密码设置功能。管理人员可设置系统开锁密码和住户开锁密码。

（5）可视对讲功能。可视对讲系统可实现来访者与住户可视对讲。

（6）监视功能。室内对讲可视分机对门口主机具有可视监视功能。

（7）锁控功能。可视对讲系统具有呼叫住户开锁、管理员密码开锁、住户密码开锁和监视门口主机开锁等多种锁控功能。

（8）即时通话功能。任意双方进行通话的时间均可进行限定。

（9）保密功能。当任意双方进行通话时，第三方均无法窃听。

任务 4.5　车库管理系统

一般小区都设有车库，车库管理服务是智能小区物业管理和服务的一个重要组成部分，其管理与服务的质量的好坏将直接影响到小区的物业管理质量。

4.5.1　车库管理系统工作原理

车库管理系统是一个以非接触式 IC 卡或 ID 卡为车辆出入车库凭证，用计算机对车辆的收费、车位检索、保安等进行全方位智能管理的系统。

车库管理系统主要具备停车与收费两大管理功能。停车管理功能包括在车辆进入时进行身份识别、空车位选择、引导、保障安全停车、在车辆离开时进行出口控制等功能。收费管理功能可实现车库的科学管理和获得更好的经济效益，实现按不同的停车情况进行月卡、固定卡、临时停车等方式的收费管理，使停车者使用方便，并使管理者实时了解车库管理系统各组成部分的运转情况，能随时读取、打印各组成部分的数据情况并进行整个车库的经济分析。

在车库管理系统中，持有月卡和固定卡的车主在出入车库时，经车辆检测器检测到车辆后，将非接触式 IC 卡或 ID 卡在出入口控制机的读卡区进行感应，读卡器读卡并判断该卡的有效性，同时将读卡信息发送到收费管理计算机，收费管理计算机自动显示对应该卡的车型和车牌，并将读卡信息记录存档，道闸升起闸杆放行。

临时停车的车主在车辆检测器检测到车辆后，按自动出卡机上的按键取出一张临时 IC 卡或 ID 卡，并完成读卡、摄像，计算机存档后放行。当驶出车库时，临时停车的车主在出口控制机上的读卡器上读卡，计算机上显示该车的入场时间、停车费用，同时进行车辆图像对比，在确认收费和自动收卡器收卡后，道闸升起闸杆放行。

4.5.2 车库管理系统基本组成

车库管理系统分为入口子系统、车辆停放引导子系统、出口子系统、电视监控子系统和收费管理子系统 5 个部分。根据车库的规模和实际情况，车库管理系统可基本分为入口子系统、出口子系统和收费管理系统及辅助系统 4 个部分。图 4-29 所示为车库管理系统组成框图。

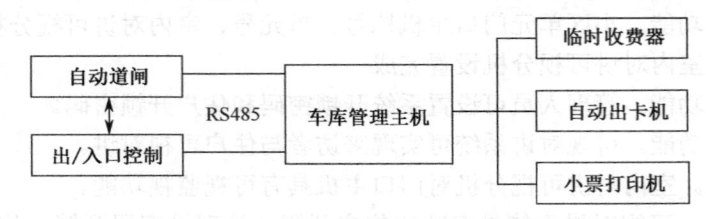

图 4-29 车库管理系统组成框图

1. 系统组成

1）入口子系统

入口子系统主要由入口票箱（IC 卡读卡器、自动出卡机、车辆检测器、入口控制板、对讲分机、LED 显示屏、专用电源）、道闸、超声波车位检测器和彩色摄像机等组成。

当持有月卡和固定卡的车主进入车库时，设在车道下的地感线圈检测到车辆，入口票箱显示文字提示车主读卡。车主用 IC 卡在入口票箱感应区 6~12cm 距离内感应刷卡后，入口票箱内 IC 卡读写器读取该卡的有关信息，判断其有效性，同时启动入口摄像机，摄录一幅该车辆的图像，并依据相应卡号，存入管理中心的服务器硬盘中。若卡与车辆信息对应（有效），道闸升起闸杆放行，车辆通过后，闸杆自动落下。若卡无效或与车辆信息不对应，则不起闸，并进行灯光报警，提示管理人员处理。

当临时停车的车主进入车库时，设在车道下的地感线圈检测到车辆，入口票箱显示文字提示车主按下按键取卡（票），车主按下"取卡（票）"键后，入口票箱内发卡（票）器发送一张卡（票）并完成读取过程，同时启动入口摄像机，摄录一幅该车辆的图像，并依据相应卡（票）号，存入管理中心的服务器硬盘中。车主取卡（票）后，道闸升起闸杆放行，车辆通过后，闸杆自动落下。

当车库内车位停满时，入口票箱显示"满位"，并自动关闭入口处读卡系统，不再发卡或读卡（也可通过管理软件设置在满位的情况下仍允许固定车位用户读卡进场）。

2）出口子系统

出口子系统主要由出口票箱（IC 卡读卡器、车辆检测器、出口控制板、对讲分机、LED 显示屏、专用电源）、道闸、超声波车位检测器和彩色摄像机等组成。

当持有月卡和固定卡的车主驶出车库时，设在车道下的地感线圈检测到车辆，出口票箱显示文字提示车主读卡。车主用 IC 卡在出口票箱感应区 6~12cm 距离内感应刷卡后，出口票箱内 IC 卡读写器读取该卡的有关信息，判断其有效性，同时启动出口摄像机，摄录一幅该车辆的图像，并依据相应卡号，存入管理中心的服务器硬盘中。若卡与车辆信息对应（有效），自动道闸升起闸杆放行，车辆通过后，闸杆自动落下。若卡无效或与车辆信息不对应，则不起闸，并进行灯光报警，提示管理人员处理。

当临时停车的车主驶出车库时，在出口处，车主将卡（票）交给收费员，收费管理计算机根据卡（票）记录从管理中心服务器硬盘中自动调出入口处所拍摄对应图像及车辆入场数据，进行人工图像对比，并自动计算出应交费用，通过收费显示屏显示，提示车主交费。收费员进行图像对比及收费确认后，按"确认"键，道闸升起闸杆放行，车辆通过后，闸杆自动落下。

3）收费管理系统

收费管理系统主要由收费管理计算机（内配图像捕捉卡）、台式读卡器、报表打印机、对讲系统、收费显示屏、图像处理对比软件、车位引导软件和收费管理软件组成。辅助管理系统包括图像处理对比软件、车位引导软件等。

收费管理系统负责整个车库管理系统的协调与管理，主要包括软硬件参数设定、信息交流与分析、命令发布、计费管理、车位统计、报表统计与票据打印、操作权限设置、读取 IC 卡信息、车库数据采集与下载、月卡发售、图像对比等功能。

2. 主要设备介绍

车库管理系统的主要设备包括道闸、车辆检测器、地感线圈、读卡器、彩色摄像机、车位模拟显示屏、对讲系统、车位检测器、防盗电子栓、收费管理计算机等。

1）道闸

道闸又称为挡车器，是车库管理系统的关键设备，主要用于控制车辆的出入。由于要长期频繁动作，道闸一般采用精密的四连杆机构，使闸杆能够执行缓启、渐停、无冲击的快速动作，并使闸杆只能限定在 90°范围内运行，道闸箱体采用防水结构并进行抗老化的喷塑处理，坚固耐用、不褪色。道闸具有"起闸"、"降闸"、"停止"和用于维护与调试的"自栓"模式，可采用手动控制、自动控制和遥控三种方式操作。

2）车辆检测器与地感线圈

地感线圈主要埋在需要检测车辆的路面下，与车辆检测器配合使用能够自动检测到车辆的位置和到达情况。当汽车经过地感线圈的上方时，地感线圈产生感应电流传送给车辆检测器，车辆检测器输出控制信号给道闸或主控制器。一般情况下，在停车场入口设置两套车辆检测器和地感线圈，在入口票箱旁边设置一套，当检测到车辆驶入信号后提示车主取卡或读卡；另外在入口处道闸闸杆的正下方设置一套，直接与道闸的控制机构联锁，防止当闸杆下有车辆时，发生各种意外造成闸杆下落，砸坏车辆。在出口处由于是人工放行的，因此只需要在闸杆下设置一套用于防砸车。

3）读卡器

停车场的读卡器与前面讲过的门禁管理系统中的读卡器相同。根据感应距离不同，读卡器可分为短距离读卡器、中长距离读卡器和远距离读卡器。一般中长距离读卡器和远距离读卡器用得较多。

4）彩色摄像机

彩色摄像机与视频监控摄像机原理一样，当车辆进入车库时，彩色摄像机自动启动，记录车辆外形、色彩、车牌信息，存入计算机，供识别之用。彩色摄像机配备相应的辅助设备，如照明设备、云台和防护罩等。

5）车位模拟显示屏

车位模拟显示屏对每个停车位用双色 LED 指示，红色表示无空车位，绿色表示有空车位。

6）对讲系统

每一台读卡器都装有对讲系统，工作人员可用对讲系统指导用户使用车库，另外出入口处也可用对讲系统互通信息。

7）车位检测器

车位检测器是对车库内的车位占用状态进行检测的装置。一般采用可控制的 64 路的超声波车位检测器（也有采用地感线圈和红外检测装置的）进行检测，将信息传送至收费管理系统进行处理和分析并在车位模拟显示屏上显示。

4.5.3 典型应用方案

图 4-30 所示为典型车库管理系统的基本结构，图 4-31 所示为其工作流程。图 4-32 所示为典型车库管理系统的组成，其硬件配置如表 4-3 所示。

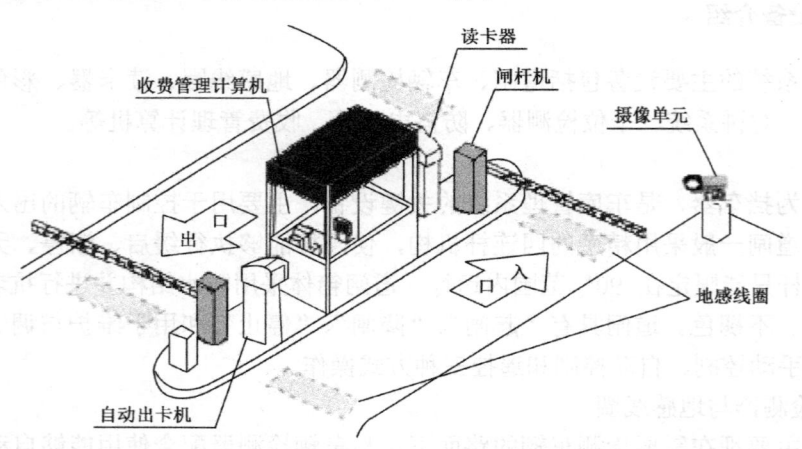

图 4-30 典型车库管理系统的基本结构

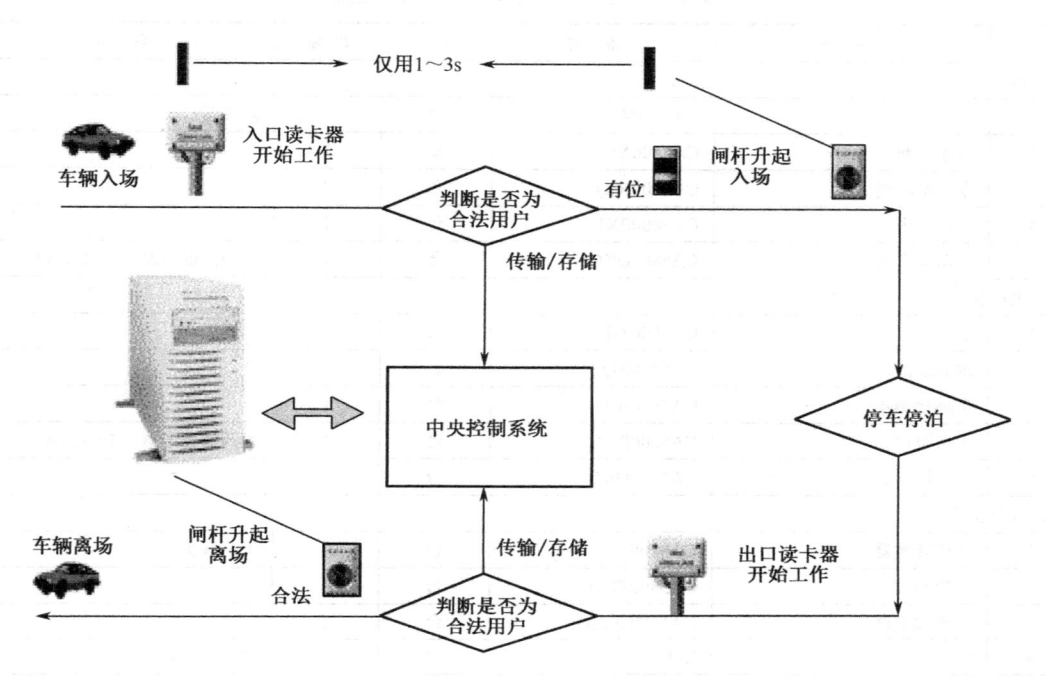

图 4-31　典型车库管理系统的工作流程

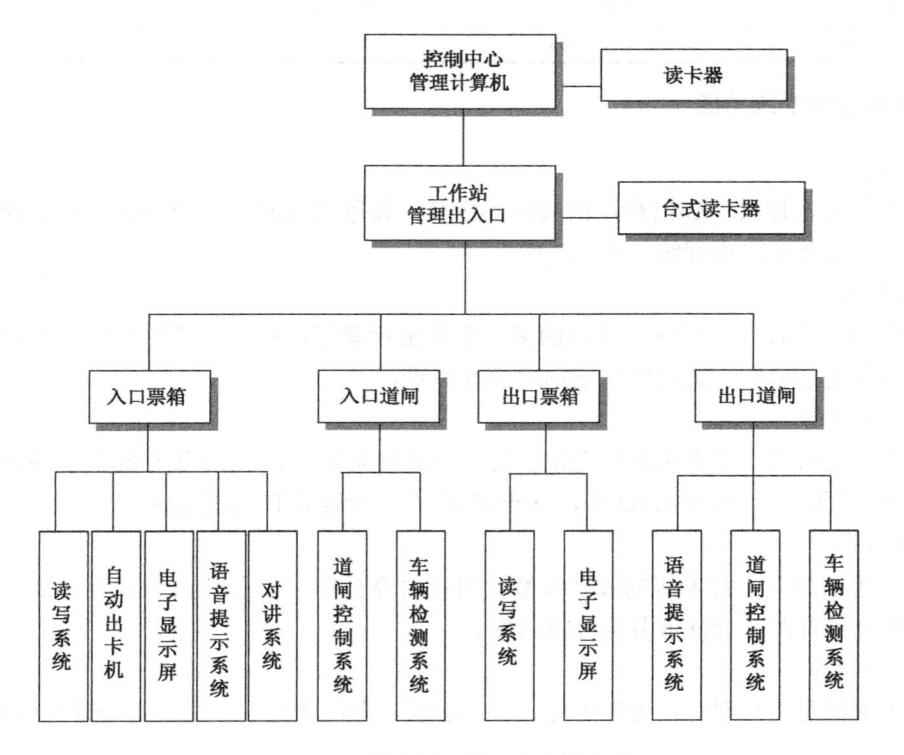

图 4-32　典型车库管理系统的组成

表 4-3　典型车库管理系统的硬件配置

序 号	设备名称	设备型号	单 位	数 量	备　注
A．入口设备					
1	道闸	CA5800Z-IT	台	1	耐高温
2	地感线圈	CA5800XQ	套	2	
3	车辆检测器	CA5800JCQ	台	2	
4	入口票箱	CA5800PX1	台	1	
5	入口读卡器	CA5800DKQ1	台	1	短距离读卡器（5～15cm）
B．出口设备					
1	道闸	CA5800Z-IT	台	1	耐高温
2	地感线圈	CA5800XQ	套	2	
3	车辆检测器	CA5800JCQ	台	2	
4	出口票箱	CA5800PX1	台	1	短距离读卡器（5～15cm）
5	出口读卡器	CA5800DKQ1	台	1	
C．收费管理设备					
1	通信转换器	CA5800TX	台	1	光耦隔离
2	主控制器	CA5800ZKQ	台	1	
3	台式读卡器	CA5800DKQ9	台	1	
4	ID 卡	EM	张	100	普通 ID 卡
5	计算机	Dell	台	1	
6	不间断电源	SANKEN1000W	个	1	在线式
7	出入口电源	TOP	个	1	DC24V/5A
8	收费管理软件	CA5800PC1	套	1	

1．车库管理系统功能

1）系统管理

对操作员进行授权，登记和注销其他操作员，设置其他操作员的密码，系统管理员可对普通操作员的收费情况进行统计和分析等。

2）停车场登记

对需要由车库管理系统统一管理的多个车库进行登记，设置车库的车位、入口和出口数据，设置联网通信参数，登记停车场物理位置参数。

3）IC 卡管理

对月卡、临时卡、免费卡进行登记，对月卡进行充值，对 IC 卡进行挂失、注销、转让、登记黑名单，同时支持感应式 ID 卡、感应式 IC 卡、接触式 IC 卡等智能卡。

4）参数设置

可以设置临时卡、月卡等的收费参数，可以对摩托车、轿车、大卡车等分别进行收费，可以实现复杂的计时、计次或复合分段收费。

5）客户管理

对车主的信息进行登记，如车牌号、车的颜色、车的类型、车主的身份证等信息。

6）出入口管理

自动对出口和入口的车辆进行拍照、分析、比较、计费，同时伴有语音提示和警告提示，支持使用同一车道作为出入口，支持在大车库内设立小车库，可以使用多种读卡距离的卡，具有防砸车功能。

7）自动图像监控

实时监控出口和入口的情况，若遇到突发情况，可及时进行处理，同时实时记录现场情况，以便事后查验。采用多视频系统，对出入口通道进行实时监控和拍照，便于车辆驶出时进行图像对比。

8）查询

查看收费情况，查看免费卡的使用情况，查看卡上余额的情况，查询客户资料信息，查询黑名单等。

9）报表

可对当天的多个车库的收费情况进行统计和打印，可对每一个操作员的收费情况进行统计和打印，同时将统计结果以图形方式输出，便于直观分析。

10）电子显示屏控制

实时显示车库内的车位使用情况，显示交费金额，同时提示车辆可以停放的车位编号。

11）发卡控制

实时统计自动出卡机中的卡的数量，同时有"卡数量不足"和"没有卡"的警告提示。在对用户发卡时提供语音提示，每次只吐一张卡，若卡不被取走，不发第二张卡，若卡长时间没有被取走，将卡收回。

12）用户界面设置

支持完整的界面拖放功能，可打开多个窗口，实现人性化的界面设计。

2. 车辆出入工作流程

1）长期车

车主开长期车持卡入场/出场时，行驶到入口/出口读卡器前，车辆检测器检测到车辆，启动入口/出口设备工作，车主持卡在读卡器面板天线处晃动，读卡后入口/出口控制器判断该卡的合法性，若合法则抬杆放行，同时记录该次入场/出场过程，以备计算机查询，若该卡不合法，则拒绝该车入场/出场，并在读卡器面板上显示原因或报警。

2）临时车

车主开临时车入场时，行驶到入口读卡器前，车辆检测器检测到车，启动入口设备工作，车主按下读卡器面板上的"取卡"按键，入口控制器首先检测车库内是否还有空车位，若车库内已满，则读卡器面板上的 LED 显示屏提示"车库已满，请退出"，若车库内还有空位，则按下按键后发出一张临时 IC 卡，车主持卡在读卡器面板天线处晃动，入口控制器记录下该车的入场时间和卡号等信息，以备计算机检索，同时抬杆放行。

3）临时车出场收费

车主持在入口领取的临时 IC 卡到出口时，将卡交给收费员，收费员验卡收费后放行。

任务 4.6 常见故障及解决方案

安防系统在使用过程中将出现各种各样的故障，如不能正常运行、系统达不到设计技术指标、整体性能质量不理想等。这些问题对于一个全天候运行的安防系统来说，是在所难免的。当然，如果在安防系统运行时能够较好地进行维护或保养，并掌握安防系统的原理、结构，了解安防系统各个部件，就可以在安防系统出现故障前进行一定程度的预防，在安防系统出现故障后及时进行判断、汇报和处理。下面分别针对不同的安防系统进行常见故障的分析并提出相应的解决方案。

4.6.1 常见故障归类

通常安防系统出现故障后解决故障的过程如下：首先进行故障范围的划分，判断故障是出现在安防系统哪一部分，然后进一步确定是电源问题、设备问题还是连接问题，最后细分到每一个点或每个设备，进行故障维修或送修等。

1. 电源问题

电源问题引起安防系统故障是经常出现的。在安防系统中电源问题大致有以下几种可能：供电线路或供电电压不正确，功率不够（或某一路供电线路的线径不够，降压过大等），供电系统的传输线路出现短路、断路、瞬间过电压等，电源设备损坏，各种设备的配置电源烧坏等。

2. 连接（或传输）问题

由于安防系统的连接有很多，若处理不好，特别是与设备相接的线路处理不好，就会出现断路、短路、线间绝缘不良、接触不良和误接线问题导致设备损坏、性能下降和工作不正常。在这种情况下，应根据故障现象进行分析，判断是哪些线路有问题，逐步缩小排查范围，最终找出问题所在。对于连接问题，一般建议用户每隔一年对所有的运动部件的接线、配线架、端子排等进行例行检查与保养，检查是否有脱落、断线、接触不良、松动和老化等现象，并进行相应的处理。

3. 设备问题

各种设备和部件都有可能发生质量问题，当确定是产品质量问题时，最好的办法是更换产品。对于大多用户来说，一般可以采用比照法、排除法、参数测量法来进行判断处理。

有些现象不一定是故障，如设备的安装、调整、参数设置不正确等问题。另外设备与设备之间的连接也会出现阻抗不匹配、通信方式不对应、驱动能力不够等问题。

4.6.2 视频监控系统的常见故障及解决方案

视频监控系统的组成分为四部分，根据前面的故障归类大致有以下几种故障。

1. 前端部分的故障

1）摄像机故障

摄像机常见故障及解决方案如表 4-4 所示。

表 4-4 摄像机常见故障及解决方案

故 障 现 象	解 决 方 案
摄像机无图像输出	① 检查电源是否接好，电源电压是否正常 ② BNC 接头或视频电缆是否接触良好 ③ 镜头光圈是否打开 ④ 视频或直流驱动的自动光圈镜头控制线是否脱落、接对
摄像机图像质量不好	① 镜头是否太脏 ② 光圈是否调好 ③ 视频电缆是否接触不良 ④ 电子快门或自平衡设置有无问题 ⑤ 传输距离是否太远 ⑥ 电源电压是否正常 ⑦ 附近是否存在干扰源 ⑧ 在电梯里安装时是否与电梯绝缘 ⑨ CS 接口是否接对

2）云台故障

云台常见故障及解决方案如表 4-5 所示。

表 4-5 云台常见故障及解决方案

故 障 现 象	解 决 方 案
电源指示灯不亮	① 检查电源是否接好，电源电压是否正常 ② 检查云台与解码器、电源的接线是否正确，公共端是否接好 ③ 检查安装方式是否正确 ④ 检查电机是否烧毁 ⑤ 传动机构是否完好 ⑥ 是否有异物卡住
运转不灵	① 摄像机及防护罩总质量是否超过云台承重 ② 周围环境温度是否正确，有无温度太高或太低、有无漏水、防冻处理是否完好 ③ 接线是否不良 ④ 是否有异物在传动机构里 ⑤ 电源电压是否偏低

3）解码器故障

解码器常见故障及解决方案如表 4-6 所示。

表 4-6 解码器常见故障及解决方案

故障现象	解决方案
电源指示灯不亮	① 检查电源是否与接线端子连接正常 ② 检查电源是否正常输出电压
解码器通电后电源熔丝烧坏	① 检查接线端子的公共端有没有接错 ② 检查云台的电压选择是否正确
电源指示灯亮但无法控制	① 信号线是否接对 ② 在控制时信号灯是否闪烁 ③ 是否正确编码
控制不灵或乱转	① 检查控制码信号线是否对应 ② 同一条信号线的控制线是否过长 ③ 同一条信号线是否串联或并联过多的解码器

2. 传输部分的故障

传输部分的故障主要表现为视频上的问题。传输部分常见故障及解决方案如表 4-7 所示。

表 4-7 传输部分常见故障及解决方案

故障现象	解决方案
监视器画面出现一条黑杠或白杠	① 检查控制主机是否有问题：在控制主机旁接入正常的监视器，若图像正常则为传输问题，否则为控制主机问题 ② 是否有交流干扰：用便携式监视器——就近接在前端摄像机的视频输出信号处，若出现故障则进行处理 ③ 是否有地环路干扰：如果每一个摄像机的输出都没问题，则为地环路干扰
木纹干扰	① 供电系统电源是否有干扰信号 ② 传输线是否质量不好，阻抗是否为 75Ω ③ 附近是否有很强的干扰源，若有则应加强传输线路的屏蔽
监视器上产生大面积网纹干扰甚至图案破坏，不能形成图像或同步信号	① 传输线的芯线与屏蔽网是否短路 ② 传输线的芯线与屏蔽网是否断路 ③ BNC 接头是否接线良好
监视器画面产生间距相等的竖条干扰	传输线的特性阻抗不匹配，应换一条传输线
色调失真	由传输线引起的信号高频段相移过大，应加相位补偿器

3. 控制主机和显示与记录部分的故障

在控制主机和显示与记录部分出现故障可能是设备损坏、调整不当等原因。控制主机和显示与记录部分常见故障及解决方案如表 4-8 所示。

表 4-8 控制主机和显示与记录部分常见故障及解决方案

故障现象	解决方案
控制主机、键盘控制失灵	① 检查控制主机是否有问题或键盘是否损坏，可用替换法或信号测量法处理 ② 信号传输距离是否过远或衰减太大，若是则应增加中继盒 ③ 系统软件是否死机，若是则应参照说明书复位

续表

故 障 现 象	解 决 方 案
监视器图像对比度太小，图像淡	① 监视器是否故障 ② 控制主机是否故障 ③ 信号传输距离是否过远或衰减太大，中间无放大或补偿装置
图像清晰度不高，细节部分丢失，严重时出现彩色信号丢失或色饱和度过低（高频端损失过大造成）	① 信号传输距离是否过远或衰减过大，中间无放大或补偿装置 ② 传输电缆分布电容是否过大 ③ 传输线的芯线与屏蔽线间是否出现了集中分布的等效电容
控制主机对图像的切换不干净	控制主机矩阵切换开关质量是否不好或损坏

4.6.3 防盗报警系统的常见故障及解决方案

防盗报警系统故障主要分为探测器故障、报警控制器故障和传输故障。前面我们已经讲过故障分析与处理常用方法与步骤，这里我们主要讲如何处理探测器故障和报警控制器故障。

1. 探测器故障

在防盗报警系统中探测器多种多样，数量繁多，探测器也经常出现各种误报、不报现象。操作员应了解各种探测器的工作原理、进出信号以便及时发现问题。探测器常见故障及解决方案如表 4-9 所示。

表 4-9 探测器常见故障及解决方案

故 障 现 象	解 决 方 案
探测器误报	① 检查探测器连接、安装位置是否正确 ② 检查探测器接线是否合适或接触不良 ③ 探测器灵敏度设置是否太高 ④ 现场是否有干扰源存在 ⑤ 匹配阻抗是否符合安装要求 ⑥ 电源是否正常 ⑦ 探测器防护罩是否安装好
探测器不报	① 探测器连线是否正确 ② 供电电源是否正常 ③ 探测器灵敏度设置是否过低 ④ 探测器安装位置是否偏离、距离是否不当 ⑤ 探测器是否损坏

2. 报警控制器故障

当报警控制器出现故障时，一般应进行如下检查。
（1）检查供电线路或供电电压是否正确。
（2）检查报警控制器的各个线路的连接是否正确。
（3）检查设备编码是否正确。
（4）检查报警控制器编程是否正确。
（5）进行自诊断，检查报警控制器自身是否有故障，此时可根据故障代码进行排除和修理。

4.6.4　智能卡系统的常见故障及解决方案

智能卡系统是一个相对复杂的系统，在调试与运行过程中会出现各种情况。在智能卡系统出现故障时首先应对智能卡系统原理、结构、连线进行分析，然后分部分检查，下面分类进行介绍。

1. 识别问题

（1）当智能卡靠近读卡器时，蜂鸣器不响，指示灯没反应，不开门。

解决方案：检查读卡器连线是否有问题、电源是否正常，检查控制器是否损坏、线路是否正常。

（2）当有效卡靠近读卡器时，蜂鸣器响一下，指示灯没反应，不开门。

解决方案：检查读卡器与控制器连线是否有问题、线路是否存在干扰。

（3）在门禁管理系统中，某一天所有的有效卡均不能开门（变为无效卡）。

解决方案：检查门禁管理系统是否设置了休息日或操作员对门禁管理系统进行了初始化，可重新对门禁控制器进行正确设置。

（4）当有效卡靠近读卡器时，蜂鸣器响一下，LED 指示灯变绿，不开门。

解决方案：检查控制器与电控锁之间的连线是否正确，检查电控锁供电是否正确，检查电控锁是否损坏。

（5）当有效卡靠近读卡器时，蜂鸣器响一下，门锁/闸门打开，但指示灯灭。

解决方案：检查控制器与电控锁是否共用一个电源，是否电控锁工作时产生的反向电势干扰导致控制器复位或电源功率不够，致使控制器与读卡器不能正常工作。

2. 控制器问题

控制器是智能卡系统的心脏，主要具备数据存储、指令发布和控制执行等功能。当控制器出现故障时，应首先检查控制器的供电电压是否正确，电源线的连接是否正确，然后检查控制器与其他设备的连接是否正确，参数的设置、工作流程的设置是否正确，并根据各个产品的操作手册对故障进行正确判断和处理。如果确认是控制器硬件问题，应及时进行设备更换与维修。

3. 通信问题

通信问题是很复杂的问题，它不仅涉及通信线路、协议，还与现场环境有关，解决通信问题需要从以下几个方面来进行。

（1）控制器与网络设备之间的接线是否正确。

（2）控制器通信方式、通信协议设置是否正确。

（3）控制器至网络设备的距离是否过长。

（4）通信接口是否正确连接或被其他程序占用。

（5）在软件设置中，设备地址号设置是否与实际连接不对应。

（6）在通信线路中是否存在各种干扰。

实　　训

实训项目：门禁管理系统的安装与调试。

实验目的：掌握门禁管理系统的原理及手工操作。

实验器材：门禁控制器 SY100、读卡器 SYRDS1-BSY 各 1 个、RVS 连接线若干、磁卡若干、电源、电控锁 1 套和出口按钮 1 个。

实验步骤：先按图纸（或说明书）连接好，检查无误后通电，再按说明书对门禁控制器进行设置使门禁管理系统正常工作。

正常工作条件：可用磁卡开门，可用出口按钮出门，无其他故障。

知识总结

安防系统是现代化智能楼宇必备的技术与系统，包括视频监控系统、防盗报警系统、门禁管理系统、电子巡更系统、车库管理系统和对讲系统。本学习情境从安防系统的系统原理、组成结构、设备、典型应用方案和常见故障及处理几方面进行了介绍。通过本学习情境的学习，读者能够了解视频监控系统的原理、组成及典型应用方案，同时可对视频监控系统常见故障进行处理及解决；能够了解防盗报警系统的原理、组成及典型应用方案，同时掌握防盗报警系统的常见故障及解决方案；能够了解智能卡系统分为门禁管理系统、电子巡更系统、对讲系统等，同时了解智能卡系统的原理、组成及常见故障，并且掌握车库管理系统的原理及组成。

复习思考题

1. 安防系统主要包括哪几个部分？它们各有什么作用？
2. 画出视频监控系统框图。
3. 试自行完成一个七层住宅四门栋的对讲系统原理图，要求画出原理图并列出配置清单。

学习情境 5　通信自动化系统

教学导航

学习任务	任务 5.1　通信自动化系统简介 任务 5.2　电话通信系统 任务 5.3　有线电视系统 任务 5.4　计算机网络系统 任务 5.5　综合布线系统	参考学时	10
能力目标	具有对通信自动化系统的认识，了解通信自动化系统的组成及各部分功能，熟悉通信设备的使用		
教学资源与载体	多媒体课件、教材、视频、作业单、工作计划单、评价表		
教学方法与策略	项目教学法，多媒体演示法，教师与学生互动教学法		
教学过程设计	教师首先介绍通信自动化系统的概念，在建立概念的基础上让学生了解通信自动化系统的组成，重点讲解通信自动化系统各部分的工作原理		
考核与评价内容	通信自动化系统的组成与功能的认识，对各部分工作原理的理解，学习态度，任务完成情况		
评价方式	自我评价（10%）小组评价（30%）教师评价（60%）		

任务 5.1　通信自动化系统简介

教师活动

教师在讲授本学习情境之前，先介绍现代通信的种类、方法，复习学习情境 1 里面有关通信的概念，说明在智能建筑里通信系统的特点。

学生活动

学生课前复习学习情境 1 里智能建筑通信系统部分，初步了解电话通信系统、有线电视系统、计算机网络系统与综合布线系统的概念。第一节课结束后学生填写的作业单如表 5-1 所示。

表 5-1　作业单

序号	通信自动化系统的组成	序号	通信自动化系统的组成

通信自动化系统与智能建筑是紧密相关的，简而言之，通信自动化系统是智能建筑的重要组成部分，是智能建筑的中枢神经系统，它主要包括电话通信、计算机网络、有线电视等系统，是实现建筑与外界联系、获取信息、感知外部世界、加强信息交流的关键系统。通过

该系统可实现信息的高速传输,确保建筑内电话、传真、可视电话、计算机等通信终端设备所产生的数字、文字、声音、图形、图像和电视等信息的传输。

通信自动化系统中的话音和数据通信设备、交换设备和其他信息管理系统彼此相连,要将这些设备与外部通信网络连接,就需要一套先进的布线系统,也是通信自动化系统中必不可少的一个重要部分,即综合布线系统,它是为了顺应发展需求而特别设计的一套布线系统。对于现代化的大楼来说,综合布线系统如体内的神经一样,它采用了一系列高质量的标准材料,以模块化的组合方式,把话音、数据、图像和部分控制信号系统用统一的传输媒介进行综合,经过统一的规划设计,综合在一套标准的布线系统中,将现代建筑的三大子系统有机地连接起来,为现代建筑的系统集成提供了物理介质。

5.1.1 通信自动化系统的组成和特点

智能建筑作为信息社会的节点,其通信系统已成为智能建筑中不可缺少的组成部分。智能建筑中的通信系统应具有对来自建筑内外各种不同信息进行收集、处理、存储、传输和检索的能力,能为用户提供包括话音、数据、图像乃至多媒体等信息的本地和远程传输的完备的通信手段和快捷、有效的信息服务。

通信自动化系统(CAS)是在保证建筑内话音、数据、图像传输的基础上,与外部通信网(如电话网、数据网、计算机网、卫星及广电网)相连,与世界各地互通信息的系统。CAS 主要由程控交换机网(PABX)和有线电视网(CATV)组成。前者是从电信系统方面发展来的,后者是从广电系统方面发展来的。随着 5G 技术的发展,智能建筑的通信自动化系统将会实现统一。

CAS 按功能划分为九个子系统,如图 5-1 所示。

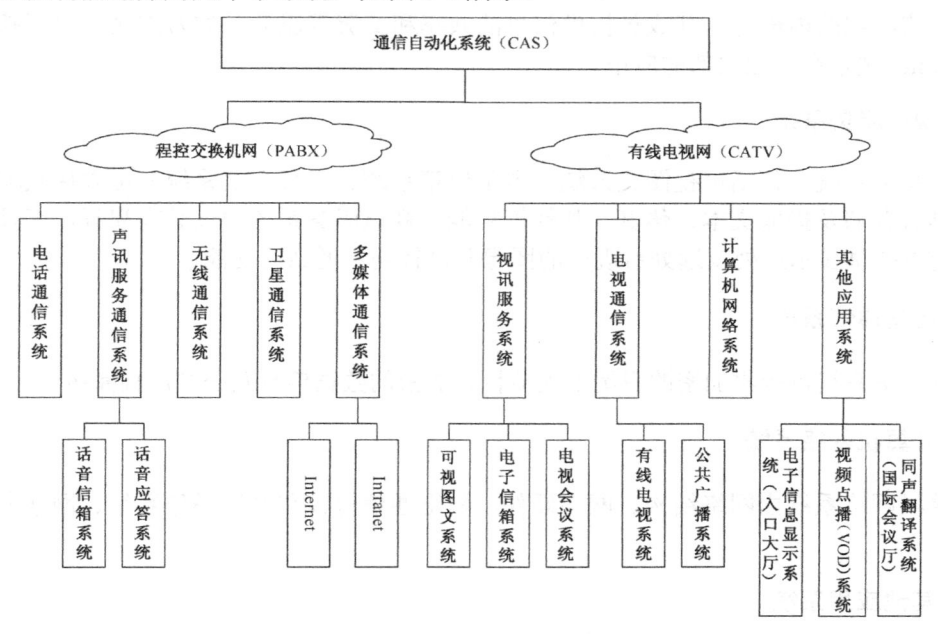

图 5-1 CAS 的功能结构图

1. 电话通信系统

电话通信系统是指通信终端设备与网络设备之间通过电缆或光缆等线路固定连接起来，进而实现用户间的相互通信的系统，其主要特征是终端设备的不可移动性或有限移动性，如普通电话、IP电话终端、传真机、无线电话、联网计算机等电话网和数据网终端设备。

2. 声讯服务通信系统（话音信箱和话音应答系统）

声讯服务通信系统可以存储外来话音，使电话用户通过话音信箱密码提取话音留言；可以自动向具有话音信箱的用户进行呼叫（当话音信箱系统和无线寻呼系统连接后），通知其提取话音留言；可以通过电话查询有关信息并及时应答。

3. 无线通信系统

无线通信系统是由发送设备、接收设备、无线信道三大部分组成的，利用无线电磁波实现信息和数据传输的系统，具备选择呼叫和群呼功能。

4. 卫星通信系统

卫星通信系统由空间段、地面段、用户段三部分组成。卫星在空中起中继站的作用，负责将地球站发上来的电磁波放大后再发送到另一地球站。通常在楼顶安装卫星收发天线和VAST通信系统，与外部组成话音和数据通道，实现远距离通信的目的。

5. 多媒体通信系统（包括Internet和Intranet）

Internet可以通过电话网、分组数据网、帧中继网接入，采用TCP/IP协议。Intranet是一个企业或集团的内部计算机网络，是一个与Internet使用同样技术的计算机网络，通常建立在一个企业或组织的内部并为其成员提供信息的共享和交流等服务，如万维网、电子邮件等，属于Internet技术在企业内部的应用。

6. 视讯服务系统

视讯服务系统（包括可视图文系统、电子信箱系统、电视会议系统）可以接收动态图文信息，具有存储及提取文本、传真、邮件等功能。视讯服务系统通过具有视频压缩技术的设备向使用者提供显示近处或远处可观察的图像并进行同步通话的功能。

7. 电视通信系统

电视通信系统可接收加密的卫星电视节目、加密的数据信息及公共广播系统。

8. 计算机网络系统

计算机网络系统由网络结构、网络硬件、网络通信协议和网络操作系统、网络安全部分等组成。

9. 其他应用系统

其他应用系统包括电子信息显示系统（入口大厅）、视频点播（VOD）系统（客房）、同声翻译系统（国际会议厅）等。

任务 5.2　电话通信系统

5.2.1　电话通信的基本原理

1. 电话通信原理

当主叫用户在终端的送话器前讲话时，声波通过空气振动作用在送话器上，使送话电路内产生相应的电信号，产生的电信号经传输设备和交换机送至终端的受话器，受话器收到电信号后把它转变为声波，声波通过空气振动传到被叫用户的耳朵。如果被叫用户讲话，主叫用户收听，则终端的送话器将被叫用户的话音通过送话器转变为电信号，传输到终端，还原为声波，声波振动空气而被主叫用户听到。拨号脉冲电话的原理图如图 5-2 所示。可见，声波在发送端通过送话器转变为电信号，电信号由传输设备送至接收端，接收端通过受话器将电信号转变为声波，这就是电话通信的基本原理。

2. 电话通信的过程

以两市话用户的一次通话为例，电话通话过程从主叫用户摘机开始，到双方挂机结束，这一完整的过程包括用户呼出阶段、数字接收及分析阶段、通话建立阶段、通话阶段和呼叫释放阶段，如图 5-3 所示。电话通信系统的整个运作应保证这一系列操作的正确有序完成。

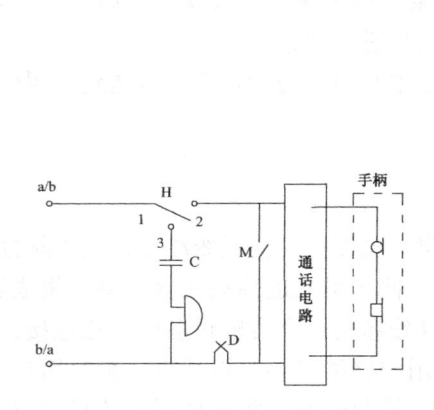

图 5-2　拨号脉冲电话的原理图 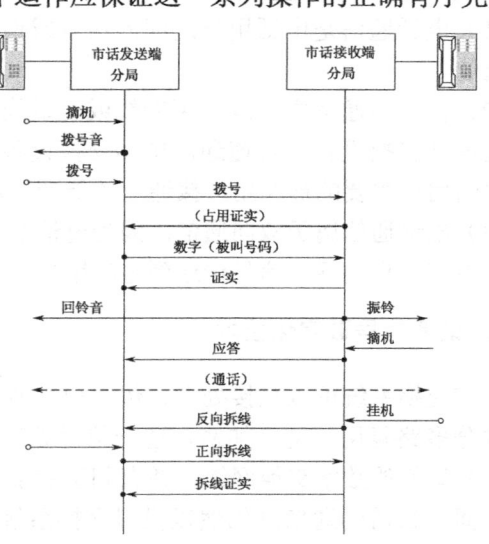　　　图 5-3　市话网中两分局用户接续示例图

3. 计算机网络电话通信原理

计算机网络电话通信系统利用现有的计算机网络组成电话通信网络，电话通信网络中的每一个计算机节点通过通用串行总线（USB）接口连接电话终端，每个电话终端连接 4 个用户

话机，每个用户话机可拥有独立的电话号码，并可通过扩展网络节点或通过 USB 接口扩展电话终端的方法增加电话用户数量。计算机网络电话通信系统组成框图如图 5-4 所示。

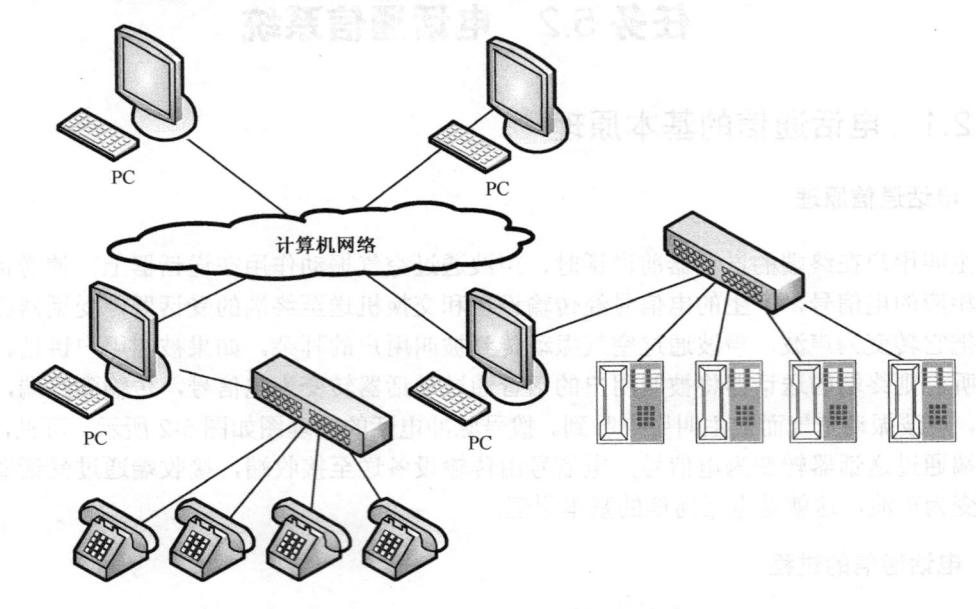

图 5-4 计算机网络电话通信系统组成框图

4. 电话通信的特点

（1）电话通信是电话用户之间的话音或话音兼图像通信，它由交换系统建立，属于点到点的通信。

（2）在电话通信中，除采用专线或对讲线固定连接一对电话终端外，用户之间的通话都须经过电话交换设备进行连通。电话交换设备在接收主叫用户送来的选择信号后，把主叫用户和主叫用户需要的被叫用户接通，才能使这对电话用户进行通话。

（3）电话通信属于双向通信。因为电话通信既要把主叫用户的话音信号传送到被叫用户，又要把被叫用户的话音信号传送到主叫用户。

5. 话音信号数字化技术

数字交换系统可以直接处理、传送和交换数字信息，与模拟交换系统相比，抗干扰性强，易于时分多路复用，便于加密，适于信号处理和控制，便于引入远端集线器，易于集成容量大、阻塞率低的数字交换网络，并有利于实现数字交换设备与数字传输设备的直接连接。

然而，目前的通信网仍然以模拟交换系统为主，用户终端多为模拟话机，来自用户线的话音信号要进入数字交换机，须先在用户接口电路进行模数转换，将模拟话音信号编码成数字话音信号。

话音信号的数字化方法很多，常用的有脉冲编码调制（PCM）、增量调制（DM）、线性预测编码（LPC），以及某些改进的方案，如插值 PCM（DPCM）、自适应插值 PCM（ADPCM）与自适应 DM（ADM）等。在程控交换机系统中，除个别的应用外，基本采用 PCM 数字化方法。

6. 多路复用技术

为提高信道的利用率，通常采用多路复用技术（Multiplex），将若干路信息综合于同一信道进行传送。目前常用的复用方式主要有两类：频分复用（FDM）与时分复用（TDM），它们分别按频率或时间划分信道。

对于 FDM，信道的可用频带被分割成若干互不交叠的频段，每路信号的频谱占用其中一段，以实现多路相加的 FDM 信号在同一信道中传输。在接收端，可以采用适当的带通滤波器将多路信号分开，从而恢复出所需要的信号。FDM 是一种传统的技术，目前广泛应用于载波电话通信，在程控交换机系统中有时也利用用户载波技术进行线对增容。

TDM 将信道按时间加以分割，各路话音抽样信息依一定的次序轮流地占用某一时段（或时隙），从而实现多路复用。

5.2.2 电话通信系统的组成

电话通信系统的作用是提供从一个终端到另一个终端传送话音信息的通道，这一系统包括终端设备、传输设备、交换设备三个部分。

在电话通信系统中，终端设备通常是电话。尽管电话的制式多种多样，但其基本功能都是将用户发话的话音信号或话音兼图像信号转换成电信号，同时将对方终端设备送来的电信号还原为话音或话音兼图像信号。另外，终端设备还具有产生和发送表示用户接续要求的控制信号的功能，这类控制信号包括用户状态信号和建立接续的选择信号等。固定电话网的终端设备与移动电话网的终端设备在技术上有较大的差别。

传输设备是指终端设备与交换中心及交换中心与交换中心之间的传输线和相关的设备。传输设备根据传输媒介的不同分为有线传输设备和无线传输设备。传输设备传输的电信号既可以为模拟信号，也可以为数字信号。利用传输设备可以将电信号或光信号传送到远方。交换设备根据主叫终端发出的选择信号来选择被叫终端，使这两个终端建立连接。连接主被叫之间电路的交换工作有时须经过多级才能完成。交换设备有各种不同的制式，但相互之间通过接口技术能够协调工作。

下面介绍电话通信系统的核心部分——程控交换机。

1. 程控交换机的组成

程控交换机的主要任务是实现用户间通话的接续，基本划分为两部分：话路设备和控制设备（见图 5-5）。话路设备主要包括各种接口电路（如用户线接口电路和中继线接口电路等）和交换（或接续）网络。控制设备在纵横制交换机中主要为标志器与记发器，而在程控交换机中，控制设备则为电子计算机，包括中央处理器（CPU）、存储器和 I/O 系统。

程控交换机实质上是采用计算机进行存储程序控制的交换机，它将各种控制功能、方法编成程序，存入存储器，利用对外部状态的扫描数据和存储程序来控制、管理整个交换系统的工作，如图 5-6 所示。

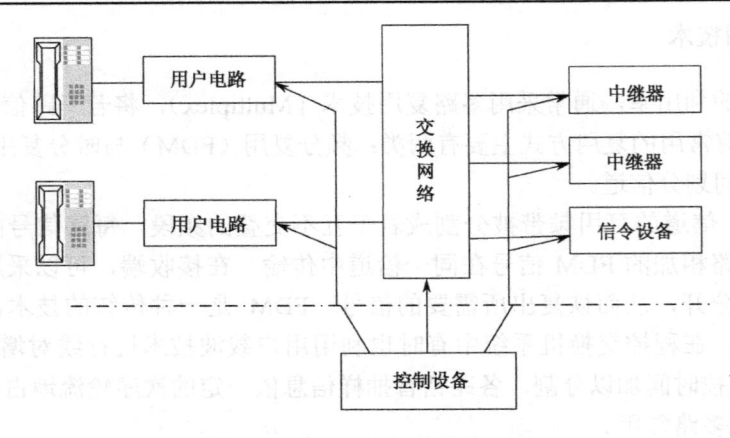

图 5-5 程控交换机的基本组成

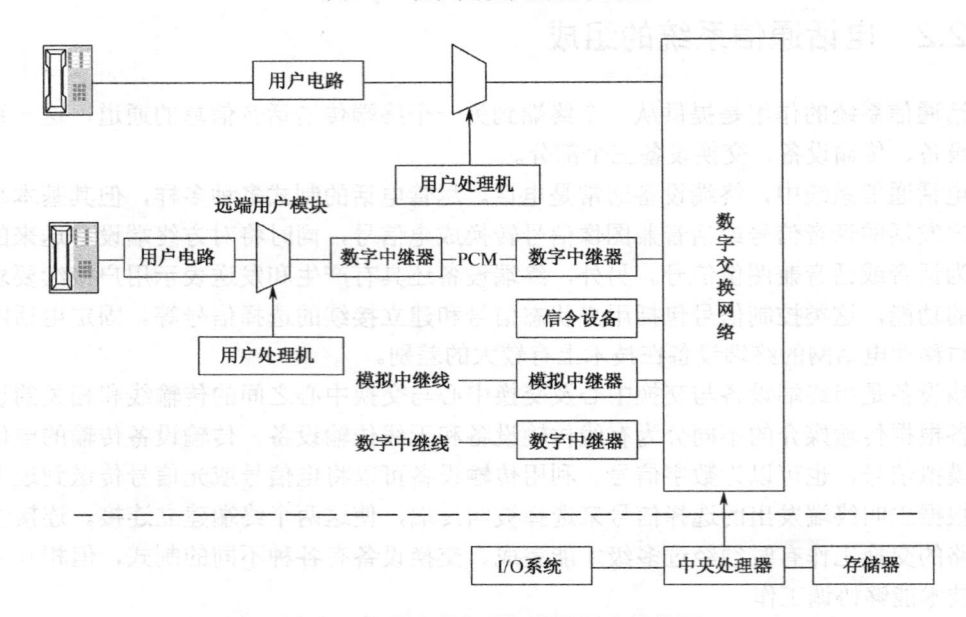

图 5-6 程控交换机的硬件的基本结构图

1) 交换网络

交换网络的基本功能是根据用户的呼叫要求，通过控制设备的接续命令，建立主叫与被叫用户间的连接通路。在纵横制交换机中采用由各种机电式接线器（如纵横接线器、编码接线器、笛簧接线器等）组成的交换网络，在程控交换机中主要采用由电子开关阵列组成的空分交换网络和由存储器等电路组成的时分接续网络。

2) 用户电路

用户电路的作用是实现各种用户线与交换机之间的连接，通常又称为用户线接口电路（SLIC）。根据交换机制式和应用环境的不同，用户电路有多种类型。对于程控交换机来说，用户电路目前主要有与模拟话机连接的模拟用户电路（ALC）及与数字话机、数据终端（或终端适配器）连接的数字用户电路（DLC）。

模拟用户电路是为适应模拟用户环境而配置的接口，其基本功能如下。

（1）馈电。交换机通过模拟用户电路向共电式话机直流馈电。

（2）过电压保护。模拟用户电路可以防止用户线上的电压冲击或过电压而损坏交换机。

（3）振铃。模拟用户电路可以向被叫用户话机馈送铃流。

（4）监视。模拟用户电路可以借助扫描点监视用户线通断状态，检测话机的摘机、挂机、拨号脉冲等用户线信号并转送给控制设备，以传达用户的忙闲状态和接续要求。

（5）编解码。模拟用户电路可以利用编码器和解码器、滤波器完成话音信号的模数与数模交换，并充当与数字交换机的数字交换网络接口。

（6）混合。模拟用户电路可以进行用户线的 2/4 线转换，以满足编解码与数字交换机对四线传输的要求。

（7）测试。模拟用户电路可以提供测试端口，进行用户电路的测试。

3）中继器

中继器是中继线与交换网络间的接口电路，用于交换机中继线的连接。中继器的功能和电路与所用的交换系统的制式及局间中继线传送信号的方式有密切的关系。对于模拟中继器（ATU），其作用是实现模拟中继线与交换网络的连接，基本功能一般如下。

（1）发送与接收表示中继线状态（如示闲、占用、应答、释放等）的线路信号。

（2）转发与接收代表被叫号码的记发器信号。

（3）供给通话电源和信号音。

（4）向控制设备提供所接收的线路信号。

对于最简单的情况，某一交换机的中继器通过中继线与另一交换机连接，并采用用户环路信令，则该中继器的功能与作用等效为一部话机。若采用其他更复杂的信号方式，则中继器应实现相应的话音、信令的传输与控制功能。

4）控制设备

控制设备是程控交换机的核心，其主要任务是根据外部用户与内部维护管理的要求，执行存储程序等各种命令，以控制相应硬件实现交换及管理功能。

控制设备的主体是微处理器。控制设备按配置与控制工作方式的不同，可分为集中控制设备和分散控制设备两类。为了更好地适应软硬件模块化的要求，提高处理能力及增强系统的灵活性与可靠性，目前程控交换机系统的分散控制程度日趋提高，已广泛采用部分或完全分布式控制方式。

2. 信令系统

在交换机内各部分之间或交换机与用户、交换机与交换机之间，除传送话音、数据等业务信息外，还必须传送各种专用的附加控制信号（信令），以保证交换机协调动作，完成用户呼叫的处理、接续、控制与维护管理功能。

按作用区域划分，信令可分为用户信令与局间信令，前者在用户线上传送，后者在局间中继线上传送。按功能划分，信令可分为监视信令、地址信令与维护管理信令。

1）用户信令

用户信令是在用户与交换机之间的用户线上传送的信令。对于模拟用户线，这种信令包括以下几种。

（1）监视信令。

监视信令反映直流用户环路通断的各种用户状态信号，如主叫用户摘机（呼出占用）、主叫用户挂机（正向清除或拆线）及被叫用户摘机（应答）、被叫用户挂机（反向清除或拆线）等信号。交换机检测到这些信号时便会执行相应的软件，产生有关的动作，如交换机向主叫用户发送拨号音或忙音、回铃音等，或者向被叫用户馈送振铃音等。

（2）地址信令（被叫号码）。

地址信令为主叫用户发送的被叫号码，交换机识别地址信令后控制交换网络进行接续。目前广泛应用的模拟话机有两类：脉冲式话机与双音频式话机。

① 脉冲式话机。脉冲式话机发送直流脉冲信号，通过拨号控制用户环路电路断续而产生直流脉冲串。

② 双音频式话机。双音频式话机在发送拨号信号时，不使用脉冲信号，而使用同时发送的"双音"表示一个数字。

2）局间信令

局间信令是在交换机或交换机局间中继线上传送的信令，用以控制呼叫的接续。由于目前使用的交换机制式和中继传输信道类型很多，组网涉及面广，因此局间信令比较复杂。根据信令通道与话音通路的关系，可将局间信令分为随路信令（CAS）与共路信令（CCS）；若按信道与信号的形式，又可将局间信令分为直流、交流与数字型信令。

各种机电式交换机都采用随路信令，虽然目前程控交换机仍多采用随路信令，但它一般具有采用共路信令的功能与潜力。采用先进的共路信令是当前程控交换技术的一个重要发展方向。

（1）随路信令传送。

随路信令传送将话路所需要的控制信号由该话路本身或与之有固定联系的一条信令通道来传送，即用同一通路传送话音信息和与其相应的信令。

（2）共路信令传送。

共路信令传送将一组话路所需的各种控制信号集中到一条与话音通路分开的公共信号数据链路上进行传送。CCITT No.7 信令系统是一种较先进、应用较广泛的国际标准化共路信令系统，由于它将信令通道和话音通路分开，可采用高速数据链路传送信令，因而具有传送速度快、呼叫建立时间短、信号容量大、更改与扩容灵活及设备利用率高等优点。

5.2.3 典型应用方案

某酒店电话通信系统由交换设备、传输设备、终端设备组成。酒店采用 1200 门程控交换机设备，话务台功能较强。数字式程控交换机可以根据酒店的不同需要实现众多的服务功能，如系统功能、话务功能和用户分机功能，还具有选择功能（包括无线寻呼功能即通过交换机与寻呼主机连接实现寻呼功能及酒店管理功能，如登记结账、话务计费、状态输入、账单打印、读卡等）。

酒店的电话机房设在地下层，包括传输设备室、交换机房及话务室。

酒店的电话线路配线方式采用单独式，其特点是故障范围小，检修、扩建改造简单。酒店各楼层的电话线路布线方式采用放射式。酒店电话线路采用 3 类 4 对双绞线，电话终端采用 RJ11 插口，这样不仅通话质量高，还能满足用户拨号上网的需要。

在各楼层电话分线箱的选择上，应尽量留有余量，以备将来扩展。酒店用户通过 PSTN/ISDN

接入 Internet 的结构如图 5-7 所示。

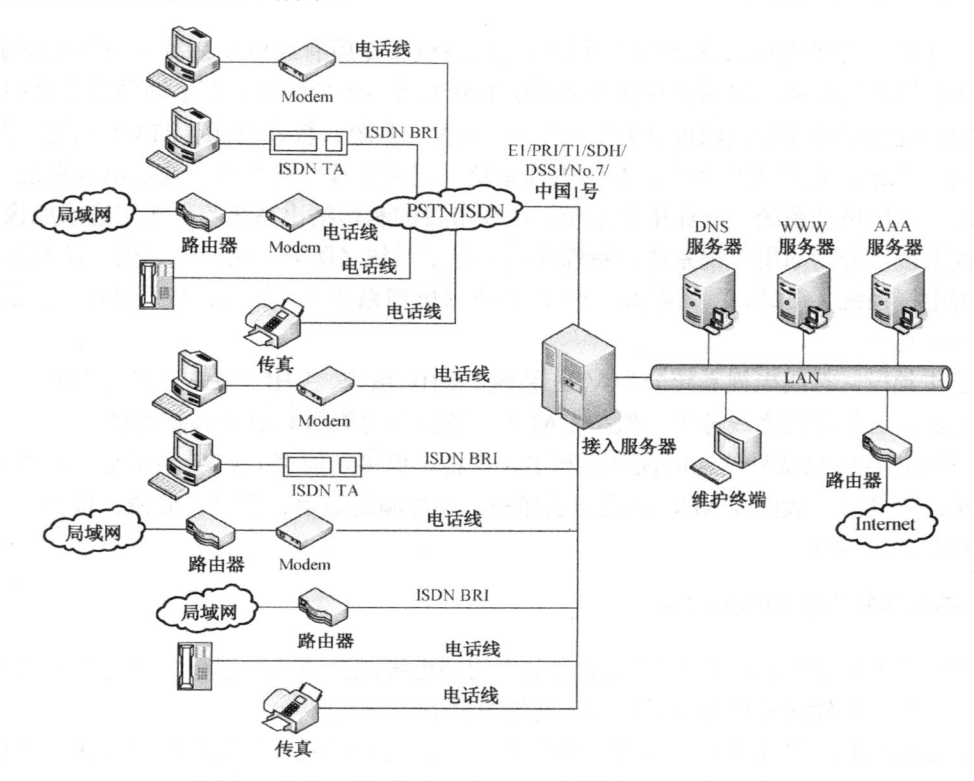

图 5-7　酒店用户通过 PSTN/ISDN 接入 Internet 的结构

任务 5.3　有线电视系统

5.3.1　有线电视系统原理

在智能建筑工程设计中，有线电视系统是为了满足人们使用功能的需求而普遍设置的基本系统，该系统将随着人们对电视收看质量要求的提高和有线电视技术的发展，在应用和设计技术上不断地提高，从目前我国智能建筑的建设来看，此系统已经成为必不可少的部分。

1. 有线电视系统的定义

有线电视系统（CCTV 系统）是采用线缆作为传输媒介来传送电视节目的一种闭路电视系统，它以有线的方式在电视中心和用户终端之间传递声音、图像信息。所谓闭路，是指不向空间辐射电磁波。

用 CCTV 系统称呼有线电视系统，容易与中国中央电视台的英文缩写 CCTV 混淆，所以国内常常使用 CATV 系统这个词（公用天线电视 Community Antenna Television 或电缆电视 Cable Television）。

2. 有线电视系统的分类

按用途分，有线电视系统分为广播有线电视系统和专用有线电视系统（应用电视系统）两种。随着技术的发展，这两种有线电视系统的界限已不十分明显，有逐渐融合交叉的趋势。

应用电视系统按应用领域可分为工业电视（ITV）系统、教育电视（ETV）系统、医用电视（MTV）系统、电视电话系统、会议电视系统、交通管理电视系统、通信电视系统、监视电视系统、军用电视系统、农业电视系统、电视节目的制作播出系统等。按用途或成像方式，应用电视系统可分为通用电视系统，特殊环境用电视系统（防光、防尘、防爆、防高温），特殊目的用电视系统（跟踪、测量等），特殊成像方式电视系统（X射线、红外热释电、紫外线、超声波等）几种。

按工作频段，有线电视系统分为VHF系统、UHF系统、VHF+UHF系统等几种。

按功能，有线电视系统分为一般型CATV系统和多功能型CATV系统两种。

一般型CATV系统只传送电视节目和FM广播，而多功能型CATV系统是一种宽带综合网络系统，除具有一般型CATV系统的功能外，还能满足通信、信息、监控、报警、综合服务等多种业务的需要。

3. 有线电视系统的传输方式

应用电视系统和广播有线电视系统均采用同轴电缆或光缆或微波作为电视信号的传输媒介。电视信号在传输过程中普遍采用两种传输方式。

一种是射频信号传输方式，又称高频传输方式；另一种是视频信号传输方式，又称低频传输方式。应用电视系统采用视频信号传输方式，而广播有线电视系统通常采用射频信号传输方式，且保留着无线广播制式和信号调制方式，因此，并不改变电视接收机的基本性能。

广播有线电视系统在进行中长距离传输时，通常采用隔频道传输、邻频道传输、增补频道传输、双向传输等方式，其传输媒介一般是同轴电缆、光缆、平衡电缆等有线传输媒介。广播有线电视系统在进行远距离传输时，除采用光缆和同轴电缆——光缆混合方式外，还常用微波和卫星等无线传输媒介。因此，有人把微波和卫星传输称为"有线中的无线传输"和"无线中的有线传输"。

4. 有线电视系统的无线传输方式

有线电视系统的无线传输方式主要有卫星传输方式和微波传输方式两种。

微波传输方式主要利用多频道微波分配系统（MMDS）和调幅微波链路（AML）传送电视信号。其中，MMDS的工作频段为2.5GHz～2.7GHz，带宽为200MHz，可容纳24个PAL制电视频道。AML的工作频段为12.7GHz～13.2GHz，带宽为500MHz，可传送50路左右的PAL电视信号。

卫星传输方式利用卫星直接转发电视信号，卫星的载频高，频带宽，传输容量大，C频段、K1频段均为500MHz的带宽，K2频段的带宽为200MHz，通信容量之大是微波传输方式不可比拟的。卫星电视的信号很弱，虽然卫星转发器的功率一般都在100W以上，但由于传播距离太远，到达地面的场强仅为10～100μV/m，而一般卫星接收机的灵敏度为50μV/m（VHF）和

300μV/m（UHF），因此，为了正常收看卫星电视，须采用强方向性的接收天线和高灵敏度的卫星接收机。

卫星电视接收系统通常由接收天线、馈源、高频头、卫星接收机和调制器组成。接收天线收集卫星转发的电磁波信号，并由馈源传送给高频头，高频头将接收天线接收的电磁波信号经低噪声放大和下变频后由同轴电缆传送给卫星接收机，再经过调制器使若干个节目共用一条线路。

5. 有线电视系统的工作频段及频道

有线电视系统的工作频段包含 VHF 和 UHF 两个频段。其中，与表 5-2 对应的频道称为标准电视频道，常用 DS 来表示。A、B 频段对应有线电视系统的增补频道，称为非标准频道，常用 Z 来表示。此外，5～30 频段为上行频段，即用户终端向有线电视系统前端传送信号所用的频段，而其他频段为下行频段。

表 5-2　Z-1～Z-16 频道分配表

频段	频道	图像载频/MHz	伴音载频/MHz	频带/MHz	中心频率/MHz
A	Z-1	112.25	118.75	111～119	115
	Z-2	120.25	126.75	119～127	123
	Z-3	128.25	134.75	127～135	131
	Z-4	136.25	142.75	135～143	139
	Z-5	144.25	150.75	143～151	147
	Z-6	152.25	158.75	151～159	155
	Z-7	160.25	166.75	159～167	163
B	Z-8	224.25	230.75	223～231	227
	Z-9	232.25	238.75	231～239	235
	Z-10	240.25	246.75	239～247	243
	Z-11	248.25	254.75	247～255	251
	Z-12	256.25	262.75	255～263	259
	Z-13	264.25	270.75	263～271	267
	Z-14	272.25	278.75	271～279	275
	Z-15	280.25	286.75	279～287	283
	Z-16	288.25	294.75	287～295	291

一般在 VHF 频段，主要防止邻频干扰，只需要间隔一个频道就可防止相互干扰。而在 UHF 频段，不仅要防止邻频干扰，还要防止镜（像）频（率）干扰，电视接收机本身泄漏及交、互调干扰等，常常需要间隔 4～6 个频道。有线电视系统在频道数不是很多时也通常采用隔频道传输。但是，如果频道数较多或频道范围有限，则要采用邻频道传输。邻频道传输是增加有线电视频道的一种有效方法，但是，它对前端设备和电视接收机的要求都很高。

邻频道指的是相邻的标准电视频道。应当指出，有线电视系统的工作频段及频道指的是在干（支）线中传输的信号的频段及频道，并不是指前端设备接收信号的频段及频道。

增补频道传输也是增加有线电视频道的一种方法。增补频道是非标准频道，它是在国家规定的标准电视频道没有采用的频段中增设的电视频道，只有在有线电视中才使用，其带宽与标准电视频道一样，均为 8MHz。CATV 的频道划分表如表 5-3 所示。

表 5-3　CATV 的频道划分表

频带范围/MHz	系统种类	国标电视频道数/个	增补频道数/个	总频道数/个
48.5～223	VHF 系统	12	7	19
48.5～300	300MHz 系统	12	16	28
48.5～450	450MHz 系统	12	35	47
48.5～550	550MHz 系统	22	36	58
48.5～600	600MHz 系统	24	40	64
48.5～750	750MHz 系统	42	41	83
48.5～860	860MHz 系统	55	41	96
48.5～958	VHF+UHF 系统（含增补）	68	41	109

6. 有线电视系统的特性及功能

有线电视系统的发展十分迅速，主要因为它有如下特性。

1）高质量性

有线电视系统的高质量性主要表现在两个方面，一是其能改善弱场强区和阴影区的电视接收质量；二是其抗干扰性好。

2）广带宽性

同轴电缆、光缆和微波及卫星转发器的频带都很宽，可容纳多个电视频道，并可传输其他信息。

3）保密性和安全性

有线电视系统以闭路的方式传输信号，受外部干扰和向外部泄漏都很少，具有很强的保密性和安全性。

4）反馈性

有线电视系统可以实现双向传输，既可由有线电视中心向用户正向（下行）传送电视节目或其他信息，也可由用户向有线电视中心反向（上行）传送电视节目或其他信息。

5）控制性

控制性指的是有线电视中心对多个干线放大器的监控和对各电视用户的可寻址控制，从而实现付费电视或有偿服务。

6）灵活性

有线电视系统与环境没有密切的关系，形式多样，灵活机动。

7）发展性

有线电视系统的发展性表现在很多方面。例如，前端设备从接收放大信号到接收转播信号，再到自办节目和接收卫星节目；传输媒介从同轴电缆到光缆、微波，再到三者的混合等。有线电视系统的基本功能是传送电视和 FM 广播节目，还具有其他的功能，如计算机联网、市话入网、数据库、系统自检、用户管理、高清晰度电视、图文电视、电视电话、数字音频、付费电视、信息查询、电视购物、安全监控、防火防盗、来客找人、医疗急救等功能。总之，有线电视系统具有娱乐、社政、经济、教育与科学、研究与训练、管理、监视、综合服务和特殊服务等功能，能较好地满足人们的工作、生活、娱乐等需要。

5.3.2 有线电视系统基本组成

1. 基本组成

有线电视系统一般由信号源、前端信号处理单元、干线传输分配系统、用户分配网络和用户终端组成，如图 5-8 所示。有线电视系统主要由前端、干线传输和分配系统三部分组成，如图 5-9 所示，系统的供电、防雷等设备均分散在上述各部分内。有线电视系统的载频高（大于或等于 550MHz）、干线传输距离远、分配户数多，而且大多是双向传输系统。有线电视系统为了增加节目频道的数量，除播放自办节目外，一般还要接收其他台的开路信号。

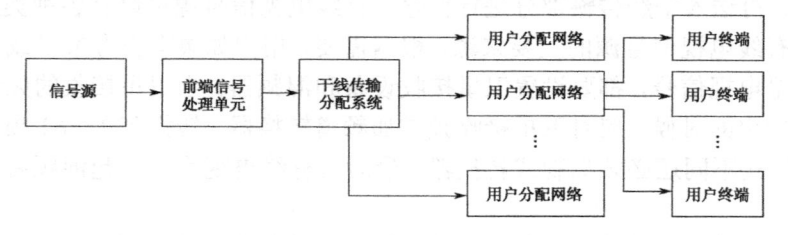

图 5-8 有线电视系统组成框图

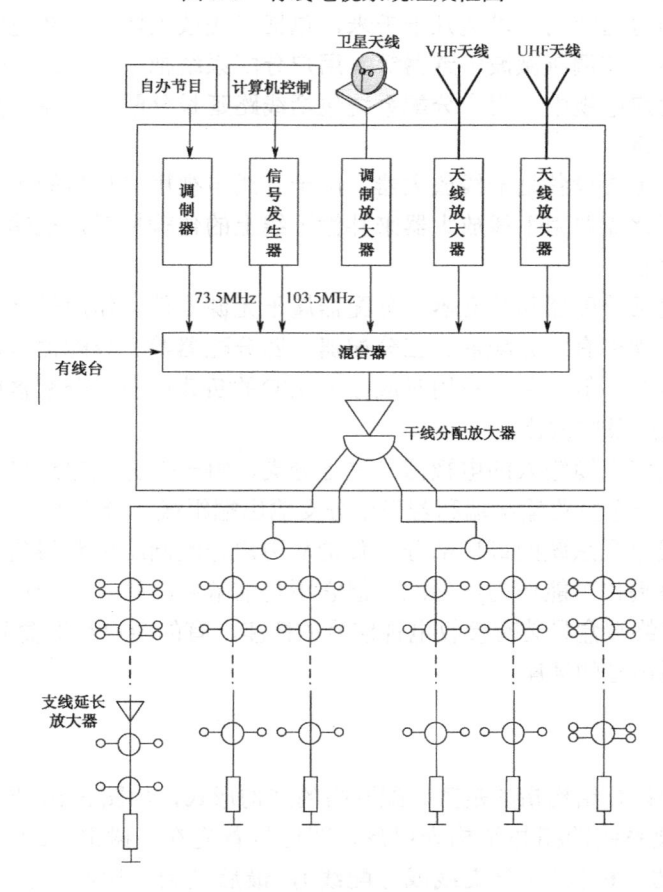

图 5-9 有线电视系统的主要组成

信号源通常包括卫星地面站、微波站、无线接收天线、有线电视网、电视转播车、录像机、摄像机、电视电影机、字幕机等。

前端部分提供有线电视信号源，主要包括混频器、卫星接收设备等，是有线电视系统用来处理自办节目信号和由天线接收的各种无线信号的设备，是有线电视系统的心脏。前端部分的主要任务是对送入前端的各种信号进行技术处理，将它们变成符合系统传输要求的高频电视信号，并将各种电视信号混合成一路，馈送给系统的干线传输部分。一个典型的 VHF 有线电视系统前端部分包括闭路和开路两个部分，闭路部分有录播用的录像机和直播用的摄像机、灯光等设备，开路部分包括 VHF、UHF、FM、微波中继器和卫星转发的各种频段的接收设备，接收的信号经频道处理和放大后，与闭路信号一起送入混频器，输出一路宽带复合有线电视信号，再送入干线传输部分进行传输。有线电视信号源可以有各种类型，物业有线电视输出端是有线电视信号源的主要来源，根据需要，用户如果有自办节目或要接收市有线电视以外的卫星电视信号，都要设置卫星接收设备和混频器。当卫星接收的频道与有线电视播放的频道有冲突的时候，应对卫星接收频道加频道转换器，转换到 1~64 频道中的某一空余频道，如果制式不同还必须加制式转换器，最后与有线电视系统一起混频后传向用户电视系统。

干线传输部分是一个传输网，负责把前端混合后的电视信号高质量地传送到用户分配系统。干线传输部分的传送距离可以达几十千米，包括干线放大器、干线电缆、光缆、多路微波分配系统（MMDS）和调频微波中继器等。用户分配系统把来自干线传输部分的信号分配传送到千千万万的用户电视中。用户分配系统包括线路延长分配放大器、分支器、分配器、用户线及用户终端盒等。

干线传输部分的主要设备是干线放大器。由于有线电视用户总数的不同，需要干线提供的信号大小不同，因此需要用干线放大器来补偿干线上的传输损耗，把输入的有线电视信号调整到合适的大小后输出。

分配系统部分包括分配器和分支器。分配器属于无源器件，作用是将一路电视信号分成几路电视信号输出，规格有二分配器、三分配器、四分配器等。分配器可以相互组成多路分配器，但分配出的线路不能开路，不用时应接入 75Ω 的负载电阻。分配器的主要技术指标是分配损失、分配隔离度及驻波比。

分支器的作用是将电缆输入的电视信号进行分支，每一个分支电路接一台电视。分支器由一个主路输入端、一个主路输出端和若干个分支输出端组成，分支器都是串接在干线上的。

用户终端是有线电视系统的最后部分，负责从用户分配网络中获得信号。在双向有线电视系统中，某用户终端也可能作为信号源，但它不是前端或首端。每个用户终端都装有用户终端盒，简单的用户终端盒只装有接收电视信号的插座，有的用户终端盒分别装有接收电视、调频广播和有线广播信号的插座。

2. 拓扑结构

有线电视系统的拓扑结构指的是其分配网络的结构形式，如图 5-10 所示。

传统的有线电视系统的拓扑结构为树形，即信号首先在"树根"（前端）产生，然后沿"主干"（干线）到达"树枝"（分支线或分配线），最后送到"树叶"（用户）。

(a) 环形　　　　　　　(b) 树形　　　　　　　(c) 星形

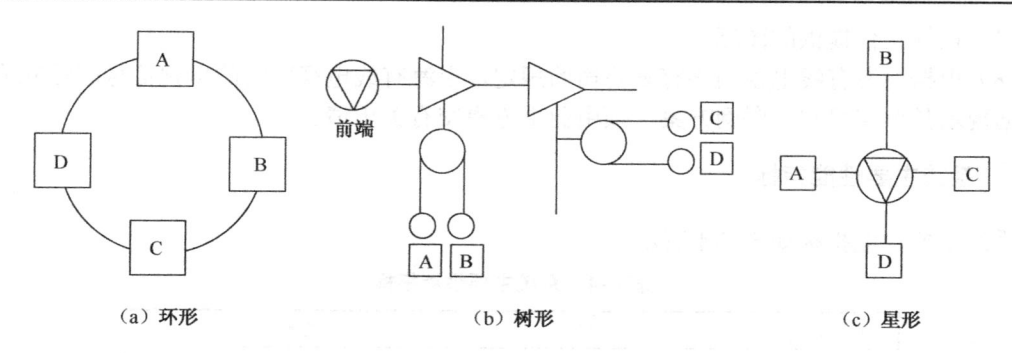

图 5-10　有线电视拓扑结构图

进入 20 世纪 90 年代，光纤传输系统在有线电视系统中得到了大量的应用。光纤的突出优点是损耗小，因此传输距离远，载噪比高。对光纤传输系统来说，常用的拓扑结构有树形、星形和环形。

光纤和微波直接到终端在技术上没有障碍，但目前成本太高，服务商和用户均无法承受，所以目前较为先进的有线电视网均为混合网。总之，有线电视系统的拓扑结构有树形、总线型、星形、环形及它们的组合。树形用得最普遍，一般用于本地网（区域内服务）；星形主要用于区域间互连；总线型主要用于远距离传输；环形多用于双向有线电视。

5.3.3　典型应用方案

1. 概述

某城市广场上一处新型的商业建筑由一幢高级酒店及一幢商务楼组成。作为这幢现代化建筑弱电系统的重要组成部分，本次 CATV 系统项目采用国际先进的 860MHz 双向传输系统，不仅能可靠、有效地传输闭路电视信号及卫星电视信号，而且能为今后综合业务的开展提供良好的平台。

2. 系统设计的总体要求和理论依据

系统设计以标书及国家有关标准为依据，充分研究了国内外及公司 CATV 系统的先进技术资料和经验，并结合广场的实际情况，设计出符合广场 CATV 系统项目的方案。

3. 系统设计引用的主要技术标准

（1）GB 6510－86《30MHz～1GHz 声音和电视信号的电缆分配系统》。
（2）GY/T 106－92《有线电视广播系统技术规范》。
（3）GY/T 106－99《有线电视广播系统技术规范》。
（4）GB 7401－87《彩色电视图像质量主观评价方法》。
（5）《上海市有线电视工程工艺、安全和施工规范》。
（6）《国家广播电视总局关于下发 2003 年度三星级以上涉外宾馆等单位可申请接收的境外卫星电视频道范围的通知》。

（7）招标文件提供的图纸。

（8）根据上海有线电视网络有限公司的规定，上海有线电视网络的电视信号应独立成网，并根据现场具体情况实施联网方案，须由业主方提交有关申请。

4. 系统主要性能指标

系统主要性能指标如表5-4所示。

表5-4 系统主要性能指标

序号	内容	技术要求
1	频率范围	30MHz～860MHz
2	传输方式	860MHz邻频道传输
3	相邻频道间电平差	2 dB
4	系统电视输出电平	60～80 dB
5	伴音对图像电平差	−23～−14 dB
6	载噪比	≥43 dB
7	载波互调比	≥54 dB
8	载波组合三次差拍比	≥54 dB
9	邻频抑制	≥60 dB
10	相互隔离度	≥22dB
11	系统出口阻抗	75Ω

5. 系统规模、模式及网络结构

广场CATV系统的有线电视用户终端设计为530个，覆盖所有的客房、套房、会议室、餐饮娱乐场所及办公场所，业主可根据装饰及租赁的需求在区域范围内灵活地设置终端。系统最大传输距离约为360m，为了保证系统信号的高质量，特别是上行通道内信号的质量，本设计采用多重屏蔽电缆的方法，大大提高了系统的性能。

广场CATV系统采用860MHz双向传输方式。其中：
- 传输模拟电视信号　　85MHz～860MHz
- 传输反向数字信号　　5MHz～60MHz
- 传输数字电视信号　　550MHz～860MHz

本CATV系统网络由前端部分（前端＋监控机房）和分配系统部分（电缆支干网络＋用户树形分接网络）两部分组成。

任务5.4　计算机网络系统

计算机网络系统是指将地理位置不同的具有独立功能的多台计算机及其外部设备，通过通信线路连接起来，在网络操作系统、网络管理软件及网络通信协议的管理和协调下，实现资源共享和信息传递的系统。

5.4.1 计算机网络的发展

计算机网络的发展大致经历了以下四个阶段。

1. 第一阶段：诞生阶段

20 世纪 60 年代中期之前的第一代计算机网络是以单个计算机为中心的远程联机网络，其典型代表是由一台计算机和全美范围内 2000 多个终端组成的飞机订票系统。第一代计算机网络的终端是一台计算机的外部设备，包括显示器和键盘，不包括 CPU 和内存。随着远程终端的增多，在主机前增加了前端机（FEP）。

2. 第二阶段：形成阶段

20 世纪 60 年代中期至 20 世纪 70 年代的第二代计算机网络是多个主机通过通信线路连接起来，为用户提供服务的网络，其典型代表是美国国防部高级研究计划局协助开发的美国官方的计算机网络（ARPANET）。第二代计算机网络的主机之间不是直接用线路相连的，而是由接口报文处理机（IMP）转接后相连的。IMP 和它们之间连接的通信线路一起负责主机间的通信任务，组成了通信子网。通信子网连接的主机负责运行程序，提供共享资源，组成资源子网。

3. 第三阶段：互联互通阶段

20 世纪 70 年代末至 20 世纪 90 年代的第三代计算机网络是具有统一的网络体系结构并遵守国际标准的开放式和标准化的网络。ARPANET 兴起后，计算机网络发展迅猛，各大计算机公司相继推出自己的网络体系结构及实现这些结构的软硬件产品。由于没有统一的标准，不同厂商的产品之间的连接很困难，人们迫切需要一种开放性的标准化实用网络环境，由此产生了两种国际通用的重要体系结构，即 TCP/IP 体系结构和国际标准化组织的 ISO 体系结构。

4. 第四阶段：高速网络技术阶段

20 世纪 90 年代至今的第四代计算机网络，由于局域网技术发展成熟，出现光纤及高速网络技术，整个网络就像一个对用户透明的大的计算机系统，发展为以 Internet 为代表的互联网。

我国的 Internet 的诞生以 1987 年通过中国学术网 CANET 向世界发出第一封 E-mail 为标志。经过几十年的发展，形成了四大主流网络体系：中科院的中国科技网 CSTNET；教育部的中国教育和科研计算机网 CERNET；原邮电部的中国公用计算机互联网 CHINANET 和原电子部的中国国家公用经济信息通信网 CHINAGBN。

5.4.2 计算机网络的定义与分类

计算机网络通常按照其覆盖的范围分为局域网、城域网、广域网。

1. 局域网（LAN）

局域网是我们最常见、应用最广的一种网络。现在局域网随着整个计算机网络技术的发展和提高得到了充分的应用和普及，几乎每个单位都有自己的局域网，甚至家庭中都有可以组建小型的局域网。所谓局域网，就是覆盖在局部地区范围内的网络。局域网在计算机数量配置上没有太多的限制，少的可以有两台，多的可以有几百台。局域网的特点是连接范围窄、用户数少、配置容易、传输速率高。目前传输速率最高的局域网是 10Gbps 以太网。IEEE 的 802 标准委员会定义了多种主要的局域网：以太网（Ethernet）、令牌环网（Token Ring）、光纤分布式接口网络（FDDI）、异步传输模式网（ATM）及最新的无线局域网（WLAN）。

2. 城域网（MAN）

城域网是在一个城市，但不在同一地理范围内的计算机互联网。这种网络的连接距离为 10～100km，采用 IEEE802.6 标准。与局域网相比，城域网扩展的距离更长，连接的计算机数量更多，在地理范围上可以说是局域网的延伸。在一个大型城市或都市地区，一个城域网通常连接着多个局域网，如连接政府机构的局域网、医院的局域网、电信的局域网、公司企业的局域网等。由于光纤连接的引入，城域网中高速的局域网互连成为可能。

城域网多利用 ATM 形成骨干网。ATM 是一个用于数据、话音、视频及多媒体应用程序的高速网络传输方法。ATM 包括一个接口和一个协议，该协议能够在一个常规的传输信道上，在比特率不变的情况下，在变化的通信量之间进行切换。ATM 还包括硬件、软件及与 ATM 协议标准一致的介质。ATM 提供一个可伸缩的主干基础设施，以便适应不同规模、速度及寻址技术的网络。ATM 的最大缺点是成本太高，所以一般在政府城域网中应用，如邮政的城域网、银行的城域网、医院的城域网等。

3. 广域网（WAN）

广域网又称为远程网，所覆盖的范围比城域网更广，一般与不同城市间的局域网或城域网互连，地理范围为几百千米到几千千米。因为距离较远，信息衰减比较严重，所以这种网络一般要租用专线，通过 IMP（接口信息处理）协议和线路连接起来，组成网状结构，解决循径问题。城域网因为所连接的用户多，总出口带宽有限，所以用户的终端连接速率一般较低，通常为 9.6Mbps～45Mbps。

5.4.3 移动无线网络（Mobile Wireless Network）

前述几种网络通常采用有线物理连接的方式，但随着无线通信技术的发展，尤其是移动通信技术的发展，移动无线网络作为一种新型的网络形式出现。移动无线网络的特点是用户可以在任何时间、任何地点接入计算机网络，这一特性使移动无线网络具有良好的应用前景。当前已经出现了许多基于移动无线网络的产品，如个人通信系统（PCS）、无线数据终端、便携式可视电话、个人数字助理（PDA）等。移动无线网络的发展依赖于无线通信技术的支持，目前常用的比较成熟的无线通信方式主要有以下几种。

1. 笔记本电脑 + 无线网卡

这种方式的移动办公由笔记本电脑和无线网卡组成，通过 VPN 防火墙访问单位内部的 Intranet，实现公文办理、库存查询、客户资料查询、内部文件查看等功能。优点：软件开发工作量少，界面表现力好，信息量大，接入较容易。缺点：硬件价格昂贵（笔记本电脑、无线网卡、VPN 部署），终端携带不方便，待机时间短，在很多场合不方便公开使用。移动无线网卡上网设备如图 5-11 所示。

（a）笔记本电脑外形图　　　　　　　　（b）无线网卡外形图

图 5-11　移动无线网卡上网设备

2. 短信 + 彩信

这种方式的移动办公主要以短信和彩信为数据传输方式，将单位内部办公信息转变为特定的格式后通过短信和彩信通道发送到工作人员手机端，实现信息提醒功能。优点：硬件成本低，支持终端多。缺点：安全性差（信息明文传输和存储），信息量很小，界面表现力差，通信价格昂贵，使用不方便，需要进行一定的软件开发工作。

3. WAP（无线互联网）

这种方式的移动办公主要以 GPRS/EDGE/CDMA 为数据传输方式，将单位内部办公信息转变为 WAP 网页的形式进行浏览，实现办公邮件、公文办理、通知通告、信息查询等一般性功能。优点：支持终端较多，信息量和界面表现力较好，使用较方便。缺点：安全性较差，数据传输量较大，数据传输和解析速度慢，支持文件类型少，需要进行大量软件开发工作，无法充分使用手机资源，信息及时性差。WAP 通信方式如图 5-12 所示。

图 5-12　WAP 通信方式

5.4.4　计算机网络的安全与管理

由于计算机网络的广泛应用，一些机构和部门的网络数据与信息成为了不法分子觊觎的目标，他们对目标网络发动攻击和破坏。攻击者可以窃听网络上的信息，窃取用户的口令、数据库信息，还可以篡改数据库内容，伪造用户身份，否认自己的数字签名。更有甚者，攻击者可以删除数据库内容，摧毁网络节点，释放计算机病毒等。这使数据的安全性和用户的利益受到了严重的威胁。因此，计算机网络必须有足够强的安全措施。无论是在局域网还是在广域网中，网络的安全措施应能全方位地抵抗各种不同的威胁，这样才能确保网络信息的保密性、完整性和可用性。

国际标准化组织（ISO）曾把计算机安全定义为"计算机系统要保护其硬件、数据不被偶然或故意地泄漏、更改和破坏"。为了帮助计算机用户区分和解决计算机网络安全问题，美国国防部公布了"桔皮书"（Orange Book，正式名称为可信计算机系统标准评估准则），对多用户计算机系统安全级别的划分进行了规定。计算机安全由低到高分为四类七级：D1、C1、C2、B1、B2、B3、A1。其中D1级是不具备最低安全限度的等级，C1级和C2级是具备最低安全限度的等级，B1级和B2级是具备中等安全限度的等级，B3级和A1级属于最高安全等级。

为了能更好地适应信息技术的发展，计算机网络应用系统必须具备以下功能。

1. 访问控制

对特定网段、服务建立访问控制体系，将绝大多数攻击阻止在到达攻击目标之前。

2. 检查安全漏洞

对安全漏洞进行周期检查，即使攻击可到达攻击目标，也可使绝大多数攻击无效。

3. 攻击监控

对特定网段、服务建立攻击监控体系，实时检测出绝大多数攻击，并采取响应行动（如断开网络连接、记录攻击过程、跟踪攻击源等）。

4. 加密通信

主动地加密通信，使攻击者不能了解、修改敏感信息。

5. 认证

建立良好的认证体系，防止攻击者假冒合法用户。

6. 备份和恢复

建立良好的备份和恢复机制，在攻击造成损失时，尽快地恢复数据和系统服务。

7. 多层防御

当攻击者突破第一道防线后，延缓或阻断其到达攻击目标。

8. 设立安全监控中心

设立安全监控中心，为信息系统提供安全体系管理、监控、保护及紧急情况服务。

为了确保网络系统的安全,可以从保护、检测、响应、恢复及管理五个方面为信息系统建立一套全方位的信息保障体系。

1. 保护

安全保护技术包括访问控制技术、身份认证技术、加密技术、数字签名技术、系统备份技术等。信息系统的保护是安全策略的核心内容。

2. 检测

检测的含义是对信息传输内容的可控性的检测,包括对信息平台访问过程的检测,对违规与恶意攻击的检测,对系统与网络弱点与漏洞的检测等。检测使信息安全环境从单纯的被动防护演进到积极防御,从概念化的安全对策演变到对整体安全状态认知基础上的有针对性的安全对策,并为进行及时有效的安全响应及更加精确的安全评估奠定了基础。

3. 响应

响应的含义是保证在任何时候信息平台都能高效正常运行,要求安全体系提供有力的响应机制。响应机制包括在遇到攻击和紧急事件时及时采取措施,如关闭受到攻击的服务器,反击进行攻击的网站,按系统的安全状况加强和调整安全措施等。

4. 恢复

狭义的恢复主要是指灾难恢复,当系统受到攻击的时候,评估系统受到的危害与损失,按紧急响应预案进行数据与系统恢复,启动备份系统恢复工作等。广义的恢复还包括灾难生存等现代新兴学科的研究,保证信息系统在恶劣的条件下,甚至在遭到恶意攻击的条件下,仍能有效地发挥效能。

5. 管理

管理是实现整个网络系统安全的重要保证,有了安全的网络环境,但缺乏有效的安全管理,安全就很难得到维持,只有建立严格的安全管理制度并强制执行,才能适应网络安全的动态性和整体性。

5.4.5 典型应用方案

以某城市人民医院计算机网络构建为例,医院的医疗综合楼是一幢综合性门诊大楼,地上十六层,地下一层,总面积为 30228m^2,分布着门诊、病房、检查、药房、手术、行政办公等各个职能科室。因此,需要建立一套完善的网络体系结构,才能确保数据通信系统的畅通。考虑到维护的方便,PDS 的主配线架设在二楼总机房,在大楼内设有一个弱电竖井。

1. 网络拓扑结构设计

布线原则:光纤到楼层,百兆位到桌面。主干网应具备很高的传输速率和带宽,随着应用的增加不会有瓶颈，而在楼层的各个数据点主要用于普通文件的传递、查询及数据的调用，100Mbps 传输速率就能满足要求，所以每层的水平线缆选用超五类非屏蔽的双绞线，数据主干采用六芯多模光纤，即可支持目前的计算机网络应用系统，并保证 10 年内不落后。垂直主干使用星形拓扑结构直接与二楼信息中心的主配线连通。此外，类似手术室这种科室需要传输大容量的图像数字信息，须采用光纤到桌面的布线原则来满足 1Gbps 传输速率的要求。

医疗综合楼中共有 606 个信息点，实际使用的信息点约为 300 个。为使整个网络系统能够适应现有和未来的应用需求，将二楼作为整个大楼的网络中心，并设置核心交换机，通过光纤与其他设备相连。其他各楼层分别装备接入层交换机，为桌面用户提供 10Mbps/100Mbps 连接和交换能力。

医疗综合楼共有十六个楼层，信息点也较多，网络拓扑结构采用二级星形结构，在一楼、二楼、三楼、七楼、十楼、十二楼和十五楼分别装备接入层交换机，并通过 1000Mbps 光纤接口与二楼网络中心的核心交换机相连，如图 5-13 所示。

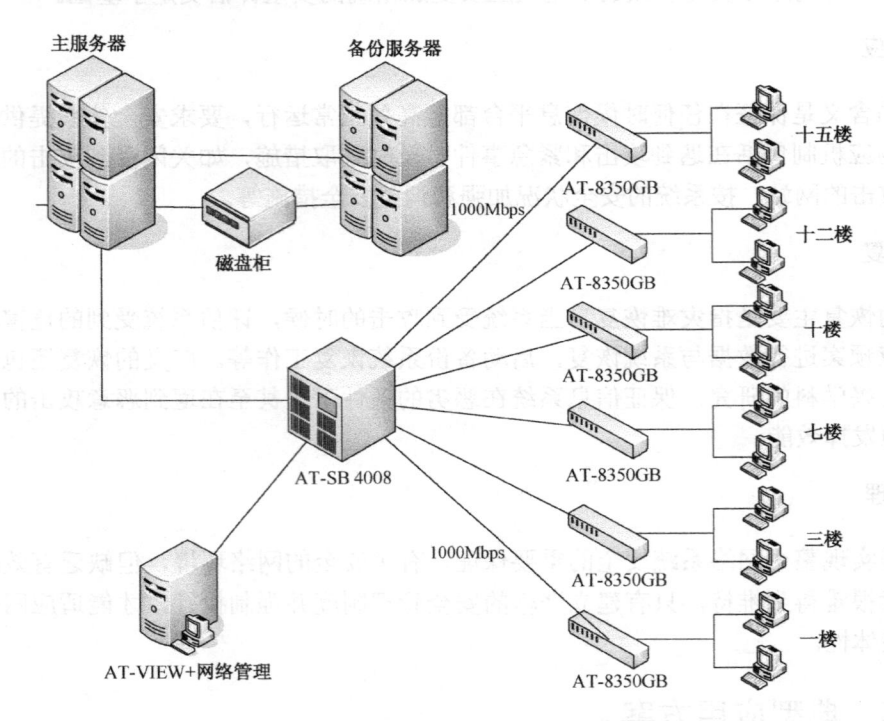

图 5-13 医疗综合楼网络拓扑结构图

2. 网络设备的选择

1）核心层

核心层采用安奈特 AT-SB 4008 电信级多层核心交换机。

核心层的功能是通过高速转发数据流来提供良好的和可靠的传输结构。换句话说，核心层应该尽可能快地交换数据包，该层中的设备不应该负担访问控制列表检查、数据加密、地址转换或其他任何妨碍高速交换数据包的工作。

医疗综合楼计算机网络的核心层主要包括一级骨干的主交换机。这台主交换机采用全冗余无单点故障的千兆路由交换机,与其他交换机采用光纤连接,以确保骨干网络的可靠性和高性能。在医疗综合楼计算机网络的核心层可配置一块 Switch Controller for 4/8 Slot System 模块和一块 8 口的光纤模块,为各楼层交换机提供光纤接口并使核心交换机的负载均衡。

2) 访问层

访问层采用安奈特 AT-8350GB 网管型自适应堆叠交换机。

访问层将数据流馈入网络,并且执行网络入口的控制任务。用户通过访问层来访问网络。作为网络的"前门",访问层实施设计用于防止未授权用户进入网络的访问控制列表。安奈特 AT-8350GB 网管型自适应堆叠交换机可提供有 48 个 10/100BASE-T 的交换端口,并可通过 1Gbps 的多模光纤连到本地的主交换机上。

3. 网络规划与配置

1) VLAN 的划分

根据医院综合楼各层所涉及的科室及应用的不同,我们将整个网络划分为 9 个 VLAN,如表 5-5 所示。

表 5-5 医院综合楼网络 VLAN 划分

VLAN 名称	网关地址	涉及的功能权限
VLAN1	192.16.*.253	管理网段
VLAN2	192.16.*.253	HIS 内网
VLAN3	192.16.*.253	HIS 内网
VLAN4	192.16.*.253	病人上宽带
VLAN5	192.16.*.253	HIS 内网
VLAN6	192.16.*.253	职工上宽带
VLAN7	192.16.*.253	内外网均能访问
VLAN8	192.16.*.253	HIS 内网
VLAN9	10.*.*.253	Web、防火墙接入网段

接入层交换机 VLAN 端口的分配如下。

一楼:VLAN2、6、4——1-32/33-40/41-48。

三楼:VLAN3、6、4——1-32/33-46/47-48。

七楼:VLAN5、6、4——1-24/25-42/43-48。

十楼:VLAN5、6、4——1-24/25-42/43-48。

十二楼:VLAN5、6、4——1-24/25-42/43-48。

十五楼:VLAN8、7、6、4——1-24/25-32/33-42/43-48。

2) 核心交换机路由的主要配置

核心交换机路由的主要配置如表 5-6 所示。

表 5-6 核心交换机路由的主要配置

Destination	Mask	Next Hop	Interface	备 注
0.0.0.0	0.0.0.0	10.*.*.254	VLAN10	Web 接入防火墙端路由

续表

Destination	Mask	Next Hop	Interface	备注
10.10.*.0	255.255.255.0	0.0.0.0	VLAN10	
10.81.192.0	255.255.252.0	192.16.*.17	VLAN2	市第一医院医保路由
172.16.0.0	255.255.255.0	192.16.*.2	VLAN2	市第二医院医保路由
172.16.18.0	255.255.255.128	192.16.*.2	VLAN2	
172.16.21.0	255.255.255.224	192.16.*.3	VLAN2	市第三医院医保路由
192.16.*.0	255.255.255.0	0.0.0.0	VLAN1	
…	…	…	…	
192.16.*.0	255.255.255.0	0.0.0.0	VLAN8	

4. 方案评价

星形拓扑结构、模块化设计及配线间跳线使系统具有较强的灵活性及开放性，实现了数字、声音及图像信号的快速传输，符合视频传播的高带宽要求。在网络管理设计中，通过采用以 ISO 网络管理功能区的"FCAPS"模块为核心的框架来实现网络管理的高效性，通过预留的信息点、跳线槽、各种线缆等来保证系统具有良好的可扩展性。

任务 5.5 综合布线系统

5.5.1 综合布线系统概述

综合布线系统（简称 PDS）又称为结构化布线系统（简称 SCS）。综合布线系统采用高质量的标准线缆及相关接插件，在建筑内组成标准、灵活、开放的传输系统。综合布线系统以模块化的组合方式，把话音、数据、图像和部分控制信号系统用统一的传输媒介进行综合，经过统一的规划设计，综合在一套标准的布线系统中，就如同体内的神经一样，将现代建筑的三大子系统有机地连接起来，既可以传输数据、话音、图像及其他控制信号，又可以与建筑外部的信息通信网络互连，因此成为一种能够适应信息网络时代的建筑"信息高速公路"，是智能建筑的必备基础设施之一。

综合布线系统是一种开放式的传输平台，是各种多媒体通信业务网"最后一百米"的传输线路，目前能支持高于 600Mbps 的数据传输速率，是智能建筑的最小神经系统。综合布线系统用一种传输线路满足各种通信业务终端（如电话、传真机、计算机、会议电视等）的要求，与多媒体终端话音、数据、图像集于一体，能使用户更灵活地应用。只要传输频率符合相应等级布线系统的要求，各种通信业务都可应用综合布线系统。因此，综合布线系统作为一种通用的开放式的传输平台，具有广泛的应用价值。

智能建筑的综合布线系统将办公自动化系统、通信自动化系统和变配电、消防、保安、照明、空调、通风、给排水和交通监控自动化系统结合起来，达到信息化管理的目的。综合布线系统主要由传输媒介、线路管理硬件、连接器、插座、插头、适配器、传输电子线路、电气保护设施等组成，并由这些部件来构造各种子系统。综合布线系统的布线工程一般在一幢或几幢办公楼之间实施，布线方法分为直接埋管、吊顶走线和地面线槽三种，具有信息点多样化、单位面积信息点密集、单模/多模光纤直达桌面、传输带宽高的特点。

随着计算机技术和现代通信技术的迅速发展及人们对信息化需求的增加，越来越多的办公大厦、商业写字楼、工厂厂房、银行、机场、学校、医院、商场等民用建筑都希望把大楼的通信系统、计算机网络系统、监控系统等一系列弱电系统列入综合布线系统之中，实现各大楼中楼层与楼层之间、大楼与大楼之间的信息通信与网络连接，从而达到信息的高度共享，增强自动化管理的程度，提供一个高效、便利、舒适的环境。可以说综合布线系统的成功与否直接关系到现代化大楼的建设成败，选择一套高品质的综合布线系统是至关重要的。

综合布线系统将各种不同组成部分组成一个有机的整体，而不是像传统的布线系统那样自成体系、互不相干，综合布线系统较传统的布线系统有以下优点。

1. 实用性

综合布线系统能够适应现在和未来通信技术的发展，并且实现话音、数据通信等信号的统一传输。

2. 灵活性

综合布线系统能满足各种应用的要求，即任一信息点都能够连接不同类型的终端设备，如电话、计算机、打印机、计算机、传真机、各种传感器件及图像监控设备等。

3. 模块化

综合布线系统中除固定于建筑内的水平线缆外，其余所有的接插件都是积木式的标准件，可连接所有话音、数据、图像、网络和楼宇自动化设备，方便使用、搬迁、更改、扩充和管理。

4. 可扩充性

综合布线系统是可扩充的，当将来有更大的用途时，很容易将新设备扩充进去。

5. 经济性

采用综合布线系统后可以使管理人员减少，同时，因为模块化的结构，工作难度大大降低，日后因更改或搬迁系统而产生的费用也将减少。

6. 通用性

综合布线系统对符合国际通信标准的各种计算机和网络拓扑结构均能适应，对不同传输速率的通信要求均能适应，可以支持和容纳多种计算机网络的运行。

5.5.2 综合布线系统的特点

1. 综合布线系统的综合性

综合布线系统针对计算机、通信和控制的要求而设计，集合各种技术、系统、设施在一座大楼或建筑内，可以满足各种不同模拟或数字信号的传输需求，将所有的话音、数据、图像、监控设备的布线组合在一套标准的布线系统上，设备与信息出口之间只需一根标准的连接线，通过标准的接口把它们接通即可。

2. 综合布线系统结构的模块化

综合布线系统中除固定于建筑内的水平线缆外，其余所有的接插件都是积木式的标准件，方便使用、管理和扩充。在网络投入运行后的维护工作中，设备的备件储备减少，故障检查定位快，运行管理简单。综合布线系统运用星形拓扑结构，只要在中心点进行一些配线改动，就可将各种信号接入任意结构。

3. 综合布线系统是一套完整的产品

综合布线系统包括非屏蔽双绞线、交叉连接、适配器、连接器、插座及接头、传播电器、设备、测试设备及工具等。

4. 综合布线系统是搭配灵活的配线系统

综合布线系统传输媒介的选择可根据实际的带宽需求灵活搭配，且不必与不同的厂商进行布线协调，能够方便地与不同厂商的不同产品结合起来，组成完整的网络系统。综合布线系统的灵活组合性给服务与管理提供了极大的方便。综合布线系统采用了跳接线的设计，为以后自行进行布线系统线路上的变动及管理带来了方便，并减少了因为办公室的搬动而在线路的布放及管理上所耗费的时间和金钱。

5. 综合布线系统的目标是设计一种广泛兼容的开放系统

综合布线系统的目标是用建立综合布线系统的标准来简化工程的标准，使布线系统可以简单地连接所有不同厂商的各种通信、计算机、监控及图像设备。这些设备包括以下部分。

1) 话音部分

综合布线系统支持符合当今国际标准的模拟和数字 PBX 和 CENTREX（虚拟交换机）电路，支持 ISDN、DDN、ADSL、XDSL 等。

2) 数据部分

综合布线系统满足 EIA、CCITT 各项通信标准及 IBM、HP、WANG 等各大计算机公司产品的通信标准。

6. 综合布线系统的网络拓扑结构

综合布线系统的网络拓扑结构是由各种网络单元组成的，并按照技术性能要求和经济合理原则进行组合配置。组合配置包括组合逻辑和配置形式，组合逻辑描述网络功能的体系结构；配置形式描述网络单元的邻接关系，即说明交换中心（或节点）和传输链路的连接情况。具体来说，综合布线系统的网络拓扑结构是一个网络布局的实际逻辑表示，这个网络由各种布线部件、导线、电缆、光缆和连接硬件等组成。逻辑拓扑一般不考虑网络的物理性能，只用拓扑来描述常用的几何图形形态。在综合布线系统中，常用的网络拓扑结构有星形、环形、总线型、树形和网状形（见图 5-14）。

(a) 星形　　　　(b) 环形　　　　(c) 总线型

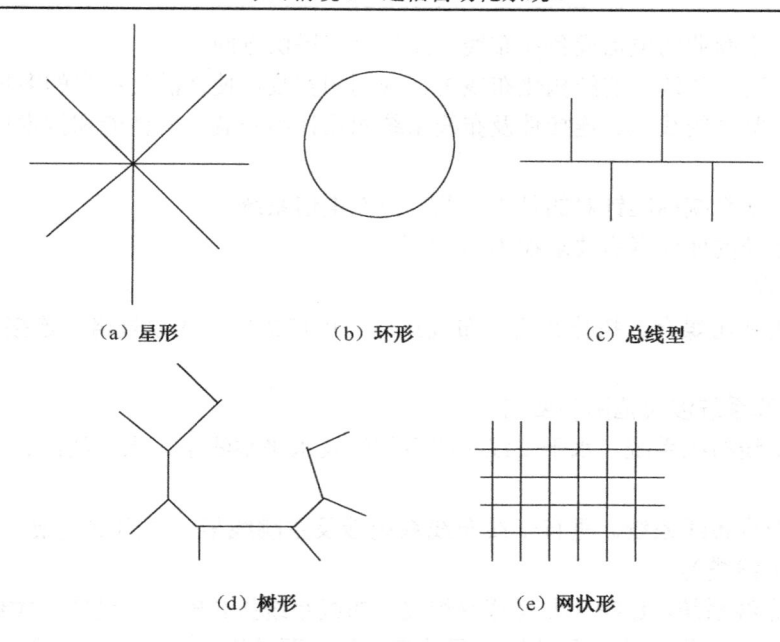

(d) 树形　　　　(e) 网状形

图 5-14　网络拓扑结构图

7. 综合布线系统标准

目前综合布线系统标准一般为 CECS 72：97 和美国电子工业协会、美国电信工业协会为综合布线系统制定的一系列标准。综合布线系统的标准主要有以下几种。

（1）ANSWIA/EIA-569（CSA T530）商业大楼通信通路与空间标准。
（2）ANSI/TIA/EIA-568-A（CSA T529-95）商业大楼通信布线标准。
（3）ANSI/TIA/EIA-607（CSA T527）商业大楼布线接地保护连接需求。
（4）ANSI/TIA/EIA-606（CSA T528）商业大楼通信基础设施管理标准。
（5）ANSI/TIA/EIA TSB-67 非屏蔽双绞线布线系统传输性能现场测试。
（6）ANSI/TIA/EIA TSB-72 集中式光纤布线准则。
（7）ANSI/TIA/EIA TSB-75 开放型办公室水平布线附加标准。
（8）ANSWIA/EIA-586-AI 传输延迟和延迟差规范。

这些标准支持下列计算机网络标准。
（1）IEEE 802.3 总线型局域网网络标准。
（2）IEEE 802.5 环形局域网网络标准。
（3）FDDI 光纤分布式数据接口高速网络标准。
（4）CDDI 铜线分布式数据接口高速网络标准。
（5）ATM 异步传输模式。

8. 综合布线系统标准要点

1）目的
（1）规范通用话音和数据传输的电信布线标准，以支持多设备、多用户的环境。

(2)为服务于商业的电信设备和布线产品的设计提供方向。
(3)能够对商用建筑中的结构化布线进行规划和安装,使之满足用户的多种电信要求。
(4)为各种类型的线缆、连接件及布线系统的设计和安装建立性能和技术标准。

2)范围

(1)综合布线系统标准针对的是"商业办公"电信系统。
(2)布线系统的使用寿命要求在10年以上。

3)标准内容

标准内容为所用媒介、拓扑结构、布线距离、用户接口、线缆规格、连接件性能、安装程序等。

4)几种布线系统涉及范围和要点

(1)水平干线布线系统。水平干线布线系统涉及水平跳线架、水平线缆、线缆出入口/连接器、转换点等。

(2)垂直干线布线系统。垂直干线布线系统涉及主跳线架、中间跳线架、建筑外主干线缆、建筑内主干线缆等。

(3)UTP布线系统。UTP(非屏蔽双绞线)布线系统按传输特性包括3类线、4类线、5类线、超5类线和6类线这5种线缆。虽然双绞线主要是用来传输模拟信号的,但同样适用于数字信号的传输,尤其适用于较短距离的数字信号传输。在传输期间,信号的衰减比较大,并且会产生波形畸变。目前主要使用5类线和超5类线。计算机网络系统使用的双绞线种类如图5-15所示。

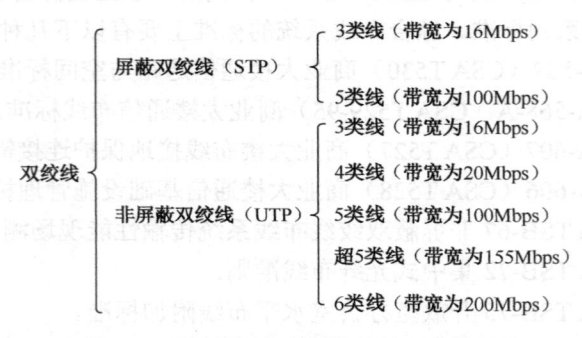

```
双绞线 ┬─ 屏蔽双绞线(STP) ┬─ 3类线(带宽为16Mbps)
       │                    └─ 5类线(带宽为100Mbps)
       └─ 非屏蔽双绞线(UTP) ┬─ 3类线(带宽为16Mbps)
                            ├─ 4类线(带宽为20Mbps)
                            ├─ 5类线(带宽为100Mbps)
                            ├─ 超5类线(带宽为155Mbps)
                            └─ 6类线(带宽为200Mbps)
```

图5-15 计算机网络系统使用的双绞线种类

(4)光缆布线系统。在光缆布线系统中,水平干线子系统和垂直干线子系统分别使用不同类型的光缆。

① 水平干线子系统:62.5/125μm多模光缆(出入口有2条光缆),多数为室内型光缆。
② 垂直干线子系统:62.5/125μm多模光缆或10/125μm单模光缆。

综合布线系统标准是一个开放型的系统标准,被广泛应用。按照综合布线系统标准进行布线,会为用户今后的应用提供方便,也可以保护用户的投资,使用户投入较少的费用,就能向高一级的应用范围转移。

9. 综合布线系统的等级

建筑的综合布线系统一般有以下三种不同的等级。

1）基本型综合布线系统

基本型综合布线系统是一个经济有效的布线系统，支持话音或综合型话音/数据产品，并能够全面过渡到综合型布线系统。基本型综合布线系统的基本配置：

（1）每个工作区有 1 个信息插座。
（2）每个工作区有 1 条水平布线和 4 对 UTP 系统。
（3）完全采用 110A 交叉连接硬件，并与未来的附加设备兼容。
（4）每个工作区的干线电缆至少有 2 对双绞线。

基本型综合布线系统的特点：

（1）支持所有的话音和数据传输的应用。
（2）支持话音、综合型话音/数据高速传输。
（3）便于管理与维护。
（4）支持众多厂家的产品设备和特殊信息的传输。

2）增强型综合布线系统

增强型综合布线系统不仅支持话音和数据传输的应用，还支持图像、影像、影视、视频会议等应用，具有增加功能的余地，并能够利用接线板进行管理。增强型综合布线系统的基本配置：

（1）每个工作区有 2 个以上的信息插座。
（2）每个信息插座均有 1 条水平布线和 4 对 UTP 系统。
（3）具有 110A 交叉连接硬件。
（4）每个工作区的电缆至少有 8 对双绞线。

增强型综合布线系统的特点：

（1）每个工作区有 2 个信息插座，灵活方便、功能齐全。
（2）任何一个插座都可供话音/数据高速传输。
（3）便于管理与维护。
（4）具有能够为众多厂商提供服务环境的布线方案。

3）综合型布线系统

综合型布线系统是将双绞线和光缆纳入建筑布线的系统。综合型布线系统的基本配置：

（1）在建筑、建筑群的干线或水平布线子系统中配置 625μm 的光缆。
（2）每个工作区的电缆中有 2 对以上的双绞线。

综合型布线系统的特点：

（1）每个工作区有 2 个以上的信息插座，灵活方便、功能齐全。
（2）任何一个信息插座都可供话音/数据高速传输。
（3）具有为客户提供服务的好环境。

5.5.3 综合布线系统的组成

随着 Internet 和信息高速公路的发展，各国的政府机关、大的集团公司、新建的住宅小区也都在针对自己的楼宇特点进行综合布线，以适应新的需要。理想的布线系统支持话音应用、数据传输、影像影视，而且支持综合型的应用。支持综合型话音和数据传输的布线系统选用的线材、传输媒介是多样的（屏蔽双绞线、非屏蔽双绞线、光缆等），一般单位可根据自己的楼宇特点，选择布线结构和线材组成布线系统。

综合布线系统一般采用模块化设计和分层星形拓扑结构，根据国际标准 ISO/IEC 11801 的定义，综合布线系统包括 6 个子系统：工作区子系统、水平干线子系统、垂直干线子系统、管理区子系统、设备间子系统、建筑群子系统，各子系统之间的拓扑结构示意图如图 5-16 所示。

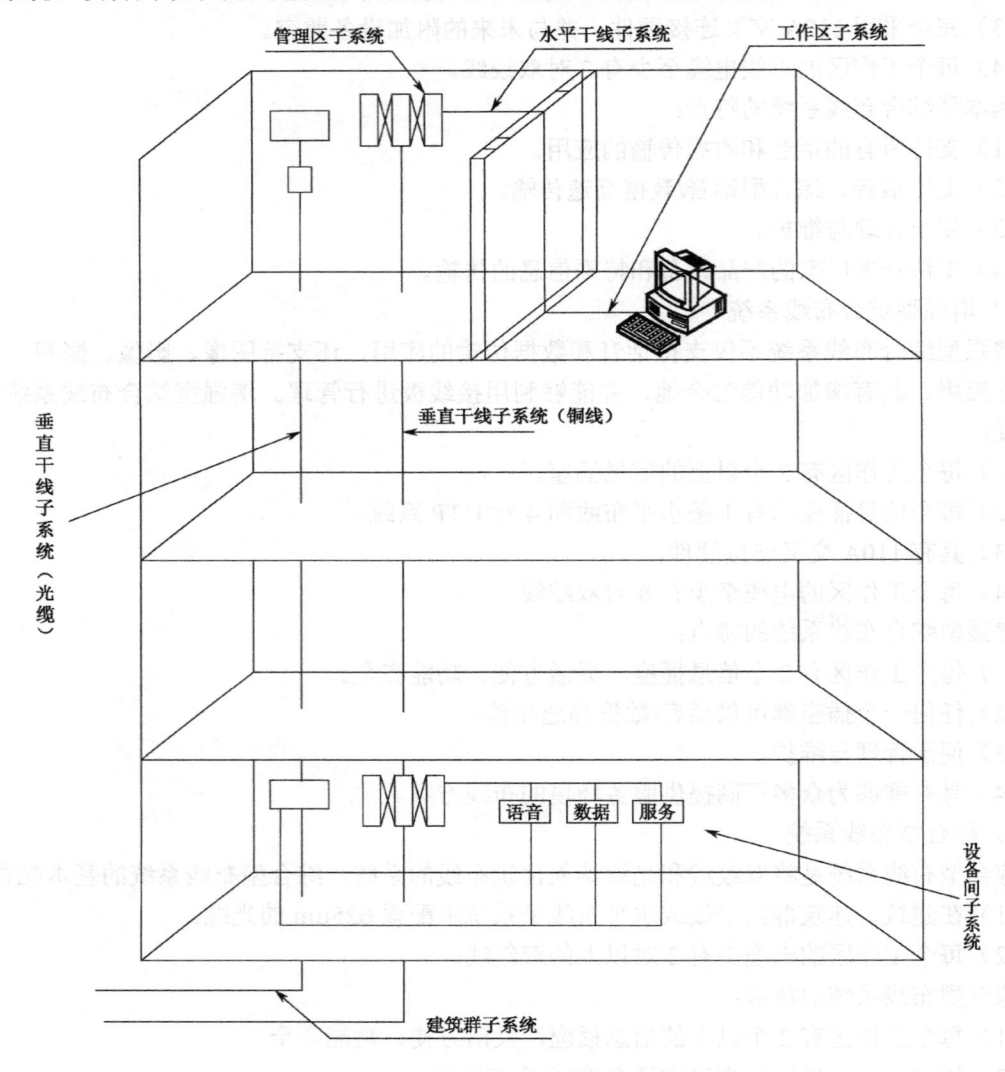

图 5-16 各子系统之间的拓扑结构示意图

1. 工作区子系统

工作区子系统由终端设备连接到信息插座的连线及信息插座组成，其信息点由标准 RJ45 插座组成。工作区子系统的目的是实现工作区终端设备与水平干线子系统之间的连接。在终端设备和 I/O 设备之间进行搭接，信息插座通常采用 8 芯（RJ45）的标准接口，按照 T568B 标准连接，大容量的数据也可选用 62.5μm 多模光纤及 ST 或 SC 光纤标准接口。

2. 水平干线子系统

水平干线子系统的功能是实现信息插座和管理区子系统之间的连接，即中间配线架（IDF）间的连接，将用户工作区引至管理区子系统。水平干线子系统是整个综合布线系统最重要的一部分，可以为用户提供一个符合国际标准的、满足话音及数据高速传输要求的信息点出口。水平干线子系统包括从用户工作区的信息插座到管理区子系统的配线架，将干线子系统线路延伸到用户工作区，一般为星形拓扑结构。水平干线子系统中常用的传输媒介是 4 对 UTP（非屏蔽双绞线），能支持大多数现代通信设备，水平线缆长度不大于 90m。如果需要支持某些宽带应用，传输媒介可以采用光缆。信息出口采用插孔为 ISDN8 芯（RJ45）的标准接口，每个信息插座都可灵活地运用，并可根据实际应用要求随意更改用途。

3. 管理区子系统

管理区子系统由设备中间的电缆、连接器和相关支撑硬件组成。管理区子系统为连接其他子系统提供手段，是连接垂直干线子系统和水平干线子系统的设备，其主要设备是配线架、HUB、机柜和电源。交连和互连允许将通信线路定位或重定位到建筑的不同部分，以便更容易地管理通信线路，在移动终端设备时能方便地进行插拔。互连配线架根据不同的连接硬件分为楼层配线架（箱）IDF 和总配线架（箱）MDF，IDF 可安装在各楼层的干线接线间，MDF 一般安装在设备机房。

4. 垂直干线子系统

垂直干线子系统又称为骨干子系统，功能是实现计算机设备、程控交换机（PBX）、控制中心与各管理区子系统间的连接，是建筑干线电缆的路由。垂直干线子系统通常位于两个单元之间，在位于中央点的公共系统设备处提供多个线路设施。垂直干线子系统由建筑内所有的垂直干线多对电缆及相关支撑硬件组成，负责提供设备间总配线架与干线接线间楼层配线架之间的干线路由，常用传输媒介是双绞线电缆和光缆。

为了与建筑群的其他建筑进行通信，垂直干线子系统将中继线交叉连接点和网络接口（由电话局提供的网络设施的一部分）连接起来。网络接口通常放在与设备相邻的房间。

垂直干线子系统包括以下几部分。

（1）垂直干线或远程通信（卫星）接线间、设备间之间的竖向或横向的电缆走向用的通道。

（2）设备间和网络接口之间的连接电缆或设备与建筑群子系统各设备间的电缆。

（3）垂直干线接线间与各远程通信（卫星）接线间之间的连接电缆。

（4）主设备间和计算机主机房之间的干线电缆。

5. 设备间子系统

设备间子系统位于大楼的中心位置，是综合布线系统的管理中心。设备间子系统由设备间的电缆、连接器和相关支撑硬件组成，把各种公用系统设备连接起来，负责大楼内外信息的交流与管理。

6. 建筑群子系统

建筑群子系统实现建筑之间的相互连接，提供楼宇之间通信所需的硬件。建筑群子系统是将一个建筑中的电缆延伸到另一个建筑的通信设备和装置，通常是由光缆和相应设备组成的，它提供楼宇之间通信所需的硬件，如导线电缆、光缆及防止电缆上的脉冲电压进入建筑的电气保护装置等。

综合布线系统作为智能建筑的中枢神经，其合理性、优越性、稳定性及可扩充性适应了社会发展的需求，营造了一个支持多产品、多生产商的环境，顺应了网络业务向高速、多媒体发展的潮流，以更宽的频带、更快的速度、更优的质量来满足各种新业务的需要，将在全球信息化的今天发挥越来越重要的作用。

5.5.4 典型应用方案

1. 设计目标

设计某医院计算机网络布线工程，该工程是为医院的办公自动化、医疗、教学与研究及院内各单位资源信息共享而建立的基础设施。

2. 设计指导思想

由于计算机与通信技术发展较快，本工程本着先进、实用、易扩充的指导思想，既要选用先进成熟的技术，又要满足当前管理的实际需要，采用了快速以太网技术，既能满足一般用户 10 Mbps 传输速率的需要，也能满足特殊用户 100 Mbps 传输速率的需要。当要升级到宽带高速网络时，本工程可向千兆位以太网转移，以较低的投资取得较好的收益。

3. 楼宇结构化布线的设计与实施

该医院计算机网络布线工程涉及 6 幢楼，分别是门诊楼、科技楼、住院处（包括住院处附楼）、综合楼、传染病研究所和儿科楼。网络管理中心设在科技楼 3 楼的计算机中心机房。网络管理中心与楼宇的连接采用如下传输媒介。

- 网络管理中心到综合楼采用光缆。
- 网络管理中心到传染病研究所采用光缆。
- 网络管理中心到住院处采用光缆。
- 网络管理中心到儿科楼采用光缆。
- 网络管理中心到门诊楼采用 5 类线连接集线器。
- 网络管理中心到科技楼采用 5 类线连接集线器。

4. 设计要求

（1）根据楼宇与网络管理中心的物理位置，所有入网点与本楼（本楼层）的集线器的距离不超过 100 m。

（2）计算机网络的物理布线采用星形拓扑结构，以提高可靠性和传输效率。

（3）结构化布线的所有设备（配线架、双绞线等）均采用 5 类线标准，以满足 10 Mbps

用户的需求及用户向 100Mbps、1000Mbps 扩充的要求。

（4）入网点用户的线路采用阻燃 PVC 管或金属桥架，在环境不便于阻燃 PVC 管或金属桥架施工的地方用金属蛇皮管与阻燃 PVC 管或金属桥架相衔接。

5. 实施

1）计算机网络布线结构

医院计算机网络布线示意图如图 5-17 所示。

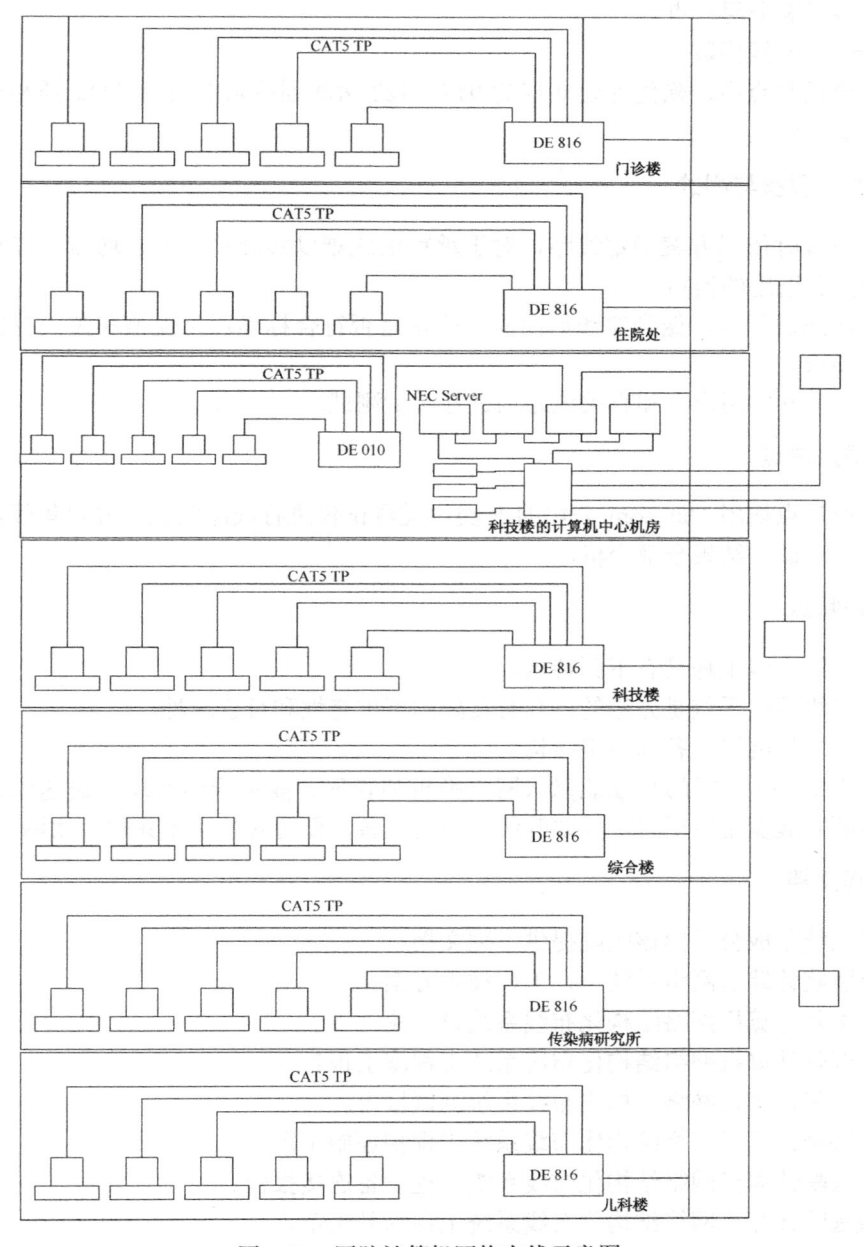

图 5-17　医院计算机网络布线示意图

2）建立用户点数

该医院在网络布线中共建立了 339 个用户点，具体如下。

（1）门诊楼 93 个用户点。

（2）科技楼 73 个用户点。

（3）住院处 130 个用户点。

（4）综合楼 26 个用户点。

（5）传染病研究所 9 个用户点。

（6）儿科楼 8 个用户点。

3）安装 RJ45 插座数

在 339 个用户点中，除住院处 9 层的 917、922 房间因故未能安装 RJ45 插座外，其他各用户点均已安装到位。

6. 布线的质量与测试

（1）在布线时依据方案确定线路，对于承重墙或难以实施的地方，均与院方及时沟通，确定线路走向和选用的器材。

（2）在穿线过程中，做到穿线后由监工确认是否符合标准后再盖槽和盖天花板，保证质量达到设计要求。

（3）对于入网的用户点和有关线路均进行质量测试。

7. 入网用户点

入网的用户点均用 Datacom 公司的 5 类电缆测试仪进行线路测试，并对集线器—集线器间的线路进行测试，结果全部合格。

8. 工程特点

该医院网络布线工程具有下列特点。

（1）计算机网络系统是先进的，具有良好的可扩充性和可管理性。

（2）支持多种网络设备和网络结构。

（3）支持 3Com 公司的高性能以太网交换机和管理智能集线器实现的快速以太网交换机网络，在需要开展宽带应用时，只要升级相应的设备，便可转移到千兆位以太网。

9. 工程文档

某网络系统集成公司向该医院提供下列文档。

（1）该医院计算机网络系统一期工程技术方案。

（2）该医院计算机网络结构化布线系统设计图。

（3）该医院计算机网络结构化布线系统工程施工报告。

（4）该医院计算机网络结构化布线系统测试报告。

（5）该医院计算机网络结构化布线系统工程物理施工图。

（6）该医院计算机网络结构化布线系统工程设备连接报告。

（7）该医院计算机网络结构化布线系统工程物品清单。

10. 工程施工技术

1）管道布线

墙上型信息端口：在走廊吊顶上安装金属线槽（桥架），从金属线槽引出金属管道，以埋入方式沿墙壁而下（或上）在墙上暗装线盒（信息端口）；若无吊顶，可在地面垫层中预埋金属线槽和管道，如图5-18所示。

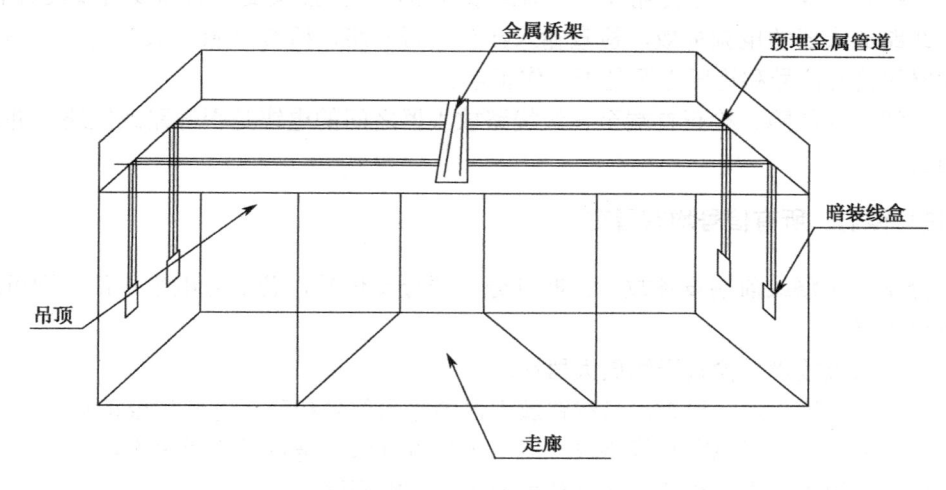

图5-18 管道布线示意图

大开间办公区的地面型信息端口：①在无架空地板的情况下，建议在地面垫层中预埋金属线槽和管道。②在有架空地板的情况下，吊顶上的金属线槽可引出支线槽进入房间，顺支撑柱而下，在架空地板下布设，再引出金属管道至各个地面型信息端口。若信息点较少，可直接从吊顶上的金属线槽引出金属管道，以埋入方式沿墙壁而下至架空地板下。

2）标记管理

目前，综合布线系统标记方法尚未有统一的标准。世界上各公司推出的综合布线系统标记方法各不相同。一般情况下，标记方法是由计算机网络系统管理人员或通信管理人员和综合布线系统布线设计人员共同指定的。标记方法应规定各种参数和识别方法，以便检查配线架上交连场的各种线路和设备端接点。

此次综合布线系统使用了三种标记：电缆标记、场标记和插入标记，其中插入标记最常用。这些标记通常是硬纸片，由安装人员在需要时取下来使用。

电缆标记由背面为不干胶的白色材料制成，可以直接贴到各种表面上。电缆标记的尺寸和形状根据需要而定，在交连场安装和做标记之前，利用这些电缆标记来辨别电缆的源发地和目的地。

场标记也是由背面为不干胶的白色材料制成的，可贴在设备间、配线间、二级交接间、中断线/辅助场和建筑布线场的平整表面上。

任务 5.6 常见故障及解决方案

1. 无信号

（1）前端的电源失效或设备失效。检查电源电压或测量输入信号。

（2）天线系统故障。检查传输线是否短路或开路，检查插头变换器和线路放大器电源。

（3）线路放大器的电源失效。检查输入插头是否开路，检查电源，从首端开始测量每只线路放大器的输出信号和稳压电源是否工作正常。

（4）干线电缆故障。检查首端至各级线路放大器之间的电缆是否开路或短路，并检查各种连接插头。

2. 信号微弱、所有信号均有雪花

（1）分支器短路或前端设备故障。断开分支器分支信号，若信号电平正常，则可能是馈线和引下线短路。

（2）天线系统故障。检查天线放大器线路。

（3）线路放大器故障。检查每只线路放大器的输出信号和稳压电源是否正常。

（4）干线故障。检查电缆和线路放大器电平是否过低，是否开路或短路。

（5）分支器短路，电缆损坏，线路放大器中间可能短路。

3. 只有一个频道的信号

（1）前端设备或天线系统故障。测量这段频道的线路放大器的输出信号。

（2）单频道天线自身故障。停止广播，用便携式电视在前端连接进行判断。

4. 一个或多个频道信号微弱，其余正常

线路放大器故障或应调节。检查频率响应曲线。

5. 重影

线路放大器引入线或干线故障。在所有引入线处用便携式电视检查天线系统质量和图像质量，或者隔离故障电缆部分，并判断是否是线路放大器故障。

若重影发生在同一分配器电缆转送处到所有引下线处，则：

（1）桥接放大器、分配或馈线电缆故障。在桥接输出处用便携式电视检查图像质量，并分析判断故障所在部位。

（2）电缆终端故障。断开终端电阻，用便携式电视检查图像质量，若良好则更换终端电阻。

（3）分支外故障。从线路每一端入手，一次用一个电话联系，同时用便携式电视检查图像质量。

6. 图像失真

信号电平输出偏高。测量线路放大器和分支器的信号电平。

实　　训

带领学生实地参观智能小区的通信自动化系统，了解各个系统及子系统的布置，到网络管理中心观察网络布线结构，并要求学生写出参观体会。

知识总结

学习情境 5 对整个通信自动化系统进行了介绍，对电话通信系统、有线电视系统、计算机网络系统、综合布线系统四个主要部分的特点、结构组成进行了详细的阐述，每一部分都有典型应用方案，同时介绍了常见故障及解决方案。

复习思考题

1. 通信自动化系统共分为几个子系统？阐述各个子系统的意义。
2. 叙述综合布线系统的特点。
3. 综合布线系统有几个等级？
4. 计算机网络系统的基本功能有哪些？
5. 电话通信的特点是什么？
6. 有线电视系统的分类有哪些？有线电视系统有哪些特性？

学习情境 6 智能建筑集成系统

{ 教学导航 }

学习任务	任务 6.1 智能建筑集成系统 任务 6.2 集成系统软件 任务 6.3 典型 BAS 产品及应用	参考学时	6
能力目标	1）掌握智能建筑集成系统的组成及功能 2）熟悉智能建筑集成系统中组态软件、操作软件的主要功能 3）知道典型 BAS 产品及应用方案		
教学资源与载体	多媒体课件、教材、视频、作业单、评价表		
教学方法与策略	项目教学法，多媒体演示法，教师与学生互动教学法		
教学过程设计	教师首先介绍智能建筑集成系统的组成及功能，然后通过实例介绍智能建筑集成系统中组态软件、操作软件的主要功能，最后介绍典型 BAS 产品及应用		
考核与评价内容	对智能建筑集成系统的组成、功能、组态软件及操作软件的主要功能的掌握，参与互动的语言表达能力，学习态度，任务完成情况		
评价方式	自我评价（10%）小组评价（30%）教师评价（60%）		

学习情境 1 详细介绍了智能建筑的概念，以及智能建筑的组成与功能。智能建筑中的各个系统可以按照各自的规律开发出来，它们自成体系，但是这些各自分离的系统并不能组成真正的智能建筑，只有各个系统互通信息，相互协调地工作，才能形成统一的整体，构成智能建筑集成系统，达到最优的组合，满足用户对各种功能的要求。

本学习情境介绍的智能建筑集成系统，其关键是建筑内信息通信网络的实现。智能建筑集成系统应具有各个智能化系统信息汇集和各类信息综合管理的功能，并达到以下三方面的具体要求。

（1）汇集建筑内外各类信息，接口界面要标准化、规范化，实现各子系统之间的信息交换及通信。

（2）对建筑各个子系统进行综合管理。

（3）对建筑内的信息进行实时处理，并且具有极强的信息处理及信息通信能力。

任务 6.1 智能建筑集成系统原理

教师活动

教师要准备现代智能建筑集成系统硬件及软件的 PPT 课件，激发学生兴趣，引发学生的求知欲望，给整个课程的学习做好铺垫。

学生活动

第一节课结束时每个学生填写的作业单如表 6-1 所示。

表 6-1　作业单

序　号	智能建筑集成系统组成	序　号	智能建筑集成系统组成

6.1.1　智能建筑集成系统组成

1999 年 12 月建设部住宅产业化促进中心制定的《全国住宅建筑（小区）智能化系统示范工程建设要点与技术导则》，2000 年 7 月建设部和国家技术监督局联合发布的国家标准《智能建筑设计标准》(GB/T50314—2000)，对智能建筑（小区）集成系统的组成、功能、硬件配置和软件要求等给出了明确的规定。

智能建筑集成系统从功能上可以划分为如下三个子系统。

（1）安防子系统。

（2）物业管理子系统。

（3）通信自动化子系统。

一般来说智能建筑集成系统包括以上三个子系统，但是各个子系统并不全部应用于智能建筑，可以是其中的一部分或全部，这主要视用户的需求和智能建筑自身的情况而定。图 6-1 所示为智能建筑集成系统总体功能框图。

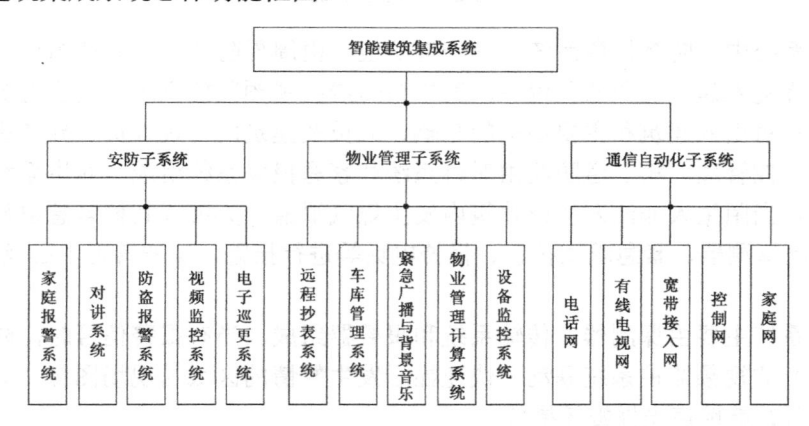

图 6-1　智能建筑集成系统总体功能框图

6.1.2　智能建筑集成系统介绍

智能建筑集成系统主要由三个子系统（安防子系统、物业管理子系统、通信自动化子系统）组成。

1. 安防子系统

安防子系统主要负责建筑内外的安全防范，是智能建筑集成系统中最重要的子系统，主要由物业公司保安部门负责。安防子系统一般由防盗报警系统、视频监控系统、电子巡更系统、对讲系统、家庭报警系统、火灾报警系统组成。如图 6-2 所示，安防子系统在集成系统网络结构中主要处在功能管理层、过程管理层和过程控制层，其中功能管理层为保安中心管理计算机及软件；过程管理层为各个子系统管理计算机及软件；过程控制层为各个子系统控制器及输入输出设备。

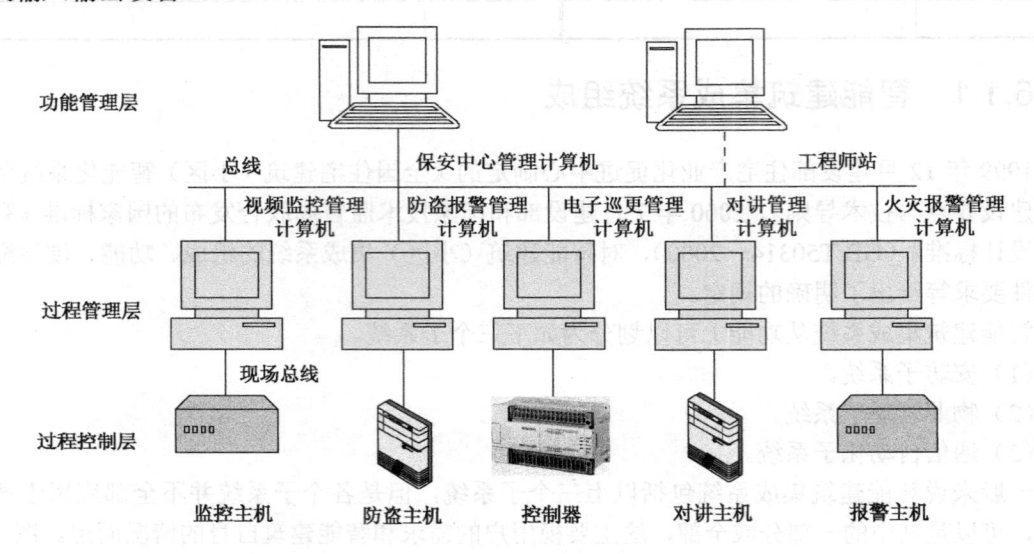

图 6-2 安防子系统

在安防子系统中，防盗报警系统为第一道防线，由周界防范报警系统组成，以防范翻越围墙或穿越周界进入建筑的非法入侵者。第二道防线由视频监控系统、电子巡更系统及门禁管理系统组成，对出入建筑和主要通道的车辆、人员及建筑内可疑人员、异常事件、重要设施进行布防、监控管理。第三道防线由对讲系统和家庭报警系统组成。对讲系统将闲杂人员阻挡在建筑外，当陌生人非法入侵或建筑内发生煤气泄漏、火灾或其他紧急事件时，通过安装在室内的自动探测器、紧急求助按钮、报警电话等进行报警，保安管理中心及时获得信息，迅速处理。

防盗报警系统主要由探测器、传输系统和报警器组成。当有报警信号时，防盗报警系统与建筑（小区）的视频监控系统联动，快速显示发生警情的区域的现场图像，同时辅以人工巡更、声音监听、就地声光报警等措施。

门禁管理系统一般由门禁控制器、控制软件、网络控制器、读卡器、电控锁、传感器及出门按钮几部分组成。门禁管理系统根据门禁管理软件对各种参数进行设置，通过现场设备进行管理。读卡器直接连在现场控制模块上，用来读取卡的信息，当持卡人刷卡后，读卡器就会向现场控制器传送该卡数据，由现场控制器进行身份比较、识别，如果该卡有效，现场控制器通过输出接口输出开锁信号，驱动电控锁打开，使持卡人进入，同时在门禁管理系统工作站上记录和显示信息，如持卡人的姓名、进入时间、权限等资料，便于以后查阅。如果该卡无效，门禁管理系统工作站同样会记录读卡信息，并会根据事先设定的处理方式进行报警或其他处理，以达到保安的目的。

电子巡更系统由现场控制器、巡更管理机、巡更站匙控开关、信息采集器等部分组成，通过现场控制器与监控中心可以与防盗报警系统联动。巡更站匙控开关可以安装在就近的现场控制器或防盗主机上。在建筑区域内及重要部位设置巡更站，巡更人员携带巡更记录器（卡、钮）按指定的路线和时间到达巡更站并进行记录，将记录信息传送到保安管理中心。管理人员可调阅、打印各巡更人员的工作情况，加强安全防范，同时在一定程度上保障巡更人员的安全。

视频监控系统主要由监控主机、前端部分（摄像机、云台、支架及镜头等）、传输部分和辅助设备组成。视频监控系统在建筑内主要通道、重要公共场所、重要设施及周界设置摄像机，将图像传送到保安管理中心，主要用来对建筑进行实时监控记录，及时了解建筑内动态。

对讲系统由对讲主机、门口主机、室内分机和电控锁等相关设备组成。通常对讲主机设置在保安管理中心，门口主机设置在建筑（小区）入口处和门栋入口处，室内分机设置在用户室内。对讲系统在建筑入口、用户室内入口及保安管理中心之间建立一个语音（图像）通信网络，有效地监控外来人员进入建筑（小区）的行动，保护用户的人身和财产安全。

火灾报警系统主要由报警主机、感烟探头、感温探头、手动火灾报警按钮、联动控制器、联动设置及控制软件组成。火灾报警信号通过现场总线传送给报警主机。火灾报警系统在对火灾信息进行处理后，判断发生火灾，在报警主机上显示火灾区域并进行声光报警，同时控制报警设备进行现场报警与显示，也可以控制联动系统进行灭火处理，如运转消防水泵和喷淋系统、启动排烟风机、降下防火卷帘门和进行消防广播疏散人群。通过管理软件的通信功能，火灾报警系统还可与集成系统主机甚至城市消防调度指挥系统相连接，以获得强有力的支援。

2. 物业管理子系统

物业管理子系统主要负责远程抄表与计费管理、车辆出入与停车管理及供电、公共照明、电梯、给排水、通风与空调设备的运行控制与监控管理等内容。物业管理子系统主要实现管理和节能的目的。

1）远程抄表系统

随着社会经济的不断发展，用户对物业管理的要求越来越高，对水、电、气等能源的管理提出了更高的标准。虽然每户居民均一户一表，但由于智能建筑（小区）的许多住户抄表困难，而且采用人工抄表，因此不可避免地出现错抄、漏抄的情况，工作量大且误差率高。为了解决这些问题，提高能源计量的准确性、及时性，我们必须采用一种新的计量抄表方法——远程抄表系统，实现能源管理的自动化、智能化。

远程抄表系统由三大部分组成：一是装有电子眼装置的直读式计量仪表或其他远程仪表；二是担负数据校验任务的局域网系统，包括数据采集器和数据采集终端；三是中央控制台和管理软件。远程抄表系统中具有数字或脉冲输出的仪表作为前端采集设备，对用户的用水量（生活用冷热水、空调冷热水、纯净水）、用电量、用气（煤气）量、用汽（蒸气）量进行计量。数据采集器对前端仪表的输出数据进行实时采集，并对采集的结果进行长期保存。当物业管理子系统主机发出读表指令时，数据采集器立即向物业管理子系统主机传送计量数据。

数据采集器和物业管理子系统主机采用现场总线进行通信，确保传送数据的正确性。中央控制台和管理软件负责计量数据采集指令的发出、数据的接收、计量、统计、查询，报表的生成、打印，并根据需要将收费结果分别传送到相应的物业管理部门的管理计算机中。

（1）计量仪表。

远程抄表系统的计量仪表主要有两种，一种为传统数字式计量仪表，另一种为直读式计量仪表。

传统数字式计量仪表（水表、电表、气表、热量表）是在传统计量仪表的基础上加装传感器，将其计量数据转换为脉冲信号的仪表。远程抄表系统对采集到的脉冲信号进行累计和换算，转换出用户的用量。传统数字式计量仪表采用脉冲计数，当表盘抖动和受到电磁干扰时，容易引起脉冲丢失或多计脉冲，引起表具窗口与系统抄表数的不符，另外由于脉冲计数的累加特点，因此需要加装电子存储元件记忆脉冲数，而电子存储元件内数据也易受干扰，影响数据精度。

直读式计量仪表及数据远传系统，是在传统数字式计量仪表的基础上加装读数系统，以采用远程摄像原理直接读取表具上的数据为特征的抄表系统，可以自动识别表具窗口中的显示值并将该显示值远传到管理中心，确保读取的数据与表中的数据一致。远传抄表的目的是远传计量，不参与量值传送过程，只是传送图像。

（2）数据采集器。

数据采集器完成对计量仪表输出数据的采集。当数据采集器接收到指令后，数据采集器中的单片机将接收到的数据进行校验，确定是否进行抄表，如果需要进行抄表，就通过通信芯片把读表指令传送给仪表，而仪表的控制芯片会把传感器读取到的仪表数据返回给单片机，单片机对数据进行简单处理后传送给数据采集器，最后数据采集器把仪表读回来的数据通过RS-485总线传给中央控制计算机，显示在屏幕上。数据采集器具有以下功能。

① 即时抄取用户的电表、气表、热量表，在表具窗口显示数据。
② 统计当月用量数据。
③ 抄取指定日期日用量。
④ 对数据进行统计分析，判断用量是否正常。

（3）数据采集终端。

数据采集终端以多机通信方式采集数据采集器中的数据，数据采集终端采集到各数据采集器的信号后，进行处理、存储，并通过通信总线与中央控制计算机相连接。一个数据采集终端可以连接几十个数据采集器。数据采集终端的数据也可通过市话网传送到远端管理中心的计算机进行数据处理。

（4）通信网络。

数据采集终端可采用有线、无线、宽带网或电力线等方式与中央控制计算机相连接。

无线方式是指将数据采集终端的数据调制到微波波段，经发射机发射和控制中心的接收机解调后送入管理计算机。

有线方式是指将数据采集终端的数据用工业总线 RS-485 总线或 LonWorks 总线经专门传输网络送入管理计算机。

数据采集终端采集的数据还可以通过建筑（小区）的局域网采用 TCP/IP 协议方式或电力

线方式进行传送。

（5）中央控制台和管理软件。

中央控制台主要包括计算机、管理软件及辅助设备。

管理软件由抄表管理软件和计费管理软件组成。管理软件主要负责对硬件采集得来的数据进行整理、分析、汇总、管理、打印等，并按设定的费率和方法进行计费。管理软件安装在计算机主机里。

中央控制台和管理软件具有以下管理功能。

① 实时测量功能与核查功能。

② 超限判断功能与防盗功能。

③ 集中抄收功能与管理及计费功能。

④ 自检功能与保密功能。

⑤ 记忆功能与报表功能。

⑥ 打印业主当月能源消耗情况，打印收费通知单，也可以连接建筑（小区）的网络系统，用户可以通过建筑（小区）网络查询当月的各种能源消耗情况及费用情况。

中央控制台和管理软件还具有控制功能：当用户恶意拖欠费用，拒不交费时，管理人员可下发断电、停气、停水命令，启动执行机构对该用户进行断电、停气、停水等操作，交费后方可解除。

2）机电设备监控与管理系统

智能建筑的机电设备监控与管理系统主要包括以下几部分内容：空调及通风监控系统、变配电监控系统、照明监控系统、电梯监控系统和给排水监控系统，如图6-3所示。

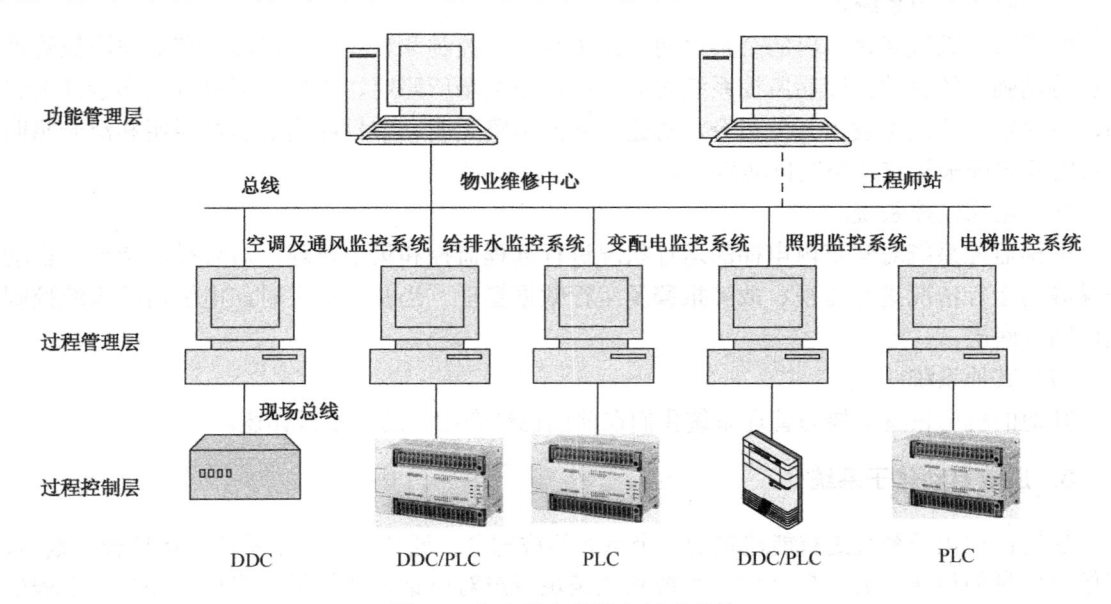

图6-3 机电设备监控与管理系统

（1）空调监控系统。

空调系统主要包括制冷主机组、冷水泵组、冷却水泵组、冷却塔、板式热交换器、储水箱等设备。空调监控系统根据实际制冷负荷，自动控制冷水泵组运行台数，通过监测冷水的供回水压差，控制冷水旁通阀，保证冷水系统的水力平衡。冷却塔风机根据冷却水水温控制启停，以节约能耗。空调监控系统根据每台设备的累计运行时间，确定应启动的设备，使设备运行的时间均匀，提高设备的平均使用寿命，确定检修周期。

（2）空调通风监控系统。

空调通风系统主要包括组合式风柜、风机盘管、风阀及执行器。空调通风监控系统应当监控空调通风系统按季节特点全年节能运行，自动按时间表运行，节假日单独设定；充分利用室外冷量，根据空气品质调节新风量，确保空气新鲜，按回风温度控制冷、热水阀，保证室内温度，根据回风湿度控制加湿器，确保室内湿度。空调通风监控系统具备监测过滤器阻塞状态、水管防冻报警、新风系统监控等功能。

（3）给排水监控系统。

给排水监控系统主要包括给水监控系统和排水监控系统。给排水监控系统对生活用水、排水、雨水、冷水、热水等各种水系统的水泵进行集中启停控制，检测故障，统计运行时间，并检测各水箱水位，根据水位自动控制水泵运行，进行水位高、低限报警。

（4）变配电监控系统。

变配电系统的安全与稳定直接关系到智能建筑能否正常运转。变配电系统主要包括高压开关柜、变压器、负荷柜、动力配电机及发电机。变配电监控系统主要测量变压器的电压、油温，高低压进线及主要回路的电流、电压、用电量、功率等；监视进出线断路器的状态，记录和指示脱扣发生时间等；检测柴油发电机输出电流、电压和累计运行时间；指示发电机开关状态，进行无电压和脱扣报警，记录脱扣发生时间，进行燃油箱油位低限报警等。

（5）照明监控系统。

照明监控系统对建筑内的公共照明系统进行集中控制和管理，可以实现节能与降低管理人员劳动强度的目的。照明监控系统对建筑内的公共场所照明、大厅照明等分区指示开关状态，自动定时或人工发出开关指令，对建筑外的道路照明、节日照明、装饰照明和泛光照明等按时间表或根据室外照度自动启停。

（6）电梯监控系统。

电梯监控系统对建筑内电梯的运行状况进行远程监控和集中管理，对客梯、货梯、自动扶梯等的运行情况进行监视、故障报警及运行数据管理。当发生火灾时，电梯监控系统控制电梯回到底层。

（7）其他系统。

其他的机电设备监控与管理系统我们在前面已经介绍，这里不再详述。

3. 通信自动化子系统

通信自动化子系统是智能建筑的一个重要组成部分。通信自动化子系统支持话音、数据、图像等信息的传送。通信自动化子系统除须满足用户对电话、计算机、娱乐、保安、远程信息、视频等业务的需求外，还须解决建筑内的通信网络与公用通信网络的接口问题，也就是要建设一个开放性网络。

通信自动化子系统由话音信号传输系统、数据图像传输系统、视频信号传输系统和控制信号传输系统组成。

1）话音信号传输系统

话音信号传输系统分为对讲系统和电话通信系统。

对讲系统主要实现建筑（小区）入口、物业管理中心、用户之间的通话。对讲系统是采用计算机技术、通信技术、传感技术、自动控制技术和视频技术设计的一种访客识别的智能信息管理系统，由专门的通信网络组成。

电话通信系统主要由公用市话网的所在地电话局提供，由电信部门进行运营和维护，利用公用电话网的交换局设备或在建筑（小区）内设置用户远端模块局，可为用户提供市话、长话及各种增值业务。

2）数据图像传输系统

数据图像传输系统是建筑（小区）住户内部之间及与外部进行数据通信的系统。数据图像传输系统通过在建筑（小区）内部建立高速局域网并与公共网进行宽带连接后，为建筑（小区）住户进行数据传输、Internet 连接，以及信息发布和提供其他数据传输应用服务。建筑（小区）内 IC 卡系统、车库管理系统及话音信号传输系统也可使用数据图像传输系统的传输线路进行数据（话音）传输。

3）视频信号传输系统

视频信号传输系统是建筑（小区）内为视频信号传输提供的线路系统。建筑（小区）内的视频传输系统传输电视信号及闭路电视监控信号，传输媒介通常为同轴电缆。电视信号通过 860Mbps 分配网络分配到用户，闭路电视采用星形网络方式将各摄像点的图像传输到监控管理机房。

4）控制信号传输系统

控制信号传输系统由建筑（小区）内机电设备的控制信号传输系统、安防子系统的监控信号传输系统组成，一般采用 RS-485、VME、LonWorks、PROFIBUS 等现场总线协议。在智能建筑设备中，设计院对各个系统进行综合布线设计，控制信号传输系统包括智能建筑设备中所有的控制线路及网络。

建筑（小区）网络与外部网络的接入方式有很多种，通常有以下几种。

（1）建筑（小区）内建立计算机局域网，其信息中心通过 DDN（数字数据网）专线与电信局连通。这种方式的优点是有利于建筑（小区）公共服务功能的发挥，带宽大，技术成熟，实时性好，不占用电线；缺点是保密性差，投资大，运行成本高，DDN 专线费用高。

（2）建筑（小区）用户通过普通电话拨号上网。这种方式的优点是保密性好，布线省，不存在设备配套问题，不增加设备运行和管理成本，不需要物业公司管理；缺点是实时性差，速度慢，不能同时上网和通话，不适用于多媒体信息服务。

（3）建筑（小区）用户通过 ADSL 或 ISDN 拨号上网。ADSL 或 ISDN 拨号上网在具备普通电话拨号上网的优点的同时，可以高速上网，满足多媒体信息服务的需要；缺点是实时性不太好，费用偏高，无法实现有效的宽带广播式服务。

（4）利用有线电视网双向 HFC（混合光纤同轴电缆网）作为传输网络。HFC 的优点是可充分利用有线电视网，布线省，投入低，带宽大；缺点是带宽共享，若同时上网的用户太多，将影响个人带宽。目前，国家大力发展 HFC 技术。

任务 6.2　集成系统软件

前面介绍了智能建筑集成系统是一个集散系统，该系统按网络结构可分为四层，每一层主要由硬件、软件与通信三部分组成。在前面各个章节我们分别介绍了集成系统的硬件与通信的各种方式，本节将主要介绍组态软件和操作软件。

6.2.1　组态的概念

组态一词来源于英文单词 Configuration，含义是使用软件工具对计算机及软件的各种资源进行配置，达到使计算机或软件按照预先设置，自动执行特定任务，满足使用者要求的目的。

由于自行开发组态软件需要较长的周期，而工业控制组态软件作为一种集成化的软件工具平台提供了丰富的组态功能，可以大大缩短开发周期，因此工业控制组态软件在工业监控系统中受到重视。

组态软件是指具有组态功能，面向数据监控和数据采集，能生成目标应用系统的应用软件。组态软件是目前工业控制的一个热点。组态完成后的上位机的主要功能是根据运行策略进行运行方案的指导，为下位机提供控制信息；将下位机检测上传的工艺参数进行加工处理，根据事先设定的策略形成控制输出；建立直观的监控界面，完成系统的运行状态及参数的显示，实时数据、历史数据的显示与记录，报警信息的产生及处理等。

从组态软件的内涵上来说，组态软件是指在软件领域内，操作员根据应用对象及控制任务的要求，配置（包括对象的定义、制作和编辑，对象状态特征属性参数的设定等）用户应用程序的软件平台，也就是说把组态软件视为"应用程序生成器"。从应用角度来说，组态软件是完成系统硬件与软件沟通、建立现场与监控层沟通的人机界面的软件平台，其应用领域不仅仅局限于工业自动化领域。

6.2.2　组态软件

组态软件进行软件组态，软件组态一般包括基本配置组态和应用软件组态。基本配置组态负责提供系统中的配置信息，如系统中站的个数、索引标志、符号、点数、最短执行周期等内容。应用软件组态包括数据库的生成、历史库的生成、画面生成、报表生成等。组态软件主要有以下功能。

1. 画面组态

通常系统操作员都希望在操作界面上看到系统的工艺流程图。画面组态负责生成工艺流程画面，工艺流程画面的显示可分为静态显示和动态显示两种。静态显示显示的画面是工艺流程的实际组成图形，其特点是一次显示出来，画面不切换，图形不会改变；动态显示显示的画面随着实时数据的变化而不断刷新变化，主要包括各种数据图、棒图、运行曲线图。另外，为增加操作的灵活度，在工艺流程画面设置一些按钮，按下这些按钮就可以打开特定的窗口。图6-4所示为画面组态。

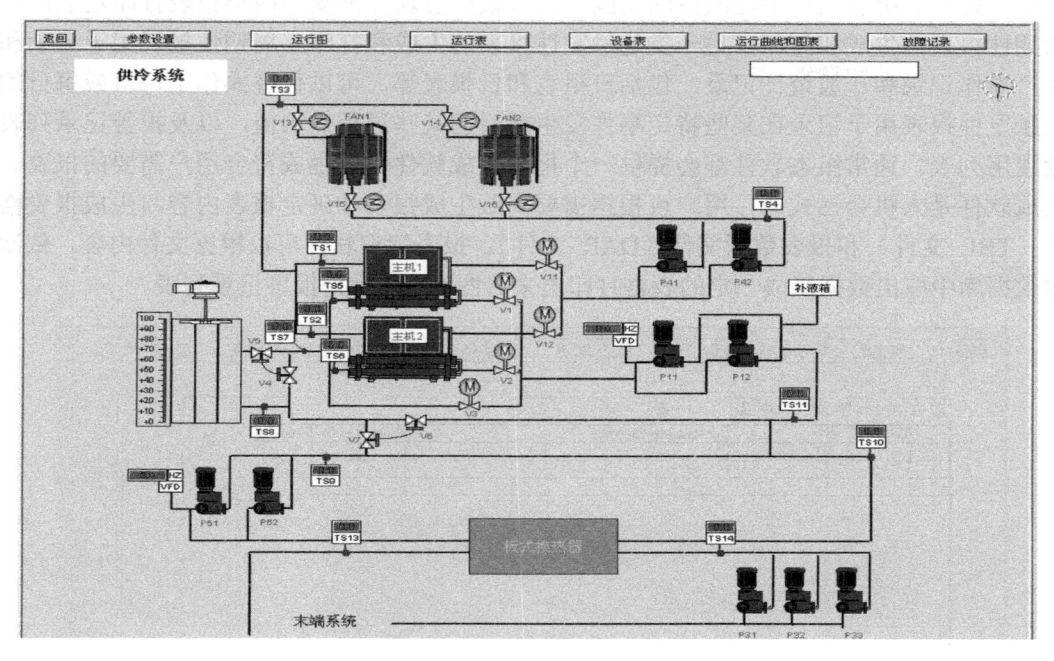

图6-4 画面组态

2. 数据组态

一般的组态软件都支持历史数据管理和趋势显示功能，不同的系统对历史数据的管理和趋势显示功能的处理方法不同。通常对于趋势显示功能，各个组态软件都能做到实时趋势显示和历史趋势显示。实时趋势显示就是很短扫描周期的数据记录，扫描周期一般为秒级（如5s）；历史趋势显示就是较长扫描周期的数据记录，扫描周期一般由用户自行选择。图6-5所示为实时趋势显示。

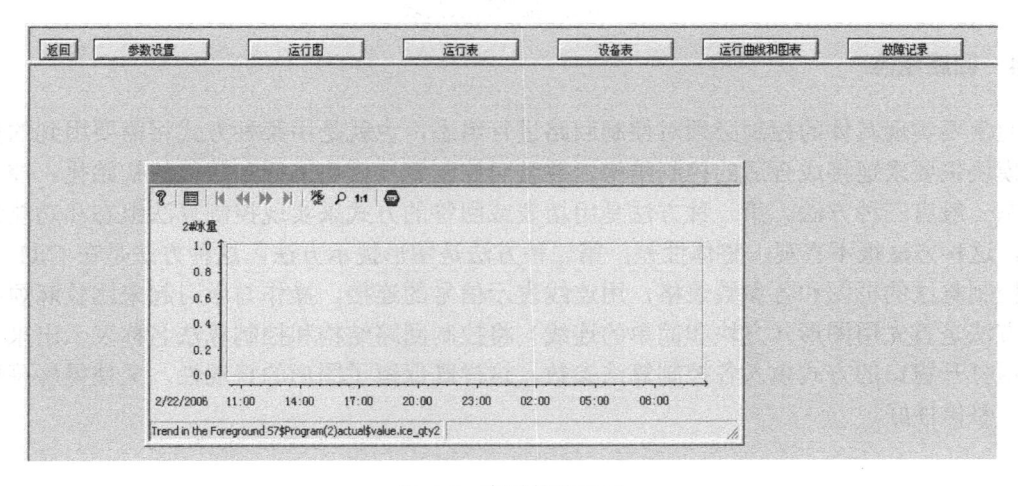

图6-5 实时趋势显示

3. 报表打印

报表打印是组态软件不可缺少的功能。大多数组态软件都支持两类报表打印功能：一类是周期性报表的生成和打印，另一类是触发性报表的生成和打印。周期性报表用于记录和打印生产操作记录和一般统计记录，包括班报表和日报表等，可以代替操作工每班或每日的报表。触发性报表用于记录在某些特定事件发生前后的某些过程点的值，以及报警记录列表和键盘调用列表。通常组态软件都会提供一个报表生成软件用于生成符合用户需要的报表。报表生成软件是人机会话式的，用户可根据需要离线生成报表和确定报表内容，生成报表格式文件（TBL 文件）和报表数据文件（DAR 文件）。报表管理软件可以根据文件内容，依次到实时数据库中取出数据填成一定的表格打印出来。图 6-6 所示为报警记录列表。

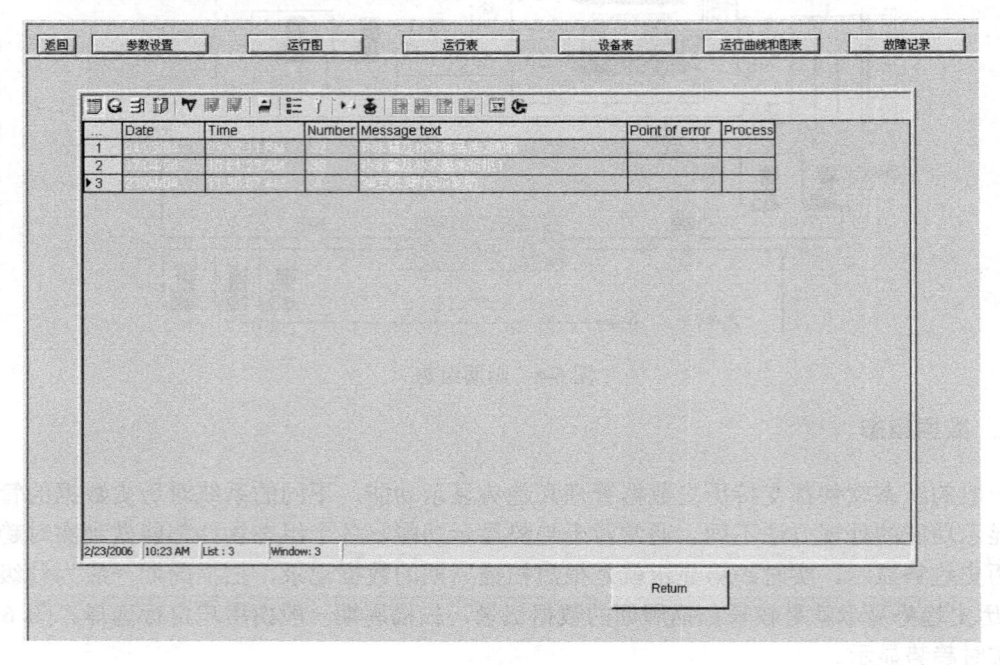

图 6-6 报警记录列表

4. 回路组态

通常要实现具体的控制必须对控制回路进行组态，也就是用某种方式将需要用到的控制算法模块依要求连接成合适的控制结构，并且对控制算法模块进行参数值的初始化。控制回路组态一般有三种方法。第一种方法是用填表或回答的方式来实现控制算法组态和功能参数设定，这种方法很不直观，整体性差；第二种方法是图形提示方法，这种方法是在 CRT 上显示出控制算法的框图和各参数表格，用连线表示信号的连接，操作与学习起来比较麻烦；第三种方法是首先用图形（方块和简单的连线）将控制回路结构和控制算法名称表示出来，然后利用打开窗口的方式填入各控制算法参数，这样既保留了图形的直观性，又使得屏幕层次分明、整体性好。

5. 操作级别

操作站通过操作口令的设置决定三种操作级别。

（1）操作员级。操作员级允许操作员在正常运行情况下，有效地控制运行，但是不允许改变敏感的数据库参数，一般可以执行启停、查询、常用控制参数设定（如开启台数、温度、湿度、时间等）。

（2）监督员级。监督员级不但享有操作员级的所有功能，而且允许监督员变动所属的一些数据库参数。

（3）工程师级（也称超级用户级）。工程师级允许改变所有数据库中的所有参数，也可对程序及软件进行修改。

6.2.3 操作软件

操作软件是指系统根据实际的智能建筑的工艺要求编制的面向操作员的软件。操作软件风格的编制与系统的工艺流程、编制人员的水平、管理者的爱好有关。通常操作软件也称为人机界面。尽管大部分操作软件风格各异，但通常操作软件都要完成实时数据管理、历史数据存储和管理、控制回路调节和显示生产工艺流程画面、系统状态、趋势显示及生产记录的打印和管理、操作员登录等功能。

1. 实时数据库

前面讲过，智能建筑集成系统的控制对象很多，系统 I/O 控制点的规模也很大，建立和管理这些设备及其参数需要很多的人力与物力资源，为此，集成系统提供了实时数据库生成系统，帮助技术人员建立实时数据库的数据结构。

实时数据库是集成系统的基本资源，是整个集成系统工程数据处理、数据组织和管理的核心。实时数据库是全局型数据库，通常采用分布式数据库结构，其特点是在现场控制站上存储该站所用的各种点或局部记录的全记录信息。例如，对于一个 I/O 控制点的记录内容确定了该点的索引信息、点状态信息、赋值信息、显示信息、地址信息、报警信息、转换信息、注释信息等。通常操作站操作数据库只存放现场控制站各点记录的索引、赋值及状态等部分信息，当操作站需要数据时，一般直接在本站数据库中读取。如果需要用到完整的数据记录时，操作站就向实时数据库发出全记录调用请求，实时数据库管理任务将该请求转换成标准格式并发向网络管理任务，网络管理任务负责向所有的现场控制站读取记录，并及时返回给实时数据库管理任务。整个系统的实时数据库是全局性的，赋值和状态信息全局性地周期刷新，同时合理利用系统资源，使信息存储分散，通过网络实行全局管理。

2. 历史数据库

为了方便操作员或工程师对系统各控制点进行变化趋势分析及管理人员对系统进行综合分析，在操作站上建立一个历史数据库是必要的。历史数据库负责将一段时间内的数据存储起来。历史数据库中一般包含短时间间隔历史数据和长时间间隔历史数据。前者主要用来显示趋势曲线，存储间隔一般为秒级，后者主要用来进行长时间的趋势分析、记录打印和统计计算，存储间隔一般为分级。通常历史数据库的存储间隔取决于系统的硬件资源。

3. 控制软件

一个通用的现场控制站应具有数据采集、控制输出、自动控制和网络通信功能。操作员通过人机界面对现场控制站进行信息读取与指令发布。指令和信息的来源主要为现场控制站、DDC、PLC、智能调节器中的控制软件。

现场控制站的控制软件采用模块化结构设计，用于实现对设备的控制与执行。控制软件一般分为执行代码部分和数据部分，负责对系统的设备进行操作控制与信息读取。控制软件的编写一般根据用户的需求、系统的工艺流程、操作需求、现场环境来完成。控制软件主要完成系统控制、数据采集、算法控制、故障处理、通信处理、初始化等功能。

任务 6.3 典型 BAS 产品及应用

6.3.1 APOGEE 系统

目前楼宇自控系统产品比较成熟又有代表性的有 Siemens 公司的 APOGEE 系统、Johson 公司的 METASYS 系统、Honeywell 公司的 Excel 5000 系统、TAC 公司的 Tac 系统。下面主要介绍 Siemens 公司的 APOGEE 系统。

Siemens 公司的 APOGEE 系统是采用集散控制方式的楼宇自控系统，楼宇自控系统是由中央管理站、各种 DDC 及各类传感器、执行器组成的能够完成多种控制及管理功能的网络系统。每个 DDC 均有 CPU 进行数据处理，都能够独立工作，不受中央或其他控制器故障的影响，从而大大提高了整个集控管理系统的可靠性。

APOGEE 系统以安装 Windows 2000/NT 系统的计算机工作站为监控平台，可最多连接 4 条楼宇级网络（BLN），每条楼宇级网络可最多连接 100 个 DDC，每个 DDC 可通过楼层级网络（FLN）连接多达 96 个扩展点模块或终端设备控制器。楼宇级网络和楼层级网络都符合 RS-485 标准，最大通信距离为 1200m，从而使 APOGEE 系统可以合理地分布于各监控现场，实现对机电设备的集中监控和管理。

S600 APOGEE 系统是以集散理论为基础的成熟的楼宇自控系统。S600 APOGEE 系统适应性非常强，系统组成模块化，可分为不同等级的独立系统，每级独立系统都具有非常清楚的功能和权限，因此 S600 APOGEE 系统既可用于单独的楼宇管理，也可用于一个区域的、分散的楼宇集中管理。S600 APOGEE 系统在设计上充分体现了分散控制、集中管理的特点，保证每个子系统都能独立控制，同时在中央管理站上能集中管理，整个系统结构完善、性能可靠。

S600 APOGEE 系统是随着计算机在环境控制中的应用而发展起来的一种智能化控制管理网络。目前，系统中的各个组成部分已从过去的非标准化的设计产品，发展成标准化、专业化的产品，系统的设计安装及扩充更加方便、灵活，系统的运行更加可靠，投资成本大大降低。

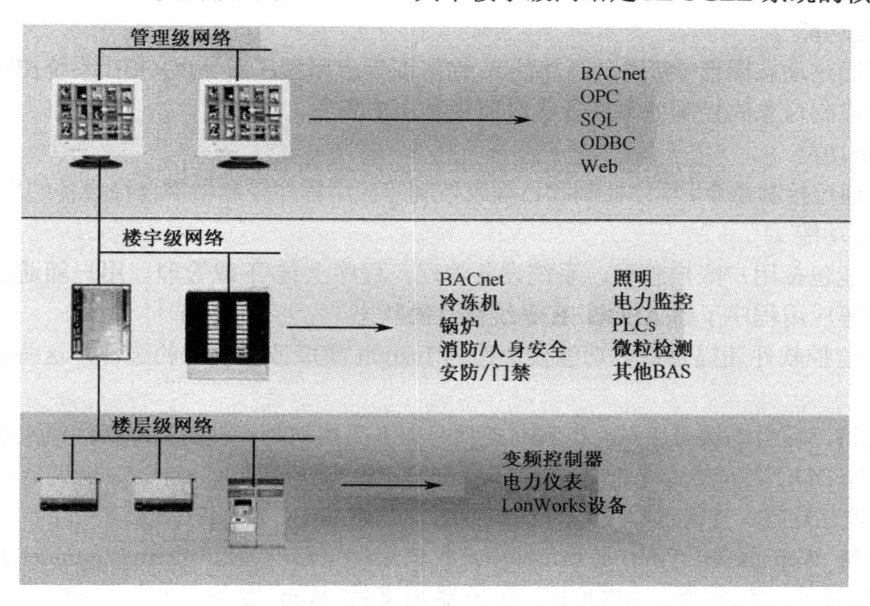

1. APOGEE 系统结构

APOGEE 系统上层由 Insight 监控软件、系统网络和多种 DDC 组成，下层由各种传感器和执行器组成，其中 Insight 监控软件和 DDC 通过现场总线连接。

典型的 APOGEE 系统结构如图 6-7 所示，由三层网络结构组成，包括管理级网络（MLN）、楼宇级网络（BLN）和楼层级网络（FLN），其中楼宇级网络是 APOGEE 系统的核心。

图 6-7 典型的 APOGEE 系统结构

1）管理级网络（MLN）

管理级网络是指由 2 台或 2 台以上的安装 Insight 监控软件或 InfoCenter 历史数据管理软件的计算机通过以太网连接而成的计算机网络，它支持 Client/Server 结构，采用高速以太网连接，运行 TCP/IP 协议，可以利用大楼内的综合布线系统实现。操作员可以在任何拥有足够权限的工作站实施监测设备状态、控制设备启停、修正设定值、改变末端设备开度等得到充分授权的操作。

2）楼宇级网络（BLN）

楼宇级网络主要由 DDC 和 Insight 工作站组成。主要的 DDC 都通过楼宇级网络连接，APOGEE 系统最多可以同时支持 4 条楼宇级网络，每条楼宇级网络最多可连接 99 个 DDC，如常用的模块式楼宇控制器（MBC）和模块式设备控制器（MEC）。楼宇级网络使用 24AWG 双绞屏蔽线，支持 115kbps 的通信速率。

3）楼层级网络（FLN）

楼层级网络主要用于连接终端设备控制器，如可联网的风机盘管控制器、电动执行器、变频器、传感器等设备。主要的 DDC 最多支持 3 条楼层级网络，每条楼层级网络最多可连接 32 个扩展点模块（PXB）或终端设备控制器（TEC）。楼层级网络支持 38.4kbps 的通信速率。

2. Insight 监控软件

Insight 监控软件是以动态图形为界面，向用户提供楼宇管理和监控功能的集成管理软件。Insight 监控软件基于 Windows 2000/NT 操作平台，采用 Client/Server 架构，最多可支持 25 个客户端同时运行 Insight 监控软件。

Insight 监控软件提供了如下三大功能。

1) 监视功能

用户可通过动态图形（新增动画功能）、趋势图等应用程序对 APOGEE 系统控制设备的运行状态、被控制对象的控制效果进行实时监视和历史查看。

2) 控制功能

用户可通过控制命令、程序控制和日程表控制等应用程序控制楼宇自控设备的启停或调节。

3) 管理功能

管理功能包括用户账户管理、系统设备管理、程序上传/下载管理。用户能通过系统活动记录、报表等应用程序了解 APOGEE 系统自身的状态。

Insight 监控软件还提供许多功能模块作为 Insight 集成监控软件的选件，这些功能模块具备以下功能。

（1）支持远程自动拨号服务。远程自动拨号服务采用调制解调器和电话线路来实现 Insight 工作站和现场 DDC 之间的远程通信。每个 Insight 工作站最多可支持 4 个调制解调器，与多达 300 个远程控制器相连接。支持远程拨号的 DDC 包括 MBC、RBC 和 MEC 300 等。

（2）支持 Web 服务。Web 服务允许用户仅使用浏览器，通过 Internet/Intranet 监视和控制 APOGEE 系统的运行状态。APOGEE 服务器端支持 Web 服务，利用微软公司的 Internet Information Server（IIS），再通过购买、安装支持 Web 服务的软件功能模块 APOGEE GO 来实现。

（3）支持仿真终端服务。仿真终端服务（Terminal Services）是 Windows 2000 Server 提供的一个服务项目，它提供了一个从 Windows 客户端以图形终端的方式访问 Windows 2000 Server 的途径。Insight Terminal Services Option 利用 Windows 的仿真终端服务，使 Windows 客户端能够以图形终端的方式访问 Insight 服务器获得数据。

（4）支持 BACnet 协议。BACnet 协议是由多个智能楼宇系统供应商共同达成的在智能楼宇及控制网络领域内的一种数据通信协议。BACnet 协议由 ASHRAE（the Association of Heating, Refrigeration and Air Conditioning Engineer，一个由多家智能楼宇系统供应商组成的国际组织）进行研发，提供了在不同厂家产品间实现数据通信的标准。

（5）支持 OPC 技术的数据开放接口。OPC（OLE for Process Control）技术由多家自控公司和微软公司共同制定并采用了微软 ActiveX、COM/DCOM 等先进和标准的软件技术，已成为一种工业标准。OPC 技术支持多种开放式协议以满足客户对信息集成的需求，为客户提供了一种开放、灵活和标准的技术，减少了系统集成所需要的开发和维护费用。

（6）APOGEE OPC 服务器功能。APOGEE OPC 服务器功能允许第三方系统（如集成系统、MIS 等）利用 OPC 客户端的应用程序对 APOGEE 系统实行监测和控制，也可从 APOGEE 系统上获取报警信息和事件记录。

（7）支持历史数据分析和效用成本管理。InfoCenter 软件模块利用微软公司的 SQL 数据库存储 APOGEE 系统的历史数据，进行室内空气品质分析、能耗分析、设备运行分析，生成报表或以 Excel 表格输出，供物业管理者使用。效用成本管理器（UCM）软件模块在分析 InfoCenter 软件模块的历史数据的基础上，实现对楼宇内装有监测能量使用情况的细分测量设备的区域进行监测的功能，从而生成日常装载文件、消耗及成本分配报告，供物业管理者参考。

（8）支持远程通告功能。Insight 监控软件的远程通告模块（RENO）允许将 APOGEE Insight 警报和系统事件信息发布给各种不同的通告设备，如文字寻呼机、数字寻呼机、电子邮件和电话。RENO 使得设备操作者能机动地监视楼宇自控系统的警报而不是将它们限制在指定的 PC 上。

3. DDC

DDC（Digital Direct Control）指直接数字控制器。近几年来，DDC 代替了传统控制组件，如温度开关、接收控制器或其他电子机械组件等，成为各种建筑环境控制的通用控制组件。DDC 利用微信号处理器来执行各种逻辑控制功能，主要采用电子驱动方式驱动气动机构，也可用传感器连接气动机构。DDC 是一种简易的微计算机设备，可独立工作，也可加入网络以执行复杂的控制、监测和能源管理，而不须依赖更高一级的处理设备。DDC 的信号输入输出分为：DI（数字量输入、开关量）、DO（数字量输出、开关量）、AI（模拟量输入、DC 0～10V 或 DC 4～20mA）、AO（模拟量输出、DC 0～10V 或 DC 4～20mA）。DI 和 AI 用于读取外部的测量和反馈信号，经过 DDC 内部用户程序判别、计算或调节后通过 DO 或 AO 送给控制系统外的执行器、驱动器或指示设备。DDC 内部结构如图 6-8 所示。

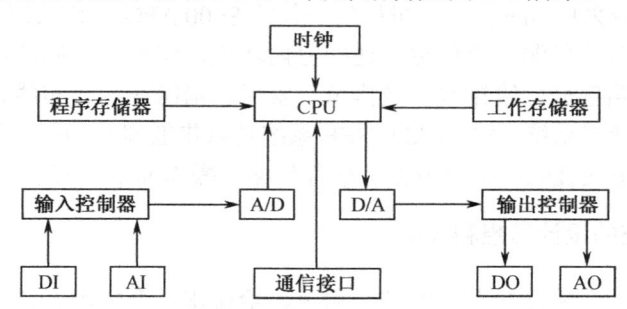

图 6-8　DDC 内部结构

所有的控制逻辑均以微信号处理器及各控制器为基础完成，这些控制器接收传感器或其他仪器传送来的输入信号，并根据软件程序处理这些信号，再输出信号到外部设备，这些信号可用于启动或关闭机器，打开或关闭阀门（风门），或者按程序执行复杂的动作。这些控制器可操作 CPU 系统或终端系统。

DDC 是 APOGEE 系统的核心，APOGEE 系统可以没有工作站，可以没有传感器或执行器，但必须有 DDC。DDC 的主要功能如下。

（1）独立工作，按程序和日程表运行，并不依赖于 Insight 工作站或其他控制器。
（2）具有 PID（比例、积分和微分）调节功能。
（3）具有控制设备动作、信息读取功能。
（4）具有全面的报警管理、历史数据记录和操作员的控制监视功能。
（5）在掉电情况下，所有设置、数据和程序均由内置电池供电保存。

APOGEE 系统中的 DDC 主要为模块式楼宇控制器（MBC）和模块式设备控制器（MEC）。

4. 传感器

传感器包括温度、湿度、流量、压差、露点、烟感、磁敏、红外、光电、位置、流量等信号的传感器。传感器将模拟量信号或数字开关量信号反馈给 DDC，DDC 通过 DI 或 DO 接收到反馈信号后将反馈信号送入中央控制器，由用户程序计算、比较、处理后用于控制、驱动、调节或显示。传感器是控制系统的信息来源，它反映了设备的状态、运行的环境等信息，是控制的依据和基础，其精度将直接影响到控制的效果。

5. 执行器

执行器包括各种调节阀、风阀执行器、变频器、电机及现场设备。系统通过上位机设定或计算后，DDC 驱动调节阀调节风门的开度、冷水阀阀门的开度、蒸气阀阀门的开度，设置变频器的启动与频率及控制各类设备的开启。

6.3.2 典型应用方案

某大厦总建筑面积为 45000m^2，建筑高度为 83m，建筑层数为地上 23 层，地下 2 层，室外庭院面积为 17000m^2，是一座集酒店、办公、商务、娱乐、宾馆为一体的综合性智能建筑。该大厦的楼宇自控系统采用 Siemens 公司最新一代的 S600 APOGEE 系统。该系统能够提高大厦的整体管理水平，节约能源，提供更舒适的室内环境，将大厦内制冷站、供热站、空调、新风机组、公共区照明部分、给排水、送排风、安保、消防、综合布线、车库管理、通信等系统纳入大厦自动化管理系统。S600 APOGEE 系统是以集散理论为基础的成熟的楼宇自控系统，具有结构灵活、适应性强、扩展方便、软件优化、操作简单等特点。

1. 楼宇自控系统的设计思想和原则

楼宇自控系统是一套将冷热源、空调、通风、给排水、变配电、照明、电梯、安保、消防、综合布线、车库管理、通信等设备或系统进行集中监视、控制和管理的综合系统，以安全、可靠、节能、节省人力和综合管理为目的。为了建成一个优良的建筑设备监控系统，在楼宇自控系统的设计上着重考虑了三个方面，其一是确定服务于设备或各个子系统的控制器 I/O 点数及 I/O 点的类型，同时确定 I/O 点的接口技术处理；其二是现场仪器、仪表、传感器、变送器和执行器等元件的正确选择与配置；其三是中央操作站和通信网络的配置。

S600 APOGEE 系统是 Siemens 公司推出的新一代楼宇自控系统集成平台，由 Insight 监控软件、DDC、传感器、阀门及执行器四大部分组成。根据大厦机电设备和弱电系统设计方案的具体情况，着重对如下几个问题进行了细化处理。

（1）根据大厦弱电系统的总体要求，选用了 Siemens 公司的 Insight 监控软件，S600 APOGEE 系统采用了 Client/Server 架构，并且支持 Windows NT/Windows 2000/Windows XP 操作系统，支持 OPC 等多种协议和开放接口，并且提供了丰富的功能选项，是一套运用成熟的系统。

（2）按受控设备的要求选用具有不同处理能力的 DDC，DDC 的搭配对于 S600 APOGEE 系统的合理配置有着重要的作用，各自控厂商的 DDC 都有多种不同 I/O 点数的产品可供选择，合理地选择 DDC 对于优化网络拓扑和控制系统造价有着不可忽视的作用，基本原则是 DDC 尽量靠近控制对象，空间距离较远的设备不宜合用同一个 DDC。

（3）为了保证系统稳定可靠，楼宇自控系统的 DDC、传感器、执行器电源均独立于受控设备进行集中供电。

2. 楼宇自控系统的控制内容和目标

总体来讲，楼宇自控系统应该向用户提供如下功能。

（1）通过配置楼宇自控系统的硬件和软件，实现测量各类工艺、设备状态的参数，设置并控制设备启停，提供设备运行报告等功能。

（2）监视并显示设备的工作状态，在故障时自动报警。

（3）现场自动控制组织的安全调整功能。

（4）根据楼宇自控系统记录，管理分析当前和过去的运行过程。

（5）提供计算和预测工具，用于优化并组合操作参数，实现设备优化使用。

（6）实现楼宇自控系统与其他系统的数据交换。

为此，我们对每一个子系统都进行了相应的需求分析，最终确定了大厦项目中楼宇自控系统的控制内容和目标。

1）冷冻站系统的监控

监控设备包括冷水机组、冷却水循环泵、冷水循环泵、热交换器、冷却塔、自动补水泵、电动蝶阀、电动调节阀等。

（1）根据事先排定的工作及节假日时间表，定时启停冷水机组及相关设备，完成冷却水循环泵、冷却塔风机、冷水循环泵、电动蝶阀、冷水机组的顺序联锁启动及冷水机组、电动蝶阀、冷水循环泵、冷却水循环泵、冷却塔风机的顺序联锁停机。

启动顺序：对应冷却水、冷水管路上的阀门立即开启，冷却塔风机、冷却水循环泵、冷水循环泵延迟 2~3min 启动，主机延迟 3~4min 执行制冷操作。

停机顺序：立即切断主机电源，冷却塔风机、冷却水循环泵、冷水循环泵延迟 2~3 min 关闭，对应冷却水、冷水管路上的阀门立即关闭。

（2）测量冷却水供回水温度，根据冷却水供水温度及冷水机的开启台数来控制冷却塔风机的启停数量。维持冷却水供水温度，使冷水机能在更高效率下运行。

（3）监测冷水总供回水温度及供回水流量，由冷水总供水流量和供回水温差，计算实际负荷，自动启停冷水机、冷水循环泵、冷却水循环泵及相对应的电动蝶阀。

（4）根据膨胀水箱的液位，自动启停自动补水泵。

（5）监测冷水总供回水压差，调节旁通阀阀门开度，保证末端水流控制机在压差稳定情况下正常运行。在冷水机系统停止时，旁通阀自动关闭。

（6）监测各水泵、冷水机、冷却塔风机的运行状态、手动/自动状态，进行故障报警，并记录运行时间。

（7）在每台水泵的出水端管道上安装水流开关，在水泵启动后，水流开关检测水流状态，若故障则自动停机；若水泵在运行时发生故障，则备用泵自动投入运行。

（8）中央站彩色动态图形显示、记录各种参数、状态、报警信息，记录累计运行时间及其他的历史数据等。

2）换热站系统的监控

监控设备包括热交换器、冷凝泵等。

（1）监测各热交换器二次水出水温度，根据出水温度按 PID 调节一次热水（或蒸气）调节阀，保证出水温度稳定在设定范围内，在温度超限时报警。

（2）监测热水循环泵的运行状态和故障信号，在故障时报警，并记录累计运行时间。

（3）中央站彩色动态图形显示、打印、记录各种参数、状态、报警信息，记录累计运行时间及其他历史数据等。

3）新风/空调机组的监控

监控设备包括新风/空调机组。

（1）程序自动启停送风机，具有任意周期的实时控制功能。

（2）监测送风机的运行状态、手动/自动状态，并进行故障报警，记录累计运行时间。

（3）在冬季，当温度过低时，开启热水阀，关闭新风门、送风机，进行报警提示。

（4）由风压差开关测量空气过滤器两侧的压差，在超过设定值时报警。

（5）风机、风门、冷水阀状态联锁顺序如下。

① 启动顺序：开冷水阀、开风阀、开风机、调冷水阀。

② 停机顺序：关风机、关风阀、关水阀。

（6）对于新风机组，测量新风温度和送风温度，并根据送风温度 PID 调节二通水阀的开度，维持送风温度为设定值；对于空调机组，测量新风温度和回风温度，并根据回风温度 PID 调节二通水阀的开度，维持回风温度为设定值。

（7）中央站彩色图形显示、记录各种参数、状态、报警信息，记录累计运行时间及其他历史数据等。

4）给排水系统的监控

监控设备包括给排水泵、生活水池、污水池、集水池。

（1）监测生活水池、污水池的运行状态，手动/自动状态和故障信号，在故障时报警，并记录累计运行时间。

（2）实现就地控制和远程控制的转换。

（3）监测生活水池液位，对超高液位报警，防止溢流，对超低液位也进行报警。

（4）根据生活水池液位，启停生活水泵，并进行超限报警。

（5）根据污水池、集水池液位，启停污水泵，并对超高液位进行超限报警。

（6）中央站彩色图形显示、记录各种参数、状态、报警信息，记录累计运行时间及其他历史数据等。

5）送排风系统的监控

监控设备包括送/排风机。

（1）监测各风机的运行状态、手动/自动状态。

（2）在自动状态下按时间程序自动启停风机。

（3）监测送/排风机的故障信号，在故障时报警，并记录累计运行时间。

（4）中央站彩色图形显示、记录各种参数、状态、报警信息，记录累计运行时间及其他历史数据等。

6）照明系统的监控

监控设备为公共照明配电箱。

（1）对于各照明回路，根据时间程序自动开/关各照明回路。

（2）对于各照明回路，监控各照明回路的开关状态、故障报警状态、手动/自动状态。

（3）程序可根据用户需要任意修改运行时间，可自定义节假日工作模式，降低大厦运行中的电能消耗。

（4）中央站彩色图形显示，记录各种参数、状态、报警信息，记录累计运行时间及其他历史数据等。

7）变配电系统的监控

对变配电系统的监控主要包括对高/低压变压器、发电机设备的相关运行参数的监视，本项目楼宇自控系统对变配电系统只监视不控制。由供配电设备厂商预留连接供配电系统的监测接口，通过高级接口采集下列信号。

（1）高压进线柜：三相电流、有功功率、无功功率、功率因数、有功电能。

（2）所有高压开关的开关状态、故障跳闸状态。

（3）变压器温度。

（4）低压进线柜：三相电压、三相电流。

（5）所有低压开关的开关状态、故障跳闸状态。

（6）低压主要配电回路电能。

（7）柴油发电机三相电压、三相电流、频率及运行或故障信号。

（8）变压器室、高/低压配电室、发电机房内温度。

为方便集成，本项目楼宇自控系统要求厂家符合国际标准通信协议：ModBus 协议、OPC 协议。

8）电梯系统的监控

本项目楼宇自控系统对电梯系统实行只监视不控制的方式，电梯系统采用 8 台三菱电梯。通过通信接口与电梯控制系统联网，来实现对电梯的集群管理。电梯系统提供高级接口给楼宇自控系统集成，楼宇自控系统对电梯的运行状态、故障报警状态、电梯的上升/下降状态进行监视；对自动扶梯的运行状态、故障报警状态进行监视，并对电梯系统的运行时间进行累积记录，在发生火灾时要求电梯与消防系统联动停在首层（消防电梯除外）。

9）安防系统的监控

（1）视频监控系统：对大厦的入口、周界围墙及重要部位进行监控。

（2）防盗报警系统：对大厦的入口、周界围墙及重要部位进行布防。

（3）电子巡更系统：在大厦每一层的重要部位设置 2~3 个巡更站。

（4）门禁管理系统：对大厦的出入口进行控制，对重要部位进行授权准入管理，采用智能卡系统。

10）车库管理系统的监控

本项目楼宇自控系统对大厦内的地下车库进行出入和收费管理。车库管理系统是大厦安防系统的一部分。在地下车库的收费中心设置一个车库管理操作站，其上运行 BAS 车库监控系统，它是一个完全图形化的软件系统。在系统集成设计中，车库管理操作站与 BAS 中央操作站的车库管理节点在同一级网络（Ethernet TCP/IP）上互连。集成功能如下。

(1) 向车库管理系统传送车库车辆的流动量及车位信息。
(2) 向车库管理系统传送设备工作状态及控制信息。
(3) 向车库管理系统传送收费资料。
11) 通信及综合布线系统的监控
本项目楼宇自控系统设计并实施大厦的通信网络，并且按要求完成综合布线和计算机网络。

3. 楼宇自控系统的系统构架

根据要求完成下列设计（见图6-9）。关于S600 APOGEE系统，简要说明如下。

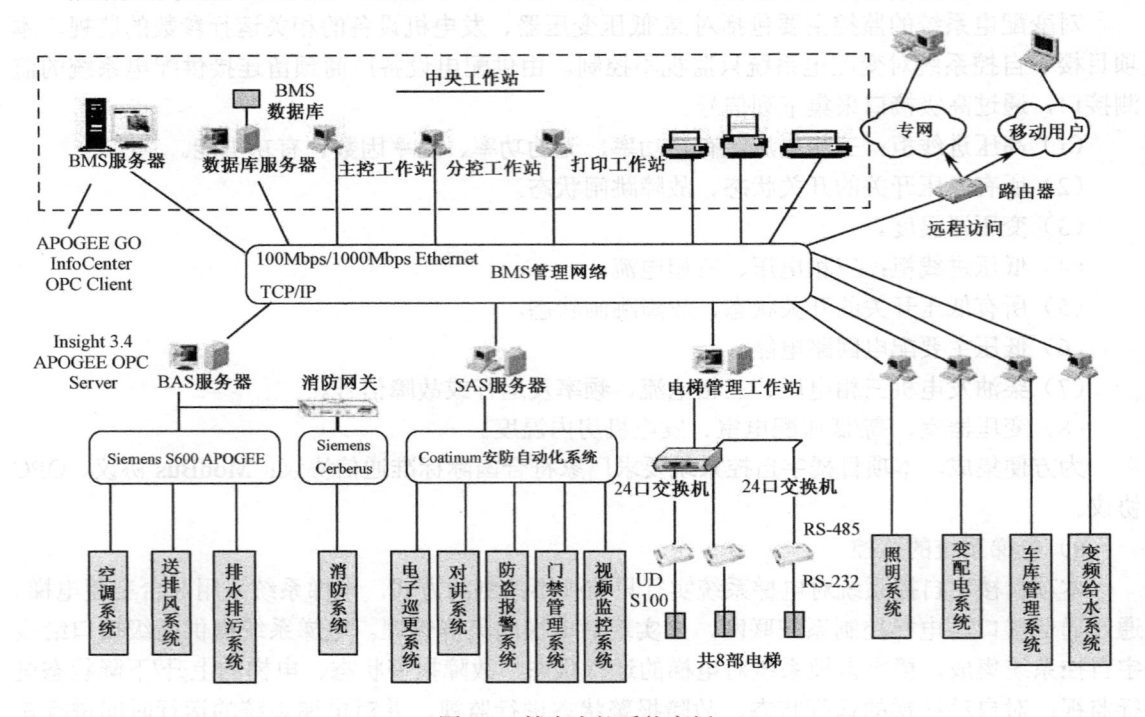

图6-9 楼宇自控系统实例

1) 中央工作站（BMS管理站）

中央工作站由BMS服务器、数据库服务器、主控操作站、分控操作站、打印工作站、彩色液晶显示器及打印机组成，是楼宇自控系统的核心。重要工作站通过BMS管理网络直接和外部Internet相连进行外部信息交换，并和设备监控、安防等子系统相连。整个大厦内受监控的机电设备都在中央工作站进行集中管理和显示，内装中/英文Insight监控软件，为操作员提供下拉式菜单、人机对话、动态显示图形等功能，为用户提供一个良好的、简单易学的界面。

2) 操作系统

S600 APOGEE系统的操作系统为楼宇自控系统提供了强大的工作平台，通过系统程序操作员可以在楼宇自控系统内进行各项资料的存取及监控。

（1）指令输入及菜单选择。操作员除可以通过常规的键盘进行操作外，还可以通过鼠标进行操作，包括启停、更改设定点、选择菜单等各项操作。

（2）图形及文字显示。操作员可以将楼宇自控系统内的每一个监控点用图形或文字方式显示出来。

（3）多方面资料显示。操作系统有能力在同一时间内以窗口式的方法显示多方面的资料，以便对不同资料进行分析，真正做到了实时和多任务。

（4）密码保护。多级别的密码将为业主及管理人员提供有效的保护，可以管理及限制不同部门人员使用楼宇自控系统，同时防止楼宇自控系统被无关人员使用，提高楼宇自控系统的安全性。

（5）彩色动态图形显示。为使楼宇自控系统内的报警信息被更快地确定及更容易分析楼宇自控系统的表现，楼宇自控系统提供彩色动态图形显示功能，包括楼层的平面图及机电装置的系统示意图。

（6）系统的架构及界定。所有温度及装置的控制策略及节能程序可以由用户决定，在进行界定或修正时程序不会影响楼宇自控系统的正常运作。

3）软件功能

Siemens 公司提供的所有软件均支持本项目所阐述的操作及监控系统，这些软件可在每个现场控制器中运行，其核心功能包括软件控制、报警管理两方面。

（1）控制软件具有完善且人性化的操作界面，提供设定点的修改和日程计划的设定和执行等丰富功能。

（2）报警管理包括监察、缓冲、储存及将报警信息显示在操作站上。具体要求如下。

① 所有报警信息应显示有关监控点的详细资料，包括发生的时间及日期。

② 报警信息可根据严重性分级，以便更有效、快速地处理严重的报警信息。用户可以为不同的报警信息决定严重性级别。

③ 监控点历史及动向趋势。

④ 累积记录，每个网络控制器拥有累积记录，若累积记录超过用户所定下的限额，楼宇自控系统将自动把用户指定的警告信息发布出来。

4）DDC

DDC 是用于监视和控制楼宇自控系统中有关机电设备的控制器。DDC 是一个完整的控制器，包含软硬件，能独立运行，不受到网络或其他控制器故障的影响。

DDC 主要由 32 位或 16 位微处理器和不同类型的 I/O 点模块组成，具有可脱离中央控制主机独立运行或联网运行的能力。当外电断电时，DDC 的后备电池可保证 RAM 中的数据 60 天不丢失。简单来说，DDC 具备以下功能。

（1）定时启停、自适应启停。

（2）自动幅度控制、需求量预测控制。

（3）事件自动控制、扫描程序控制与警报处理。

（4）趋势记录、全面通信。

4. 楼宇自控系统的实施情况

1）管理层网络及设备

（1）采用标准的 TCP/IP 以太网组成局域网，中央站与工作站为服务器/客户机结构，通过以太网及相应的通信接口实现中央站、工作站及第三方设备、相关子系统间的通信及上位 BMS 的数据通信、资源共享和综合管理功能。

（2）设备结构及开放性易于实现与其他相关系统和独立设置的智能系统间的数据通信、系统集成及与其他厂商设备和系统的连接。

（3）数据传输速率为 100/1000Mbps。

（4）系统服务器、数据服务器、中央监控管理系统软件（2000 点）、操作站、分控站等。

2）监控层网络及设备

（1）控制器通过监控层总线与中央站通信，实现控制器间的通信，即同层通信，便于楼宇自控系统参数的共享及不同控制器间的联动控制。

（2）支持 LonWork 技术。

（3）控制设备包括以下几种。

① 模块式设备控制器（MEC）。

② 模拟输入模块，LON 通信（8AI）。

③ 模拟输出模块，LON 通信（8AO）。

④ 数字输入模块，LON 通信（12DI）。

⑤ 数字输出模块，LON 通信（6DO）。

⑥ LON 通信模块。

⑦ 连接模块（模拟输入模块、模拟输出模块、数字输入模块、数字输出模块）。

（4）现场总线及设备包括冷/热水温度传感器检测元件、室外温湿度传感器、风管式压力传感器检测介质、室内温湿度传感器、风管式温湿度传感器和气流压差开关。

其他设备包括感温探头、感烟探头、门磁开关、红外开关、接近开关、流量变送器、摄像机、超声波探测器、变频器、电机、电磁阀、电控锁、按钮开关等。

5. 楼宇自控系统的系统效果

楼宇自控系统安装调试投入运行后工作稳定可靠，能够自动控制建筑内的机电设备，完成大厦内的物业管理，通过软件系统管理相互关联的设备，完成设备监控、保安和通信功能，将大厦的保安、物业和管理部门紧密相连，发挥设备整体的优势和潜力。同时，楼宇自控系统可以提高设备利用率，优化设备的运行状态，从而延长设备的使用寿命，做到降低能源消耗，减少维护人员的劳动强度和工时，降低设备的运行成本，保障大厦内的人、财、物的安全，达到智能建筑管理系统设计的目的。

实　训

学习情境 6 讲完以后，教师带领学生去智能办公大楼、智能住宅小区或工厂的物业部门或工程部门实训，在技术人员的指导下操作智能建筑集成系统软件及认知硬件，并要求每位学生熟悉实训单位安防系统的结构及组成、操作步骤，并写出实训报告。

知识总结

本学习情境首先介绍了智能建筑集成系统的组成、硬件及软件种类，然后介绍了集成系统管理软件的种类：组态软件、工作平台、数据库、控制软件，最后介绍了 APOGEE 系统的结构和组成，并以某大厦的 S600 APOGEE 系统为例详细介绍了智能建筑集成系统。

复习思考题

1. 什么是组态软件？
2. 什么是控制软件？
3. 智能建筑安防系统主要由哪些设备组成？
4. 画出 APOGEE 系统结构图。
5. 查找资料，请你设计一个包括空调控制、生活给水、消防给水的楼宇自控系统。要求完成系统框图、常用设备清单和软件清单。

学习情境 7　办公自动化系统

教学导航

学习任务	任务 7.1　办公自动化系统组成与特点 任务 7.2　办公自动化系统的分类和功能 任务 7.3　办公自动化系统常用设备 任务 7.4　办公自动化系统实例分析	参考学时	6
能力目标	了解办公自动化系统组成、分类、功能、特点，具有使用办公自动化系统常用设备的能力。学完本学习情境后，能够掌握办公设备日常保养技巧和排除常用设备的简单故障		
教学资源与载体	多媒体课件、教材、视频、计算机、打印机、复印机、传真机等办公设备及评价表		
教学方法与策略	项目教学法，多媒体演示法，一体化教学法，教师与学生互动教学法		
教学过程设计	教师首先介绍办公自动化系统组成与特点，在建立概念的基础上进一步让学生了解办公自动化系统的分类和功能，现场教学，让学生了解办公设备的工作原理，每个学生都进行操作、使用		
考核与评价内容	考核学生对办公设备的工作原理理解程度，重点考查学生熟练使用办公设备的能力、学习态度、任务完成情况		
评价方式	自我评价（10%）小组评价（30%）教师评价（60%）		

教师活动

教师要充分备课，准备办公自动化系统设备的 PPT 课件，让学生认识常用办公设备的功能、作用，激发学生兴趣。

学生活动

第一节课结束时每个学生填写的作业单如表 7-1 所示。

表 7-1　作业单

序号	办公自动化系统组成	序号	办公自动化系统组成

任务 7.1　办公自动化系统的组成和特点

办公自动化系统（Office Automation System，OAS）是指应用计算机技术、通信技术、系统科学技术、行为科学技术等，使人们的部分办公业务借助各种办公设备便捷完成，并由这些设备与办公人员组成的服务于某种目标的人机信息系统。

7.1.1 办公自动化系统的组成

办公自动化系统主要由硬件系统和软件系统组成。

硬件系统包括计算机及其外围设备，如打印机、扫描仪、复印机等。办公自动化系统中的计算机一般通过网络实现信息资源共享，并可以便捷地接入互联网。办公自动化系统的软件分类方框图如图 7-1 所示，硬件分类如表 7-2 所示。

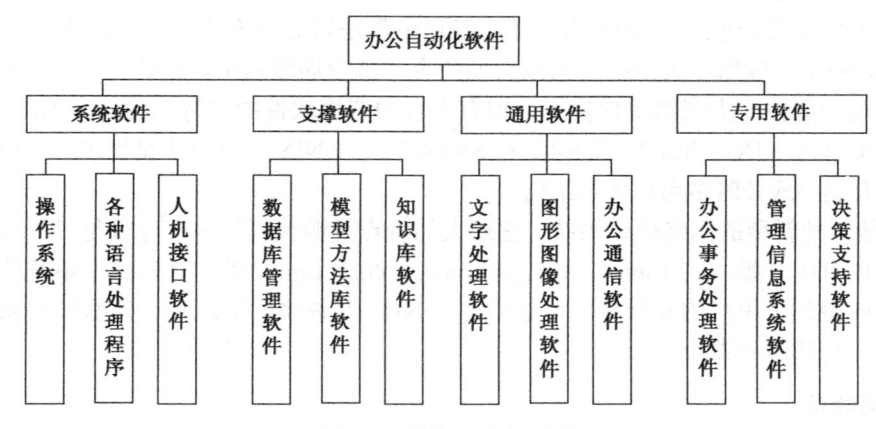

图 7-1 软件分类方框图

表 7-2 办公自动化系统硬件分类

类别	典型设备
信息复制设备	打印机、复印机、速印机、扫描仪等
信息处理设备	计算机、图形图像处理系统等
信息传输设备	各种局域网和广域网、电话、传真机等
信息存储设备	磁存储、光存储、缩微胶片和摄录像设备等
其他办公辅助设备	稳压电源、UPS、碎纸机和空气调节器

办公自动化系统的软件是指用于运行、管理、维护和应用开发计算机所编制的计算机程序，主要包括以下几种类型的软件。

1. 系统软件

系统软件是指控制和协调计算机及其外围设备，支持应用软件开发和运行的系统，是无须用户干预的各种程序的集合，主要功能是调度、监控和维护计算机系统，负责管理计算机系统中各种独立的硬件，使得它们可以协调工作。计算机操作系统一般分为个人操作系统和网络操作系统，前者是指个人用户计算机需要安装的计算机操作系统，可以运行不同的办公自动化应用软件，其目的是让用户与操作系统及在此操作系统上运行的各种应用之间的交互作用达到最佳。后者是指向网络计算机提供服务的特殊操作系统，以使网络相关特性达到最佳为目的，如共享数据文件、软件应用，以及共享硬盘、打印机、调制解调器、扫描仪和传真机等。

目前办公自动化系统采用的网络操作系统主要有 Windows、UNIX 和 Linux 几种，其中在局域网中，微软公司的网络操作系统主要有 Windows NT 4.0 Server、Windows 2000 Server/Advance Server，以及 Windows 2003 Server/ Advance Server 等，工作站操作系统可以采用任一 Windows 或非 Windows 操作系统，包括个人操作系统，如 Windows 9x/ME/XP 等。

UNIX 是一种强大的多用户、多任务操作系统，支持多种处理器架构，按照操作系统的分类，属于分时操作系统，最早由 Ken Thompson、Dennis Ritchie 和 Douglas McIlroy 于 1969 年在 AT&T 的贝尔实验室开发。UNIX 支持网络文件系统服务，提供数据等应用，功能强大，这种网络操作系统的稳定性和安全性非常好，但它多数是以命令方式来进行操作的，不容易掌握。因此，UNIX 一般用于大型的网站或大型的企、事业局域网中。UNIX 历史悠久，其因良好的网络管理功能被广大网络用户接受，拥有丰富的应用软件的支持。目前 UNIX 的版本有 AT&T 和 SCO 的 UNIX SVR3.2、SVR4.0 和 SVR4.2 等。UNIX 是针对小型机主机环境开发的操作系统，具有集中式分时多用户体系结构。

Linux 是一种新型的网络操作系统，它最大的特点是源代码开放，可以免费得到许多应用程序。目前也有中文版本的 Linux，如红帽 Linux、红旗 Linux 等，这些操作系统的安全性和稳定性在国内得到了用户的充分肯定，它们与 UNIX 有许多类似之处。这些操作系统目前主要应用于中、高档服务器中。

2. 支撑软件

支撑软件是支撑各种软件的开发与维护的软件，又称为软件开发环境。支撑软件主要包括环境数据库、各种接口软件和工具组，包括一系列基本的工具，如编译器、数据库管理、存储器格式化、文件系统管理、用户身份验证、驱动管理、网络连接等方面的工具。其中办公自动化系统使用的较重要的支撑软件是数据库管理系统。

数据库管理系统（Database Management System）是一种操纵和管理数据库的大型软件，用于建立、使用和维护数据库，简称 DBMS。DBMS 对数据库进行统一的管理和控制，以保证数据库的安全性和完整性。用户通过 DBMS 访问数据库中的数据，数据库管理员也通过 DBMS 进行数据库的维护工作。DBMS 可使多个应用程序和用户用不同的方法在同一时刻或不同时刻去建立、修改和访问数据库。就目前而言，市面上的 DBMS 很多，以下就不同的方面对其进行分类。

根据数据组织与存储的方式分：

（1）关系式 DBMS。

（2）非关系式 DBMS。

根据数据管理的能力及规模分：

（1）大型 DBMS。

（2）桌面 DBMS。

（3）移动 DBMS。

3. 通用软件

文字处理系统、图形处理系统等均属于通用软件，文字处理系统一般用于文字的格式化和排版，文字处理系统的发展和文字处理的电子化是信息社会发展的标志之一。目前常用的办公文字处理系统主要有 Microsoft Office 系列、金山办公系列等。

4. 专用软件

专用软件是指支持具体办公活动的应用程序，一般是根据具体用户的需求而研制的。专用软件面向不同用户，处理不同业务，如工资管理系统、图书管理系统等。按照对不同层次办公活动的支持，专用软件可以进一步分为三种，即办公事务处理软件、管理信息系统软件和决策支持系统软件。

办公事务处理软件是根据事务性办公业务的功能而设计的，是整个专用软件的基础层，担负各种办公信息的收集、加工、存储和事务性处理的任务，为管理控制层和决策层提供基础信息。办公事务分为不确定型事务和确定型事务两种，不确定型事务（如文字报告、通信联系、办公印刷等）的处理可直接使用公共支撑软件层有关的工具型软件解决。目前办公事务处理软件基本用于确定型事务的处理，主要包括公文管理软件、财会软件、统计汇总软件、人事信息管理软件等。

管理信息系统软件是为各部门中低层管理人员的管理和控制活动而开发的，以提高管理的经济、社会效益为目标，其主要功能是管理各部门信息活动的全过程，对信息进行综合处理，并且发出管理控制指令。管理信息系统软件建立在办公事务处理软件之上，是全面、综合的系统应用，一般规模较大，结构复杂，需要在小型机一类的主机上运行。

决策支持系统软件是办公自动化高层软件，它使办公自动化达到高级阶段。决策支持系统软件为中高层管理人员提供决策支持，尤其是不确定型决策。决策支持系统软件通过最优化的管理，以提高社会、经济效益为目标，以智能化的方式提供专家知识经验，为决策模型提供多种方案解答。决策支持系统软件以计算机技术、人工智能技术、经济数学模型为基础，其支持环境是知识库管理系统和一系列模型方法工具软件包。

7.1.2 办公自动化系统的特点

1. 人性化

传统的办公自动化系统（OAS）功能单一，容易使用，随着功能的不断扩展，用户对功能的需求不尽相同，这就要求 OAS 必须具有人性化设计，能够根据不同用户的需要进行功能组合，将合适的功能放在合适的位置给合适的用户访问，实现真正的人本管理。未来 OAS 的门户更加强调人性化，强调易用性、稳定性、开放性，强调人与人沟通、协作的便捷性，强调对于众多信息来源的整合，强调构建可以拓展的管理支撑平台框架，从而改变"人找系统"的现状，实现"系统找人"的目标，让合适的角色在合适的场景、合适的时间里获取合适的知识，充分发掘和释放人的潜能，并真正让企业的数据、信息转变为一种能够指导人行为的意念、能力。其实，人性化也是一种自动化的表现。

2. 无线移动化

信息终端应用正在全面推进融合，3G、4G 无线移动技术的应用使融合了计算机技术、通信技术、互联网技术的移动设备成为个人办公必备信息终端，在此载体上的移动 OAS 协同应用将是管理的巨大亮点，实现无处不在、无时不在的实时动态管理，这将给传统 OAS 带来重大的飞跃。移动居家办公（Mobile Office Home Office，MOHO）系统是 OAS 发展的新阶段，已经取代了小型居家办公（Small Office Home Office，SOHO）系统。MOHO 系统是基于移动通信无线互联平台开发出来的多功能无线办公系统，它将 GPS、GPRS、SMSC、3G/4G、MPS 和 GIS 等多项技术应用于 PDA 或智能手机，以实现随时随地的数据交互、查询、处理及人员定位等功能。MOHO 系统的应用领域极为广泛，涵盖流程审批、企业办公、行政执法、移动物流、移动城管、新闻报道、人员定位等各项电子政务和电子商务。

3. 智能化

随着网络和信息时代的发展，用户在进行业务数据处理时将面对越来越多的数据，如果办公软件能帮助用户做一些基本的商业智能分析工作，帮助用户快速地从这些数据中发现一些潜在的商业规律与机会，提高用户的工作绩效，将对用户产生巨大的吸引力。在微软公司的 Office 2007 版本中已经提供了一些基本的商业智能的功能，如通过不同颜色显示数据的大小和利用进度条来反映数据的大小等。办公软件还有一些其他的发展趋势，今后 OAS 软件将更加智能化，如具备自定义邮件功能、强大的自我修复功能、人机对话功能、影视播放功能。

4. 协同化

近年来不少企业都建立了自己的办公系统，并采用了财务管理软件，还陆续引入了进销存、ERP、SCM、HR、CRM 等系统，这些系统虽然提升了企业效率，但是形成了各自为政的信息孤岛，无法形成整合效应来帮助企业实现更高效的管理和决策。因此能整合各个系统、协同各个系统共同运作的集成软件成了大势所趋，将越来越受企业的欢迎。未来 OAS 将向协同办公平台大步前进，协同 OAS 能把企业中已存在的 MIS、ERP 系统、财务系统等存储的企业经营管理业务数据集成到工作流程中，使得整个系统界面统一、账户统一，业务间通过工作流程进行紧密集成，还有可能与电子政务中的公文流转、信息发布、核查审批等系统实现无缝集成协同。协同理念和协同应用将更多地被纳入 OAS 中，实现从传统 OAS 到现代协同 OAS 的转变。协同不仅是 OAS 内部的协同，也是 OAS 与其他多种业务系统间的充分协同、无缝对接。

5. 通用化

90 年代初出现的"项目式开发 OAS"及之后的"完全产品化 OAS"，可以满足用户的个性需求和适应性需求，但它们在低成本普及方面不容乐观。通用 OAS 是办公自动化技术不断进步的结果，正如 Windows 最终替代了 DOS，通用 OAS 更强的通用性、适应性及适中的价格，更符合用户的广泛需求，创造了大规模普及的充分条件，通用 OAS 显然是符合未来软件技术发展潮流的。为解决部分用户对"通用等于无用"的疑虑，通用化应具有行业的某些特性，能结合行业的应用特点、功能对口需求，而不是空泛粗浅的通用化，这样未来 OAS 的应用推广才能更为迅捷有效。

6. 门户化

OAS 是一种企业级跨部门运作的基础信息系统，可以连接企业各个岗位上的各个工作人员，可以连接企业各类信息系统和信息资源。在基于企业战略和流程的大前提下，通过类似"门户"的技术对业务系统进行整合，ERP、CRM、PDC 等系统中的结构化的数据能通过门户在管理支撑系统中展现出来，提供决策支持、知识挖掘、商业智能等一体化服务，实现企业数字化、知识化、虚拟化，这时 OAS 可能不叫 OAS，而换为更能体现其价值的名称，如"企业知识门户 EKP""管理支撑平台 MSS"等，转变成为"一点即通"的企业综合性管理支撑门户。

7. 网络化

网络和信息时代的技术发展日新月异，将现有的 OAS 与互联网轻松衔接是 OAS 未来发展的趋势。尤其是基于互联网的计算——云计算（Cloud Computing）概念的提出，给 OAS 提供了一个新的发展方向。云计算是一种分布式计算技术，它包含互联网上的应用服务及在数据中心提供这些服务的软硬件设施。互联网上的应用服务一直被称为软件即服务（Software as a Service），而数据中心的软硬件设施就是所谓的云（Cloud）。云计算是基于互联网的相关服务的增加、使用和交互模式，通常涉及通过互联网来提供动态、易扩展（且经常是虚拟化的）的资源。

例如，Google 推出了网上在线的文档处理软件和电子表格软件，实现了网上办公的无缝衔接；微软 Office 用户可直接在 Office 软件中搜索到与其工作相关的网络上的资源，可在 Office 软件中直接撰写自己的 Blog，并将其发送到网上的 Blog 空间，实现移动办公。

任务 7.2　办公自动化系统的分类和功能

7.2.1　办公自动化系统的分类

广义的或完整的 OAS 主要由事务型办公系统、信息管理型办公系统和决策支持型办公系统三个层次组成，如图 7-2 所示。三个层次间的相互联系可以通过程序模块的调用和计算机网络通信手段实现。一体化的 OAS 的含义是利用现代化的计算机网络通信系统把三个层次的 OAS 集成为一个完整的 OAS，使办公信息的流通更为合理，减少不必要的重复输入信息的环节，以提高整个办公系统的效率。

事务型办公系统是第一个层次，它只限于单机或简单的小型局域网上的文字处理、电子表格、数据库等辅助工具的应用。在事务型办公系统中，普遍的应用有文字处理、电子排版、电子表格处理、文件收发登录、电子文档管理、办公日程管理、人事管理、财务统计、报表处理、个人数据库等应用。这些常用的办公事务处理的应用可做成应用软件包，应用软件包内的不同应用程序之间可以互相调用或共享数据，以便提高办公事务处理的效率。这种应用软件包应具有通用性，以便扩大应用范围，提高利用价值。此外，在事务型办公系统上可以使用多种 OAS 子系统，如电子出版系统、电子文档管理系统、中文检索系统、光学汉字识别系统、汉语语音识别系统等。在公用服务业、公司等经营业务方面，使用计算机系统替代人工的情况日益增多，这些系统包括订票、售票系统，柜台或窗口系统，银行业的储蓄业务系统等。事务型办公系统的功能是处理日常的办公操作，它是直接面向办公人员的。为了提高办公效率，改进办公质量，适应人们的办公习惯，公司需要提供良好的办公环境。

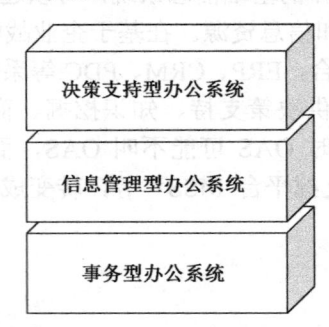

图 7-2 OAS 的层次结构

信息管理型办公系统是第二个层次。随着信息利用重要性的不断提高，在办公系统中对和本单位的运营目标关系密切的综合信息的需求日益增加。信息管理型办公系统是把事务型办公系统和综合信息（数据库）紧密结合的一种一体化的办公信息处理系统。综合数据库存放有关单位的日常工作所必需的信息。例如，政府机关的综合数据库包括政策、法令、法规，有关上级政府和下属机构的公文、信函等政务信息；一些公用服务事业单位的综合数据库包括和服务项目有关的所有综合信息；公司企业单位的综合数据库包括工商法规、经营计划、市场动态、供销业务、库存统计、用户数据等信息。作为一个现代化的政府机关或企、事业单位，为了优化日常的工作，提高办公效率和质量，必须具备供本单位的各个部门共享的综合数据库。这个综合数据库建立在事务型办公系统的基础上，是信息管理型办公系统的一部分。

决策支持型办公系统是第三个层次，它建立在信息管理型办公系统的基础上。决策支持型办公系统使用综合数据库提供的信息，针对需要决策的课题，构造或选用决策数字模型，结合有关内部和外部的条件，由计算机执行决策程序，得出相应的决策。

随着三大核心技术（网络通信技术、计算机技术和数据库技术）的成熟，世界上的 OAS 已进入到新的层次，具有四个新的特点。

（1）集成化。软硬件及网络产品的集成，人与系统的集成，单一办公系统同社会公众信息系统的集成，组成了无缝集成的开放式系统。

（2）智能化。面向日常事务处理，辅助人们完成智能性劳动，如汉字识别，对公文内容的理解和深层处理，辅助决策及意外处理等。

（3）多媒体化。多媒体化包括对数字、文字、图像、声音和动画的综合处理。

（4）运用电子数据交换（EDI）。通过数据通信网，在计算机间进行交换和自动化处理。

7.2.2 办公自动化系统的功能

办公自动化就是用信息技术把办公过程电子化、数字化，就是要创造一个集成的办公环境，使所有的办公人员在同一个桌面环境下一起工作。

具体来说，OAS 主要实现以下七个方面的功能。

1. 建立内部通信平台

建立内部通信平台是指建立组织内部的邮件系统，使组织内部的通信快捷通畅。

2. 建立信息发布平台

建立信息发布平台是指在内部建立一个有效的信息发布和交流的场所，如电子公告、电子论坛、电子刊物，使内部的规章制度、新闻简报、技术交流、公告事项等能够在企业或员工之间得到广泛的传播，使员工了解单位的发展动态。

3. 实现工作流程的自动化

实现工作流程的自动化牵涉到信息流转过程的实时监控、跟踪，目的是解决多岗位、多部门之间的协同工作问题，实现高效率的协作。各个单位都存在着大量流程化的工作，如处理公文、收发公文、各种审批、请示、汇报等，通过实现工作流程的自动化，就可以规范各项工作，提高单位协同工作的效率。

4. 实现文档管理的自动化

实现文档管理的自动化是指使各种文档（包括文件、知识、信息）能够按权限进行保存、共享和使用，并有一个方便的查找手段。每个单位都会有大量的文档，在手工办公的情况下这些文档都保存在个人的文件柜里。因此，文档的保存、共享、使用和再利用是十分困难的。另外，在手工办公的情况下文档的检索存在非常大的难度。文档多了，需要什么东西可能难以及时找到，甚至找不到。文档管理的自动化使各种文档实现电子化，通过电子文件柜的形式实现文档的保管，按权限进行使用和共享。实现文档管理的自动化以后，如果某个单位来了一个新员工，只要管理员给他注册一个身份文件，给他一个口令，那么他上网就可以看到这个单位积累下来的经验、规章制度、各种技术文件等。只要身份符合权限，可以阅览的范围该员工都能看到，这样就减少了很多培训环节。

5. 辅助办公

辅助办公涉及的内容比较多，如会议管理、车辆管理、物品管理、图书管理等与日常事务性的办公工作相结合的各种办公。

6. 信息集成

每一个单位都存在大量的业务系统，如购销存系统、ERP 系统等，企业的信息源往往都在这些业务系统里，OAS 应该与这些业务系统实现很好的集成，使相关的人员能够有效地获得整体的信息，提高整体的反应速度和决策能力。

7. 实现分布式办公

OAS 应支持多分支机构、跨地域的办公模式及移动办公。现在看来，地域分布越来越广，移动办公和跨地域办公成为一种很迫切的需求。

任务 7.3　办公自动化系统的常用设备

OAS 常用的设备主要包括计算机、打印机、绘图仪、复印机、扫描仪、传真机及多功能一体机等，这些设备主要用于办公信息的生成、输入、输出和保存，通过这些设备的应用，办公系统的效率和智能化水平得到了显著的提高。

7.3.1　计算机

计算机是 20 世纪最伟大的科学技术发明之一。计算机是一种不需要人工直接干预，能够快速对各种数字信息进行算术和逻辑运算的电子设备，以中央处理器为核心，配上大容量的半导体存储器及功能强大的可编程接口芯片（通常称为主机部分），以及外围设备（包括键盘、显示器、打印机和外部存储器）。我们日常使用的计算机称为微型计算机，简称微型机或微机，有时又称为 PC（Personal Computer）或 MC（Micro Computer）。OAS 的实现是以计算机技术的发展为前提的。计算机外形图如图 7-3 所示。

图 7-3　计算机外形图

计算机的主机部分主要由电源、主板、中央处理器（CPU）、内存、硬盘、显卡、声卡和网卡等组成。

1. 电源

电源是计算机中不可缺少的供电设备，其作用是将 220V 交流电转换为计算机中使用的 5V、12V、3.3V 直流电，其性能的好坏直接影响到其他设备工作的稳定性，进而影响整机工作的稳定性。

2. 主板

主板又叫主机板（Mainboard）、系统板（Systemboard）或母板（Motherboard），它安装在机箱内，是微机最基本的也是最重要的部件之一，也是计算机中各个部件工作的一个集成平台。主板把计算机的各个部件紧密连接在一起，各个部件通过主板进行数据传输。主板一般为矩形电路板，上面安装了组成计算机的主要电路系统，一般有 BIOS 芯片、I/O 控制芯片、键盘和控制面板开关接口、指示灯插接件、扩充插槽、主板及插卡的直流电源供电插接件等元件。主板工作的稳定性影响着整机工作的稳定性。

3. 中央处理器

中央处理器即 CPU（Central Processing Unit），也称微处理器，是一台计算机的运算核心和控制核心，其功能主要是解释计算机指令及处理计算机软件中的数据。CPU 由运算器、控制器、寄存器、高速缓存器及实现它们之间联系的数据、控制及状态的总线组成。作为整个系统的核心，CPU 是整个系统最高的执行单元，因此 CPU 成为决定计算机性能的核心部件，很多用户都以它为标准来判断计算机的档次。CPU 的工作原理：首先由程序发出指令发送给 CPU 的控制单元，由控制单元进行初步调节，然后发送给逻辑运算单元，逻辑运算单元计算好后将计算结果发送给存储单元，最后存储单元将结果输出到显示器上或保存到其他外部存储器中。

4. 内存

内存又叫内部存储器或随机存储器（RAM），分为 DDR SDRAM 和 SDRAM（但是 SDRAM 容量小，存储速度慢，稳定性差，现在已经被淘汰了）。内存属于电子式存储设备，由电路板和芯片组成，特点是体积小，速度快，有电可存、无电清空，即计算机在开机状态时内存中可存储数据，关机后将自动清空其中的所有数据。内存有 DDR、DDR II、DDR III 三大类，容量一般为 1GB~8GB。

5. 硬盘

硬盘属于外部存储器，由金属磁片制成。因为磁片有记忆功能，所以存储到磁片上的数据，不论开机还是关机，都不会丢失。硬盘容量很大，目前已达 TB 级，尺寸有 3.5in、2.5in、1.8in、1.0in 等，接口有 IDE、SATA、SCSI 等，SATA 最普遍。随着半导体电子存储技术的发展，由固态电子存储芯片阵列而制成的固态硬盘（SSD），以读写速度快、抗震抗摔的优点得到广泛的应用，但其目前存在容量有限、寿命不长和价格偏高的问题。

6. 声卡

声卡是组成多媒体计算机的必不可少的硬件设备，其作用是当发出播放命令后，将计算机中的声音数字信号转换成模拟信号发送到音箱上发出声音。

7. 显卡

显卡在工作时与显示器配合输出图形、文字，显卡的作用是将计算机所需要显示的信息进行转换驱动，向显示器提供行扫描信号，并控制显示器的正确显示，是连接显示器和个人计算机主板的重要元件，是人机对话的重要设备之一。

8. 鼠标

鼠标可利用自身的移动把移动的距离及方向的信息变成脉冲发送给计算机，再由计算机把脉冲转换成鼠标光标的坐标数据，从而达到指示位置的目的。鼠标的分辨率通常用 CPI 来表示，即每英寸点数，它表示鼠标在物理表面上每移动 1in，光学传感器所接收到的坐标点数。目前市场上的主流鼠标是光电鼠标，分辨率在 400~800CPI 之间。

9. 键盘

键盘是常用的输入设备，通过键盘可以将英文字母、数字、标点符号、汉字及其他图形和文字输入到计算机的存储器中，从而向计算机发出命令或输入数据。

10. 网卡

网卡是工作在数据链路层的网路组件，是局域网中连接计算机和传输媒介的接口，不仅能实现与局域网传输媒介之间的物理连接和电信号匹配，还涉及帧的发送与接收、帧的封装与拆封、媒介访问控制、数据的编码与解码及数据缓存等功能。网卡的作用是充当计算机与网线之间的桥梁，它是用来建立局域网并连接到 Internet 的重要设备之一。

7.3.2 打印机

打印机是计算机信息的重要输出设备，能将已存储到计算机中的信息打印输出到纸上形成书面文件。打印机是计算机控制的精密机电一体化系统，它越来越普及，已经成为 OAS 必不可少的设备之一，常用打印纸的规格如表 7-3 所示。

表 7-3 打印纸规格一览表

规格	幅宽/mm	长度/mm	规格	幅宽/mm	长度/mm
A0	841	1189	B0	1000	1414
A1	594	841	B1	707	1000
A2	420	594	B2	500	707
A3	297	420	B3	353	500
A4	210	297	B4	250	353
A5	148	210	B5	176	250
A6	105	148	B6	125	176
A7	74	105	B7	88	125
A8	52	74	B8	62	88

打印机的分类如下。

1. 针式打印机

针式打印机通过打印针对色带的机械撞击，在打印介质上产生小点，最终由小点组成需要打印的对象。打印针数是指针式打印机的打印头上的打印针数量。打印针数直接决定了打印的效果和打印的速度。针式打印机主要用于多联票据、协议书的打印。针式打印机在很长一段时间内流行不衰，与其低廉的价格、较低的打印成本和易用性是分不开的，但是其打印质量差，噪声大。针式打印机外形图如图 7-4 所示。

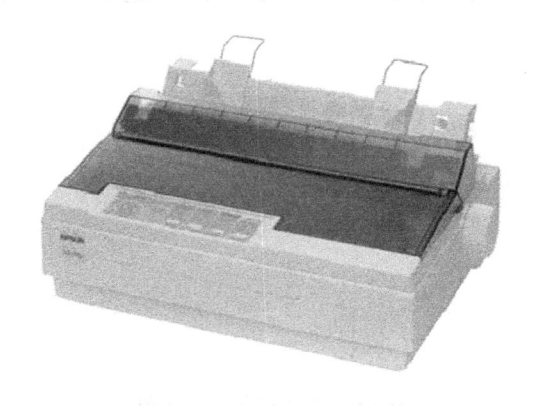

图 7-4　针式打印机外形图

2. 喷墨打印机

喷墨打印机是在针式打印机之后发展起来的，它采用非打击的工作方式，既可以打印黑白图像又可以打印彩色图像。目前，喷墨打印机按打印头的工作方式可以分为压电喷墨打印机和热喷墨打印机两大类型。喷墨打印机的基本原理是带电的喷墨雾点经过电极偏转后，直接在纸上形成所需字形，其优点是组成字符和图像的印点比针式打印机小得多，因而字符点的分辨率高，印字质量高且清晰，可灵活方便地改变字符尺寸和字体。此外，喷墨打印机具有更为灵活的纸张处理能力，既可以打印信封、信纸等普通介质，又可以打印各种胶片、照片纸、卷纸、T恤转印纸，还可以直接在某些产品上印字。喷墨打印机外形图如图 7-5 所示。

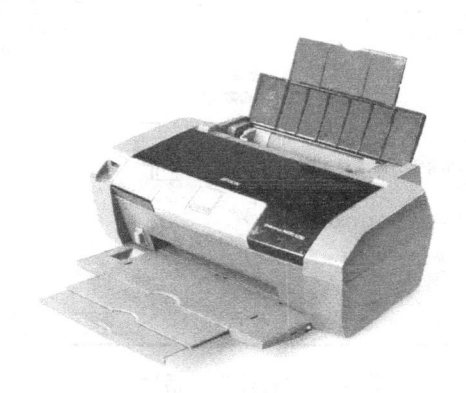

图 7-5　喷墨打印机外形图

3. 激光打印机

激光打印机分为黑白激光打印机和彩色激光打印机两种，可提供高质量、快速和低成本的打印服务，两种打印机的工作原理是相同的，它们都采用了类似复印机的静电照相技术，激光源发出的激光束经由字符点阵信息控制的声光偏转器调制后，进入光学系统，通过多面棱镜对旋转的感光鼓进行横向扫描，于是在感光鼓上的光导薄膜层上形成字符或图像的静电潜像，再经过显影、转印和定影，便在纸上得到所需的字符或图像。激光打印机的主要优点是打印速度快，可达 20000 行/分，打印分辨率为 600×600DPI（DPI 表示每英寸包含的像素数量），采用自动供纸方式，最大可支持 384MB 内存，支持网格打印和自动双面打印。激光打印机外形图如图 7-6 所示。

图 7-6　激光打印机外形图

打印机的使用比较简单，在将打印机与计算机连接，并安装好驱动程序后，即可开始打印操作。一般的应用软件都具有打印功能，实际上就是将需要输出的结果表现在纸张或其他介质上，一般来说，打印都可以通过应用软件"文件"菜单下的"打印"命令来进行打印，执行此命令后，系统会弹出"打印"对话框，可以对打印任务进行相应设定。如果计算机中安装有多台打印输出设备，可以首先在打印机选项设置中选择指定的打印机设备，然后设定打印文档的页码范围和打印的份数。"打印"对话框如图 7-7 所示。

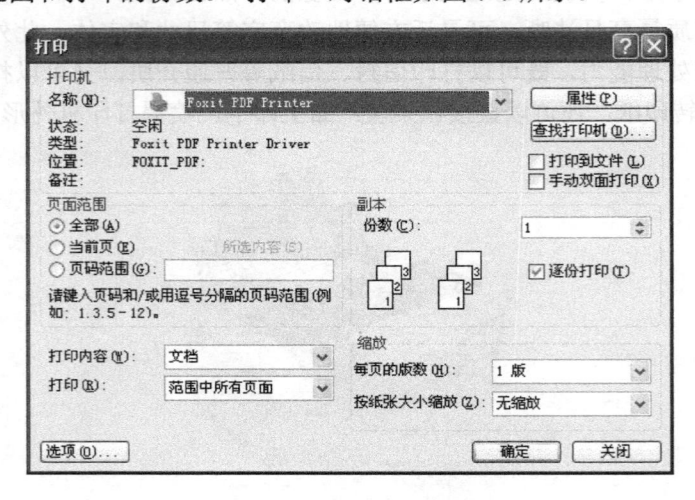

图 7-7　"打印"对话框

一般还可以单击"属性"按钮,弹出打印机的"高级选项"对话框,对打印机进行高级设置,如设置打印机的打印质量、打印纸张大小等。"高级选项"对话框如图 7-8 所示。

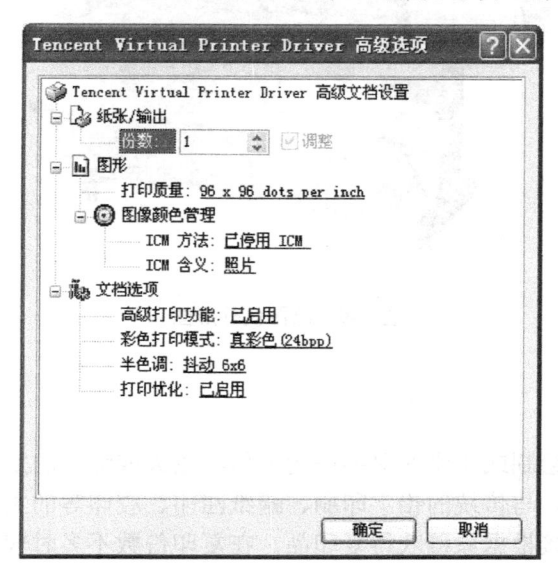

图 7-8 "高级选项"对话框

7.3.3 绘图仪

绘图仪是一种输出图形的设备。绘图仪在绘图软件的支持下可绘制出复杂、精确的图形,是各种计算机辅助设计不可缺少的工具。绘图仪的性能指标主要有绘图笔数、图纸尺寸、分辨率、接口形式及绘图语言等。

绘图仪一般由驱动电机、插补器、控制电路、绘图台、笔架、机械传动等部分组成。绘图仪除必要的硬件设备外,还必须配备丰富的绘图软件。只有软件与硬件结合起来才能实现自动绘图。软件包括基本软件和应用软件两种。绘图仪的种类很多,按结构和工作原理可以分为滚筒式绘图仪和平台式绘图仪两大类。绘图仪外形图如图 7-9 所示。

1. 滚筒式绘图仪

当纵向步进电机通过传动机构驱动滚筒转动时,链轮就带动图纸移动,从而实现纵向方向运动。横向方向的运动是由横向步进电机驱动笔架来实现的。滚筒式绘图仪结构紧凑,绘图幅面大,但需要使用两侧有链孔的专用绘图纸。

2. 平台式绘图仪

平台式绘图仪的绘图平台上装有横梁,笔架装在横梁上,绘图纸固定在绘图平台上。纵向步进电机驱动横梁和笔架在纵向方向上运动;横向步进电机驱动笔架沿着横梁导轨在横向方向上运动。图纸绘图在平台上的固定方法有 3 种,即真空吸附、静电吸附和磁条压紧。平台式绘图仪绘图精度高,对绘图纸无特殊要求,应用比较广泛。

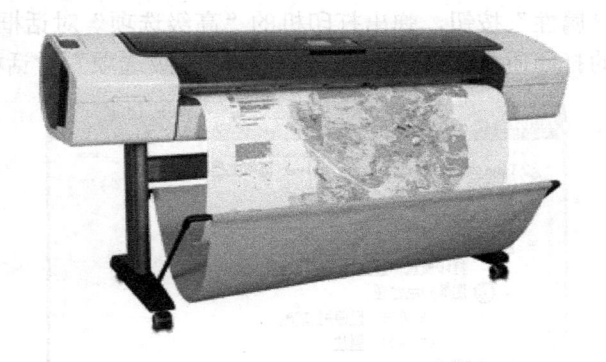

图 7-9 绘图仪外形图

7.3.4 复印机

复印机是从书写、绘制或印刷的原稿得到等倍、放大或缩小的复印品的设备。复印机复印的速度快，操作简便，与传统的铅字印刷、蜡纸油印、胶印等的主要区别是无须经过其他制版等中间手段，能直接根据原稿获得复印品，在复印份数不多时较为经济。复印机外形图如图 7-10 所示。

图 7-10 复印机外形图

复印机按工作原理分为模拟复印机和数码复印机。

1. 模拟复印机

模拟复印机是通过曝光、扫描将原稿的光学模拟图像先通过光学系统直接投射到已被充电的感光鼓上产生静电潜像，再经过显影、转印、定影等步骤，完成复印过程的复印机。

模拟复印机由于诞生和应用的时间比较长，因此在技术上较为成熟，性能也比较稳定，并且在价格上占有一定的优势。目前复印速度为 15~20 页/分的主流的模拟复印机的价格基本上为 8000～15000 元，复印速度为 30 页/分及以上的高端模拟复印机的价格为 20000 元左右，很少有价格超过 30000 元的模拟复印机。

2．数码复印机

数码复印机是指首先通过 CCD 对通过曝光、扫描产生的原稿的光学模拟图像信号进行光电转换，然后将经过数字技术处理的图像信号输入到激光调制器，调制后的激光束对被充电的感光鼓进行扫描，在感光鼓上产生由点组成的静电潜像，最后经过显影、转印、定影等步骤，完成复印过程的复印机。

数码复印机的主要优点如下。

（1）整洁、清晰的复印品。数码复印机具有文稿、图片/文稿、图片、复印稿、低密度稿、浅色稿等模式，具有 256 级灰度、400DPI 的分辨率，充分保证了复印品的整洁、清晰。

（2）一次扫描，多次复印。数码复印机只要对原稿进行一次扫描，便可一次复印 999 份甚至更多的复印品。因为减少了扫描次数，所以减少了扫描器产生的磨损及噪声，同时减少了卡纸的机会。

（3）电子分页。一次复印，分页可达 999 份。

（4）先进的环保系统设计。数码复印机具有无废粉、低臭氧、自动关机等优点，图像自动旋转，可以减少废纸的产生。

（5）强大的图像编辑功能。数码复印机具有自动缩放、单向缩放、自动启动、双面复印、组合复印、重叠复印、图像旋转、黑白反转等功能，还具有 25%～400% 的缩放倍率。

复印机可以根据不同的分类方法进行以下分类。

（1）根据复印速度分为低速复印机、中速复印机和高速复印机。

（2）根据复印的幅面分为普及型复印机和工程型复印机。

（3）根据使用纸张分为特殊纸复印机和普通纸复印机（特殊纸是指可感光的感光纸，普通纸是指普遍使用的复印纸）。

（4）根据复印机显影方式分为单组份复印机和双组份复印机。

（5）根据复印机复印的颜色分为单色复印机、多色复印机及彩色复印机。

复印机的操作步骤如下。

（1）放置原稿，正面朝下，按纸张标尺放正。

（2）设定缩放倍率、浓淡程度和复印份数。

（3）放入纸张。

（4）启动复印。

说明：具体功能按键须参考具体机型的说明书；要复印多份，应先复印样张，当满意后，再设定复印份数，启动复印。

复印机在使用中应注意的问题如下。

（1）不可将重物放在复印机上或让复印机受到冲击。

（2）当复印机在复印时，不可打开任何门盖或断开电源。

（3）不可让磁性物体靠近复印机，或者在复印机旁使用易燃喷雾剂。

（4）不可把盛水或其他液体的器皿放在复印机上。

（5）不可让纸屑、书钉或其他金属碎片掉进复印机内。

(6) 不可使用有损坏或裂开的电源线，电源线不可塞入复印机内。

(7) 当复印机异常发热或产生异常噪声时，不可继续使用，应立即断开电源检修。

7.3.5 扫描仪

扫描仪是一种计算机外围设备，可以捕获图像并将之转换成计算机可以显示、编辑、储存和输出的数字文件。照片、文本页面、图纸、美术图画、照相底片、菲林软片甚至纺织品、标牌面板、印制板样品等三维对象都可作为扫描对象。扫描仪外形图如图7-11所示。

图 7-11　扫描仪外形图

1. 扫描仪的用途

(1) 可在文档中嵌入美术品和图片。

(2) 可将印刷好的文本扫描输入到文字处理软件中，免去重新打字的麻烦。

(3) 可将印制板样品、标牌面板（既无磁盘文件，又无菲林软片）扫描录入到计算机中，可对其进行布线图的设计和复制，解决抄板问题，提高抄板效率。

(4) 可实现印制板草图的自动录入、编辑，可实现汉字面板和复杂图标的自动录入。

(5) 可在多媒体产品中添加图像。

(6) 可在文献中集成视觉信息，实现更有效的交换和通信。

2. 扫描仪的安装和使用

Windows XP 内置了标准的静态图像获取程序，也就是说，只要正确安装了扫描仪的驱动程序，就可以直接使用 Windows XP 自带的软件来进行扫描了。扫描仪的安装和使用步骤如下。

(1) 将扫描仪连接到计算机的端口上。

(2) 单击"开始"菜单，选择系统控制工具区域中的"打印机和传真"选项。一般的扫描仪都自带扫描程序，具备比 Windows XP 自带的"扫描仪和数码相机"向导更丰富的功能，建议专业用户采用扫描仪自带的扫描程序，如 EPSON 3490 Photo 扫描仪自带的扫描程序

"EPSON Scan"拥有"全自动扫描模式""家庭模式"和"专业模式","专业模式"界面如图 7-12 所示。

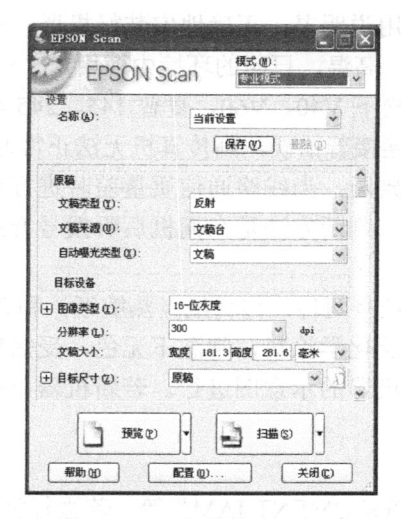

图 7-12 "专业模式"界面

7.3.6 传真机

传真机是指在公用电话网或其他网络上传输文件、报纸、相片、图表及数据等信息的通信设备。传真机是集计算机技术、通信技术、精密机械与光学技术于一体的通信设备,其信息传送的速度快、接收的副本质量好,不仅能准确、原样地传送各种信息的内容,还能传送个人化信息(如笔迹),适于保密,具有其他通信工具无法比拟的优势,为现代通信技术增添了新的生命力,并在办公自动化领域占有极重要的地位,发展前景广阔。

目前市场上常见的传真机可以分为以下四类。
(1)热敏纸传真机(又称为卷筒纸传真机)。
(2)热转印式普通纸传真机。
(3)激光式普通纸传真机(又称为激光一体机)。
(4)喷墨式普通纸传真机(又称为喷墨一体机)。

传真机外形图如图 7-13 所示。

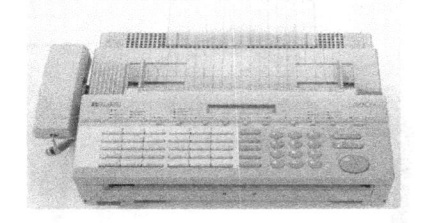

图 7-13 传真机外形图

传真机的工作原理是先扫描,即将需要发送的文件转化为一系列黑白点信息,再将点信息转化为声频信号并通过传统电话线进行传送。接收方的传真机"听到"信号后,会将相应的点信息打印出来，这样，接收方就会收到一份原发送文件的复印件。

1）传真机的安装和使用要点

（1）使用前应仔细阅读使用说明书，正确地安装好机器，检查电源线是否正常，接地是否良好，机器应避免在有灰尘、高温、日照的环境中使用。

（2）芯线：有的芯线（如松下 V40、V60，夏普 145、245 等）用的是 4 芯线，有的芯线用的是 3 芯线，这两种芯线的连接若错误，则传真机无法正常通信。

（3）线路通信质量的简单判断：当线路通信质量差时进行传真，可能会引起文件内容部分丢失，字体压缩或线路中断。判断方法是在摘机后听拨号音是否有异常杂音，如"滋滋"声或"咔咔"声。

（4）记录纸的安装：记录纸有两种，传真纸（热敏纸）和普通纸（一般为复印纸）。

热敏纸是在基纸上涂上一层化学涂料，常温下无色，受热后变为黑色的纸，所以热敏纸有正反面区别，安装时须依据机器的示意图进行。若新机器出现复印全白的情况，则可能是原稿放反或热敏纸放反。

2）传真机卡纸的处理

（1）原稿卡纸，如显示"DOCUMENT JAM"等。若强行将原稿抽出，易引起进纸机构损坏（如三洋 117、217 等会显示"MACHINE ERROR"）。解决方法是掀开面板，将原稿抽出或将面板下的自动分页器弹簧掀开（详见各机器使用说明书）将纸取出。

（2）记录纸卡纸，可能是记录纸安装不正确、记录纸质量差、切纸刀故障，对应的解决方法如下。

① 正确安装记录纸。

② 选用质量好的记录纸。

③ 对于切纸刀故障引起的卡纸，打开记录纸舱盖时不能过于用力。若打不开，则可以将机器断电后再加电，一般就可以打开了，切记不可强行打开，否则极易引起切纸刀损坏。

7.3.7 多功能一体机

多功能一体机是一种具备打印、传真、复印、扫描四项功能中两项功能以上的机器，并且其多项功能在同时工作时相互之间不会受影响。多功能一体机既可以与计算机相连接替代打印机与扫描仪，也可以脱机工作，实现普通传真机及电话的功能。目前市面上的多功能一体机一般分为激光多功能一体机和喷墨多功能一体机。多功能一体机外形图如图 7-14 所示。

图 7-14 多功能一体机外形图

任务 7.4　办公自动化系统实例分析

南方某市机关办公自动化系统功能如图 7-15 所示。

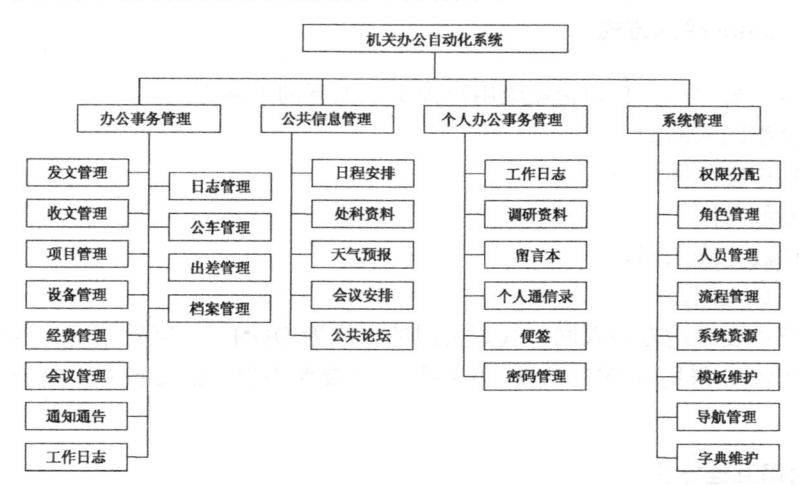

图 7-15　南方某市机关办公自动化系统功能

机关办公自动化系统是实现机关内部各级部门之间及机关内外部之间办公信息的收集与处理、流动与共享、科学决策的具有战略意义的信息系统。机关办公自动化系统的总体目标是以先进成熟的计算机和通信技术为主要手段，建成一个覆盖政府办公部门的办公信息系统，提供政府与其他专用计算机网络之间的信息交换，建立高质量、高效率的政府信息网络，为领导决策和机关办公提供服务，以实现机关办公现代化、信息资源化、传输网络化和决策科学化。

如何选择一个合适的应用系统平台，在其上建立适应办公自动化需求的、功能强大的、应用开发容易的、方便管理的、界面友好的各种应用，是政府机关办公信息系统成功的关键。

1. 需求分析

一般而言，机关办公自动化系统均以公文处理和机关事务管理为核心，同时提供通信与信息服务等重要功能，因此，典型的机关办公自动化应用包括收发文审批签发管理、公文流转传递、政务信息采集与发布、内部请示报告管理、档案管理、会议管理、领导活动管理、政策法规库、公共论坛等应用。

2. 现场勘测

根据机关大楼建筑办公区的结构特点制定详细的网络连接图，其中包括如下信息。
（1）网络上各信息点（办公点）的分布图，工作空间大小与距离。
（2）电源插座的位置，包括目前正在使用设备的电源插座。
（3）所有不可移动的物品的位置（如支撑柱、分隔墙、内置柜等）。
（4）所有办公家具的当前位置。

（5）所有计算机和打印机等外围设备的位置。
（6）门和窗口的位置。
（7）通风管道和目前电线的位置。

在记录时要为每台设备建立一张配置表，记录计算机的 CPU、硬盘、显示器、软驱等信息。

3. 确定 Internet 接入方式

目前各地电信公司和 ISP 为企业级用户提供了如下的入网方式。
（1）通过分组网入网。
（2）通过帧中继入网。
（3）通过专线入网。
（4）通过微波无线入网。
（5）通过光纤入网。

企业级用户主要采用专线入网方式。常用的专线为 DDN（数字数据网）专线，速度范围为 64kbps～2Mbps。采用 DDN 专线，网络设备需要路由器、热交换器、基带调制解调器或 HDSL。

4. 选择内网互连方式

确定网络的拓扑结构，该拓扑结构采用星形结构，其中 100Base-T 星形结构的快速以太网是理想的选择。双绞线作为传输线缆，星形总线网的物理结构采用星形结构，逻辑结构采用总线型结构，采用 IEEE 的 802.3 协议标准。网卡、集线器和双绞线应选 100Mbps 的。当用户扩展过多时，可采用堆叠式集线器。

由于企业机关系统内部有些部分涉及保密信息，因此不能直接与外部互联网相连，也不能与企业内部其他计算机直接通信，因此网络拓扑设计可采用子网连接模式，各个部门的计算机先组成子网，各子网再通过交换机连接到路由器上，然后在路由器上设置 IP，对访问外部 Internet 的权限进行分配。

办公自动化系统内网互连设计如图 7-16 所示。

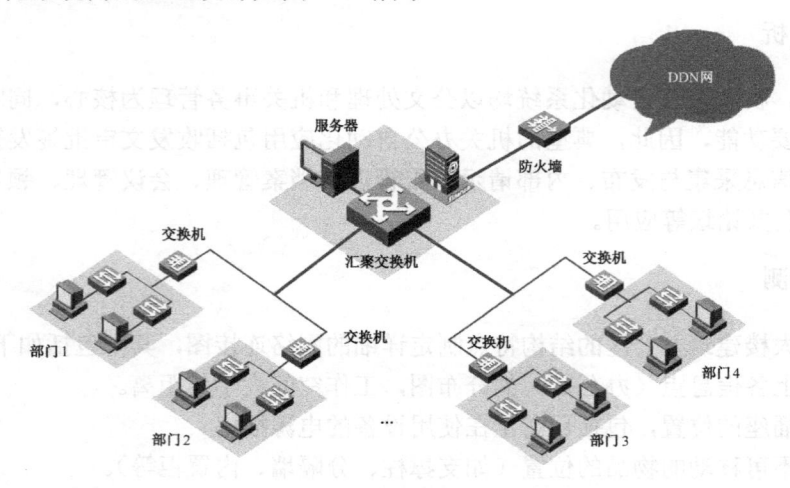

图 7-16 办公自动化系统内网互连设计

5. 设备匹配及确定软件

网络内计算机选用 10/100Mbps 自适应全双工网卡，实现以太网通信。交换机采用 24 口交换机，若日后需要扩展可加入集线器，增加的用户通过集线器连接到交换机。网线使用超五类非屏蔽双绞线，网络接口用 RJ-45 接口。服务器操作系统选择 Windows 2003 Server，便于使用。

6. B/S 的 Web 应用体系结构设计

浏览器/服务器（Browser/Server，简写为 B/S）是一种分布式的客户/服务器结构，在该结构中，客户端的计算机只须安装浏览器，就可以访问分布在网络上的许多应用服务器软件；浏览器的界面是统一的，可将培训的时间与费用减至最少；客户端的硬件与操作系统只要能支持浏览器软件即可，因此具有较长的使用寿命。B/S 在逻辑上分成三个层次：客户机、应用服务器（Web 服务器）、数据库服务器。客户机主要负责人机交互，包括一些与数据和应用相关的图形和界面运算；Web 服务器主要负责对客户端应用程序的集中管理；数据库服务器主要负责数据库的存储和组织、数据库的分布式管理、数据库的备份和同步等。

B/S 三层结构图如图 7-17 所示。

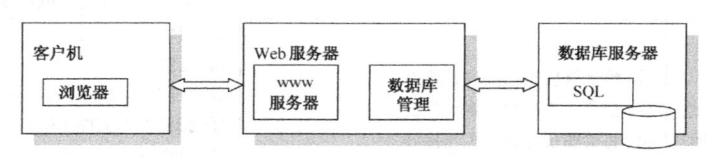

图 7-17　B/S 三层结构图

Web 服务器可采用 Windows 2003 Server 操作系统，搭配 IIS（Internet Information Service）Web 服务软件构建，为保障数据的安全性和保密性，办公自动化系统涉及操作的数据信息存储在单独的数据库服务器中，通过 SQL 数据库管理软件与数据库服务器连接，完成数据查询和传输等功能。

在机关办公自动化系统开发中，软件界面的设计要美观、易用，方便用户输入信息。软件界面是否友好在很大程度上体现了编程水平，同时直接影响用户的工作效率和数据的真实性。界面简洁明了是最基本的要求。图 7-18 所示为办公自动化系统界面设计示意图。

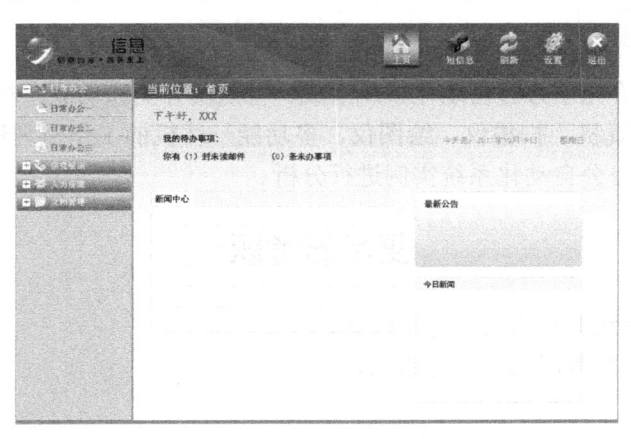

图 7-18　办公自动化系统界面设计示意图

实 训

将班级学生分为四个小组，按照下表要求操作。

小组序号	实训内容	实训要求	能力目标
1	计算机与打印机的连接与使用	① 将计算机与打印机连接好 ② 根据打印机型号，安装打印驱动程序 ③ 将文件排版，选择合适的字体、字号、行间距、上下左右间距 ④ 用 A4 纸打印文件	① 看懂使用说明书 ② 连接无错误 ③ 打印驱动程序安装正确 ④ 文件排版达到要求 ⑤ 打印成功 ⑥ 开机、关机程序正确 ⑦ 能够排除常见故障
2	复印机与传真机的使用	① 正确启动复印机 ② 会设置复印格式 ③ 会单面、双面复印 ④ 会使用传真机收发文件	① 看懂使用说明书 ② 开机与关机正确 ③ 会复印放大与缩小的文件 ④ 会双面复印 ⑤ 使用传真机收发文件无错误 ⑥ 会日常保养复印机与传真机
3	扫描仪、绘图仪的使用	① 将计算机与扫描仪连接好 ② 扫描一文件输入到计算机 ③ 将绘图仪与计算机连接好 ④ 选择一图像文件用绘图仪打印输出	① 看懂使用说明书 ② 连接无错误 ③ 打印驱动程序安装正确 ④ 扫描输入文件正确 ⑤ 绘图仪打印正确 ⑥ 能够排除常见故障 ⑦ 会日常保养扫描仪、绘图仪
4	多功能一体机的使用	① 正确开机与关机 ② 将多功能一体机每个功能操作一遍	① 看懂使用说明书 ② 正确操作 ③ 能够排除常见故障 ④ 会日常保养多功能一体机

实训作业完成以后，四个小组互相交换，保证每位学生都操作学习一遍，要求学生写出实训报告。

知识总结

学习情境 7 详细介绍了办公自动化系统组成、特点及分类和功能，对目前常用的计算机、打印机、复印机、传真机、扫描仪、绘图仪、多功能一体机的工作原理进行分析，并介绍使用方法，同时对一个办公自动化系统实例进行分析。

复习思考题

1. 办公自动化系统的组成与功能是什么？
2. 办公自动化系统常用的设备有哪些？

学习情境 8　安全用电与智能楼宇接地系统

教学导航

学习任务	任务 8.1　人体触电的原因及其影响因素 任务 8.2　人体的触电方式 任务 8.3　保护接地与保护接零 任务 8.4　接地装置和接零装置 任务 8.5　典型触电实例分析	参考学时	8
能力目标	1）了解人体触电的原因和触电的方式 2）知道智能楼宇的接地方式 3）知道防止人体触电的方法		
教学资源与载体	多媒体课件、教材、视频、触电演示设备、作业单、评价表		
教学方法与策略	项目教学法，多媒体演示法，教师与学生互动教学法		
教学过程设计	教师首先举例介绍人体为什么会触电，在建立概念的基础上让学生了解我国电力系统的组成，了解在什么情况下触电最危险，知道智能楼宇的接地方式		
考核与评价内容	对人体触电的原因和触电方式的认识，参与互动的语言表达能力，学习态度，任务完成情况		
评价方式	自我评价（10%）小组评价（30%）教师评价（60%）		

随着我国经济的高速发展及人民生活水平的不断提高，电能的应用越来越广泛，电能成为工农业和人民生活不可缺少的能源，随着用电设备和耗电量的不断增加，特别是近几年来城市的快速发展，用电安全问题日益突出。由于电气设备制造上的缺陷，安装质量不高，运行不当，维护不及时，使用不合理及使用人员缺乏必要的用电安全知识等，随之出现的电气火灾及人身事故与日俱增。据统计，当前全世界每年死于电气事故的人数约占全部工伤事故死亡人数的 25%，电气火灾占火灾总数的 14%以上，安全用电成为衡量一个国家用电水平的重要标志之一，成为当今不可忽视的一个重要的社会问题，因此，加强电业安全设施建设和加强用电安全教育是十分必要的。本学习情境先介绍安全用电的常识，再介绍智能楼宇的接地系统。

任务 8.1　人体触电的原因及其影响因素

教师活动

教师上课之前要准备人体触电的宣传图片和人体触电的 PPT 课件，激发学生兴趣，让学生观看触电造成的结果，引导学生对安全用电引起足够的重视。

学生活动

课前复习电工基础课程中的三相交流电的工作原理，回忆线电压、相电压、中性线、跨步电压等概念。

第一节课结束时每个学生填写的作业单如表 8-1 所示。

表 8-1 作业单

序 号	人体触电的类型	序 号	智能楼宇的接地方式

8.1.1 电流对人体的伤害

电流对人体的伤害主要分为两类，即电击和电伤。

1. 电击

电击是指当人体同时触及两个不同电位的导电部分时，电流流过人体内部器官，使人体内部器官受到伤害。当电流作用于人体中枢神经时，会使心脏和呼吸的正常机能受到破坏，血液循环大大减弱，人体抽搐、痉挛，失去知觉，若救护不及时，则会造成死亡。电击是人体触电较危险的情况。

2. 电伤

电流直接或间接对人体表面的局部伤害，包括烧（灼）伤、电烙印和金属溅伤等称为电伤。电烙印是指人体与带电体接触部位的皮肤变硬，形成灰色、黄色肿块，且电烙印与所接触的带电体形状一致，这是低压电击时常见的现象。

电流对人体伤害的表现如下。

（1）热伤害。电流在通过人体时，因为人体有电阻，所以产生热效应，造成烧（灼）伤或局部出现炭化。

（2）化学伤害。电流通过人体产生化学效应，引起人体内部组织发生电解现象，造成电烙印或皮肤金属化，严重时会引起人体机能失常。

（3）辐射伤害。由于磁场能量对人体的辐射作用，人们会感到头晕、乏力和神经衰弱等。

（4）电光伤害。当发生弧光放电时，红外线、不可见光、紫外线会对眼睛造成伤害。电光眼表现为角膜炎或结膜炎。

（5）生理伤害。电流在通过人体内部时，对人体产生强烈刺激，使人体内部组织的正常机能受到破坏，产生肌肉收缩、痉挛、疼痛、呼吸困难、血压异常、昏迷、心律不齐、窒息、心室颤动等症状。

心室颤动是小电流电击使人致命的最常见的和最危险的原因,当发生心室颤动时,心脏每分钟颤动 100 次以上,但幅度很小,而且没有规律,血液实际上已经停止循环。电流在通过心脏时,可直接作用于心肌引起心室颤动,电流也可经中枢神经系统反射引起心室颤动,机体缺氧也可能导致心室颤动。

8.1.2 影响人体触电伤害程度的因素

1. 电流强弱的影响

1)感知电流

感知电流是指引起人体感觉的最小电流。实践表明,不同人体具有不同的感知电流,成年男性的感知电流约为 1.1mA,成年女性的感知电流约为 0.7mA。感知电流一般不会对人体造成伤害,但随着电流增大,感觉增强,反应加剧,在高空作业时,容易导致坠落而产生间接伤害。

2)摆脱电流

摆脱电流是指当人体通过电流后,在不需要借助任何外来帮助的情况下,人体能自主摆脱电源的最小电流。摆脱电流是防止人体触电的一项十分重要的指标,实践表明,正常人在摆脱电流所需时间内,反复经受摆脱电流的作用,不会产生严重的后果。摆脱电流与个体生理特征、电极形状、电极尺寸等因素有关,成年男性的摆脱电流为 9～16mA,成年女性的摆脱电流为 6～10.5mA,一般情况下,成年人的平均摆脱电流为 10～15mA。

3)致命电流

致命电流是指在较短时间内可能危及人体生命的最小电流,当人体流过致命电流时,将引起心室颤动,心室颤动是电击致命的主要因素,一般成年人的致命电流为 30～50mA。

2. 触电时间的影响

人体触电时间越长,电流对人体产生的热伤害、化学伤害及生理伤害越大。实践表明,触电时间的长短和心室颤动有密切关系,其原因有以下三点。

(1)触电时间越长,体内积累的能量越多,引起心室颤动的电流越小,造成心室颤动的危险性越大。

(2)心脏每收缩和舒张一次之间有 0.6s 的易激期,心脏在易激期内对电流最敏感。触电时间越长,触电电流与心脏易激期重合的概率越大,危险性越大。

(3)随着人体触电时间的增长,人体电阻因出汗而减小,导致通过人体的电流进一步增大,造成的危险性也进一步增大。实践表明,触电时间越长,允许电流越小。一般认为,50Hz 的交流电流(有效值)在 20mA 以下,直流电流在 50mA 以下对人体是安全的。但如果触电时间很长,8～10mA 的工频电流也可能致人死亡。

3. 电流流通途径的影响

(1)电流在流过人体胸腔时,使心脏机能紊乱甚至引起心室颤动,造成血液循环中断而死亡。电流通过中枢神经系统将引起中枢神经系统严重失调而造成死亡。

（2）电流在通过人体头部时，使人昏迷。当电流较大时，电流对大脑造成严重损坏导致长期不醒而死亡。电流在通过大脑时，可导致人体的肢体发生截瘫。

（3）当电流从人体左手到前胸或从前胸到后背时，电流都流过人体最薄弱的部分——心脏，这是较危险的电流流通途径，电流从左手到右手或从右手到胸部也是较危险的电流流通途径。电流从左脚到右脚对人体的危害较小，但仍可能导致痉挛而摔倒，使电流通过人体全身造成二次伤害。

4. 人体电阻的影响

人之所以会触电是因为人体具有一定的电阻，人接触带电体后，电流就经人体形成回路，引起电击，不同条件下的人体电阻如表 8-2 所示。

表 8-2　不同条件下的人体电阻

接触电压/V	皮肤干燥时的人体电阻/Ω	皮肤潮湿时的人体电阻/Ω	皮肤湿润时的人体电阻/Ω	皮肤浸入水中时的人体电阻/Ω
10	7000	3500	1200	600
25	5000	2500	1000	500
50	4000	2000	875	440
100	3000	1500	770	375
150	1500	1000	650	325

5. 电流频率的影响

人体触电的危险程度与电流频率有关，一般来说，频率为 25～300Hz 的电流对人体的伤害最严重，低于或高于此频率的电流对人体的伤害显著减轻，如直流 80～300mA 的电流通过人体不会引起明显的伤害，但 20～80mA 的工频电流通过人体将产生严重的后果。50Hz 的工频电流对人体的生理效应如表 8-3 所示。

表 8-3　50Hz 的工频电流对人体的生理效应

通过人体电流的有效值/mA	通电时间	人体生理效应
0～0.5	连续通电	没有感觉
0.5～5	连续通电	开始有感觉，手指手腕等处有疼痛，没有痉挛，可以摆脱带电体
5～30	数分钟以内	痉挛，不能摆脱带电体，呼吸困难，血压升高，达到可忍受的极限
30～50	数秒到数分	心脏跳动不规则，昏迷，血压升高，强烈痉挛，时间过长则引起心室颤动
50～数百	不超过心脏搏动周期	受强烈冲击，但未发生心室颤动
50～数百	超过心脏搏动周期	昏迷，心室颤动，接触部位留有电流通过痕迹
超过数百	不超过心脏搏动周期	在心脏搏动周期特定的相位触电时，发生心室颤动、昏迷，接触部位留有电流通过痕迹
超过数百	超过心脏搏动周期	心脏停止跳动，昏迷，可能导致灼伤

6. 人体状况的影响

被电击者依据个体特征受电击的影响：身体健康、肌肉发达者，可承受的摆脱电流较大；患有心脏病、神经系统疾病、肺病及体弱者在触电时，因为身体抵抗力差，所以受到的伤害较为严重。醉酒、过度疲劳、心情不好的人触电,触电的伤害程度会增加;女性的感知电流和摆脱电流是男性的 2/3,儿童遭受电击的后果比成年人严重。

任务 8.2　人体的触电方式

8.2.1　直接触电

人体任何部位直接接触处于正常运行条件下的电气设备的带电部分而形成的触电,称为直接触电。由于人体接触的是系统正常电压,其值较高,危险性较大,因此直接触电是各种触电方式中后果最严重的。

1. 单相触电

单相触电是指人体站在地面上或其他接地体上,身体的某一部位直接接触到带电体的一相而形成的触电。单相触电的危险程度与电压高低、电网中性点的接地的情况及每相对地绝缘阻抗的大小等因素有关。单相触电分中性点接地和中性点不接地两种情况。

1) 中性点接地情况的单相触电

人接触到任何一根相线或接触电气设备的任何一相电源或接触到带电设备外壳时,加在人体的电压是相电压,电流从相线经人体、大地回到中性点接地极形成一个完整回路,如图 8-1 所示。

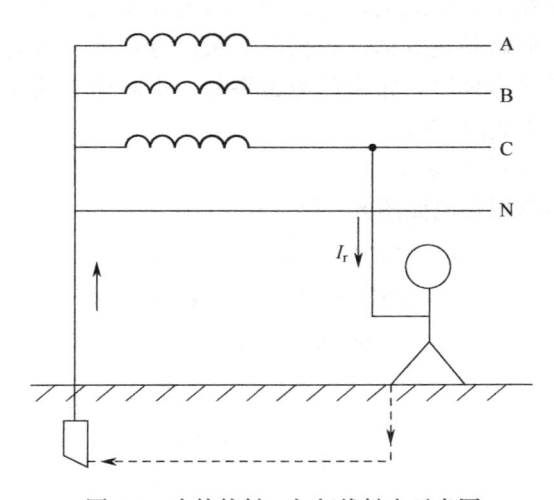

图 8-1　直接接触一相相线触电示意图

在图 8-1 中,电流从电源、人体、大地及中性点接地极组成的回路中流过,其值为

$$I_r = \frac{U_p}{R_r + R_e}$$

式中,U_p 为电源相电压;R_r 为人体电阻;R_e 为中性点接地极电阻。

一般情况下，R_e 为几欧，R_r 为几千欧，$R_e \ll R_r$，所以上式可简写成 $I_r = \dfrac{U_p}{R_r}$。

在工业用电的三相四线制电路中 U_p=220V，假设 R_r=2000Ω，则 $I_r = \dfrac{220}{2000} = 110\text{mA}$，远远超过人体的摆脱电流。设备外壳绝缘损坏，一相火线碰壳，如图 8-2 所示，外壳带电，人接触带电外壳，其结果与图 8-1 情况类似。

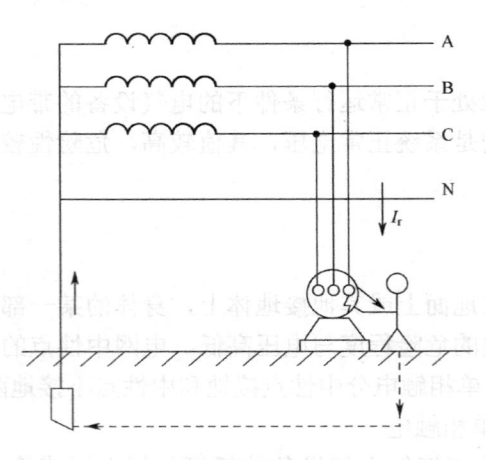

图 8-2 人接触带电外壳

我国城市住宅小区，绝大部分低压接地采用 IT 系统，即中性点直接接地系统的电网供电，发生的电击事故多数是单相电击形式的，居民安全用电知识较缺乏，或电工同志粗心大意，接触的低压设备较多，如碰触带电导体，破损的灯头，特别是不断电更换灯泡，手碰触灯泡焊点或与灯口接触部分的带电体时，常引起电击事故。不断电更换开关、灯口、插座、吊盒等引起的单相电击占电击事故的 75%。

2）中性点不接地情况的单相触电

中性点不接地情况的单相触电如图 8-3 所示。

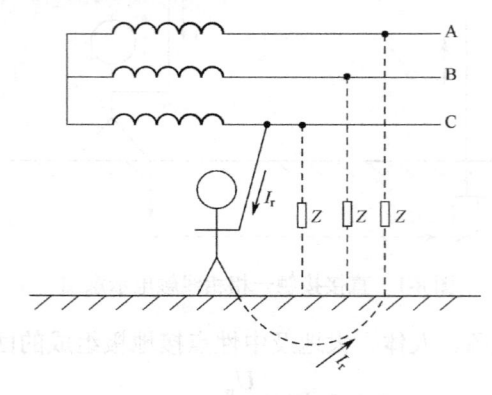

图 8-3 中性点不接地情况的单相触电

由图 8-3 可见，电流在由电源、人体与其他两相对地绝缘阻抗（电容容抗，用 Z 表示）并联组成的回路中流过，此时通过人体的电流取决于电网电压、人体电阻及导线对地绝缘阻抗。

若线路绝缘良好，绝缘阻抗大，则触电时通过人体的电流较小，减小了人体触电的危险性；若线路绝缘不良，绝缘阻抗小，则触电时通过人体的电流较大，增大了人体触电的危险性。

2. 两相触电

两相触电是指人体有两处同时接触两相带电体的触电事故（见图 8-4）。当发生两相触电时，人体将两相带电体短路，电流从人体的两个接触处通过，形成回路，人体承受的电压为两相之间的电压。因为相与相之间的电压较大，线电压在数值上是相电压的 $\sqrt{3}$ 倍，所以两相触电的电流是中性点接地情况的单相触电流过人体的电流的 $\sqrt{3}$ 倍，因此这种触电对人的生命威胁最大，如果抢救不及时，往往造成死亡。

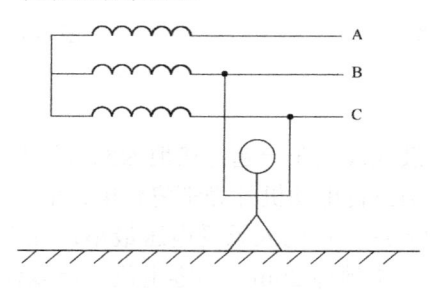

图 8-4 中性点不接地情况的两相触电

8.2.2 间接触电

电气设备外壳在正常情况下是不带电的，当绝缘损坏，金属外壳与某一火线接触（碰壳）后，金属外壳处于带电状态，人体任何部位接触到这些带电外壳时造成的触电称为间接触电。人体发生间接触电时将受到接触电压或跨步电压的作用，受到接触电压作用的触电称为接触电压触电，受到跨步电压作用的触电称为跨步电压触电。

1. 接触电压触电

图 8-5 所示为某电气设备的安装图，为保证安全，通常将设备金属外壳经地线与接地体相连，当该设备因一相绝缘损坏碰壳时，接地电流自设备金属外壳通过接地体向四周的大地呈半球状流散（见图 8-5 中曲线）。经验表明，在离接地体 15～20m 处，因为半球面积足够大，该处的接地电阻足够小，所以该处的对地电位接近零，而接地体中心处电位最高。

图 8-6 所示为电位分布图，水平轴表示距接地体的距离，纵轴表示电位，曲线表示随距离而变化的电位分布。

当人体处在图 8-6 所示的范围内同时接触该故障设备的外壳时，人体所承受的电位差称为接触电压（U_j），显然接触电压的大小与人体立定点和设备接地点的远近有关，两者越近则接触电压越小，两者越远则接触电压越大。在流散电场范围内，人体两脚（或牲畜前后脚）之间所承受的电位差称为跨步电压（U_k），其值随跨步的大小而变化，跨步越大，跨步电压越大，反之越小。

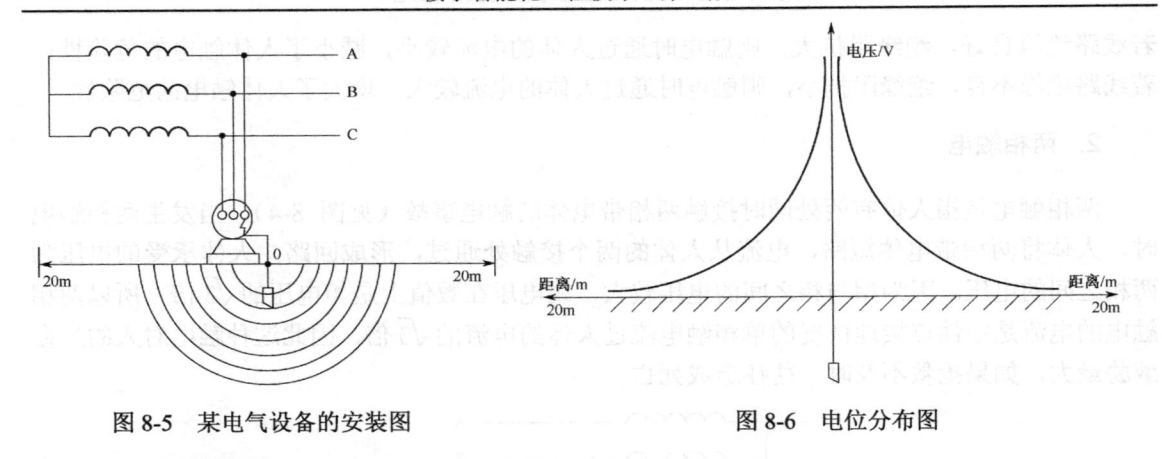

图 8-5　某电气设备的安装图　　　　　图 8-6　电位分布图

2. 接触电压的大小

我们以三台电动机外壳的接地线连在一起并接地为例来说明接触电压的大小。如图 8-7 所示，若中间一台电动机碰壳，则三台电动机外壳都将带电，而且电位相同，都是电源相电压，但由于地面电位分布不同，因此最左边的人承受电压最小，几乎为零，最右边的人因为手触摸的是相电压，而脚踩的位置距接地体 20m，即零电位，所以他的身体承受电压最大，即相电压。如果三人均穿绝缘性能好的胶鞋或采用绝缘地板，则可大大减小接触电压触电的危险性。由于在住宅小区、工矿企业或家庭中，人体接触漏电设备的外壳而触电是常见现象，因此严禁裸臂赤脚操作电气设备。

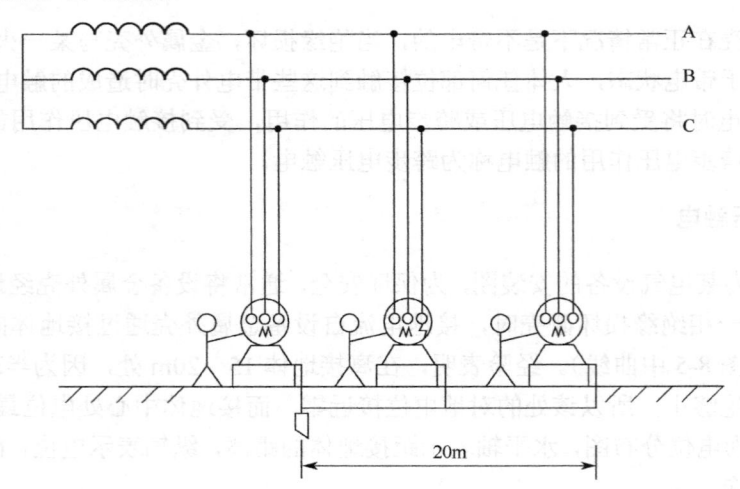

图 8-7　人体距接地体距离不同时承受的电压

3. 跨步电压触电

当电气设备因绝缘损坏而发生接地故障，或者一相火线断线落于地面时，地面各点都会出现如图 8-6 所示的电位分布，当人体进入到具有上述电位分布的区域时，其两脚间（一般 0.8m 左右）就会因地面电位不同而承受电压作用，这一电压称为跨步电压，由跨步电压引起的触电，称为跨步电压触电。

如图 8-8 所示，当带电火线断线落于地面时，以落地点为中心，电流呈半球形朝地下扩散，在以落地点为中心的大地表面半径约 20m 的圆形范围内形成一个电位分布区。我们所说的对地电压，就是指带电体与大地之间的电位差，这里的大地是指电线落地点 20m 远处以外的大地，就是说，对地电压是带电体与具有零电位的大地之间的电压。火线落地点具有最大对地电压，离开落地点，各点对地电位逐渐下降，20m 外（零电位点）的电压降为零。

在图 8-8 中，当甲两脚分别踩于 A、B 点时，两脚之间便有电压 U_{AB}，同样乙两脚之间便有电压 U_{CE}，两脚跨度越大，人体承受电压越高，危险性越大。

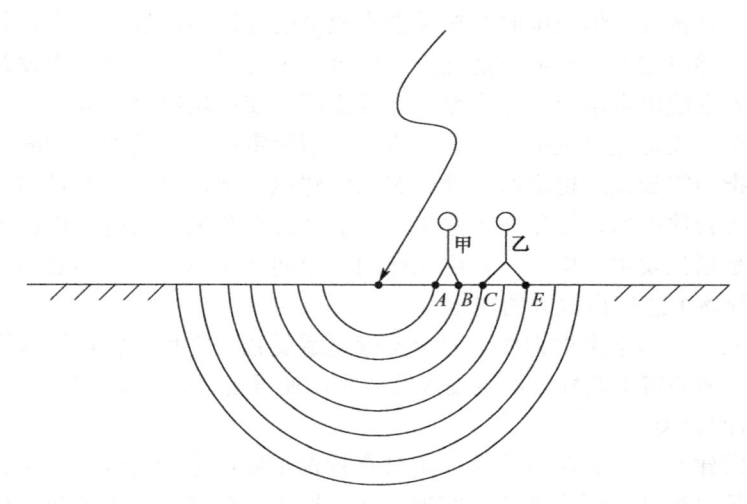

图 8-8 火线断线落于地面的电位分布与跨步电压触电

当人体承受跨步电压时，电流一般沿人体下身流动，很少通过人体心脏等重要器官，看起来危害似乎不大，但当跨步电压较大时，人会因双脚抽筋而倒在地上，这不但会使作用于人体的跨步电压增大，更有可能改变电流流过人体的途径而经过人体重要器官，增大了人体触电危险性。经验证明，人倒地后即使电压持续作用 2s，也会产生致命危险。

一旦遇到上述情况，应赶快将双脚并在一起，或者用一条腿跳着离开火线断线落地区。

8.2.3 其他类型触电

1. 雷电电击

1）雷电的形式及特点

雷电是大气中的一种自然气体放电现象，我们都不陌生，但是雷电是怎么形成的，雷电有哪些特点呢？

云是由地面的水分蒸发为水蒸气后形成的，雷云在形成过程中，受到地面上升的强烈气流作用，一部分雷云带正电荷，另一部分雷云带负电荷，由于异性电荷不断积累，不同极性的雷云之间电场强度不断增大，当带不同电荷的雷云与雷云间或雷云与大地凸起物之间的电场强度接近到一定程度，或者某一处的电场强度超过空气所能承受的电场强度时，就会发生强烈的放电，这种现象就是雷电。我们常见的雷电为痕迹呈线形（或树枝状）的线形（或枝状）雷，有时也会出现带形雷、片形雷和球形雷。

雷电的特点：电压大，电流大，释放能量时间短，破坏性大。雷云放电速度快，雷电流大，可达数万安至数十万安，但放电持续时间极短。雷电流分布不均匀，通常山区多，平原少；南方多，北方少。

2) 雷电危害的形式

（1）直击雷。天空中的雷云击穿空气层，向大地及建筑、架空电力线路等高耸物放电的现象称为直击雷。当发生直击雷时，极大的雷电流通过被击物，在被击物内部产生高达几万摄氏度的温度，被击物燃烧，架空电力线路熔化。

（2）感应雷。当雷云对地放电时，在雷击点放电的过程中，位于雷击点附近的导线上将产生感应过电压，感应过电压一般可达几百万伏至几千万伏，它能使电力设备绝缘发生闪络或击穿，造成电力系统停电事故，电力设备绝缘损坏，使高压电串入低压系统，威胁低压用电设备人员的安全，还可能引发火灾和爆炸事故。感应雷产生的机理分为静电感应和电磁感应。静电感应是指当雷云接近地面时，地面突出的建筑顶部被感应出大量的异性电荷，一旦雷云与其他异性雷云放电后，聚集在该建筑顶部的感应电荷失去束缚，以雷电波的形式高速传输。电磁感应是指当发生雷电时，雷电流在周围空间产生迅速变化的磁场，迅速变化的磁场在附近的金属导体上感应出很大的电压。

（3）雷电侵入波。当架空电力线路或金属管道遭受直击雷后，雷电波就沿着这些击中物传播，这种迅速传播的雷电波称为雷电侵入波，它可使设备或人遭受雷击。

3) 防雷建筑的分类

（1）一类防雷建筑。一类防雷建筑是指具有特别重要用途的建筑，如国家级的会堂、大型展览建筑、特等火车站、国际性的航空港、通信枢纽、国宾馆、大型旅游建筑、国家级重点文物保护的建筑及超高层建筑。

（2）二类防雷建筑。二类防雷建筑是指重要的或人员密集的建筑，如省级的办公楼，省级大型集会、展览、体育、交通、通信、广播、商业、影剧院建筑，省级重点保护的建筑和构筑物，十九层及以上的住宅建筑和超过 50m 的其他民用和工业建筑，省级以上大型计算机中心和装有重要电子设备的建筑。

（3）三类防雷建筑。三类防雷建筑是指根据建筑年代计算或经过调查确认，需要防雷的建筑，如在建筑群中高于其他建筑或处于边缘地带的高度为 20m 及以上的民用和一般工业建筑；高度高于 20m 的突出物体（在雷电活动强烈地区，其高度为 15m 以上；在雷电活动较弱地区，其高度为 25m 以上）；高度超过 15m 的烟囱、水塔等建筑或构筑物（在雷电活动较弱地区，其高度为 20m 以上）；历史上雷电危害事故严重地区的建筑或雷电危害事故较多地区的较重要建筑。

4) 防雷装置的分类及作用

为预防和减小雷电危害，建筑和电力设施应装设防雷装置，常用的防雷装置有接闪器、避雷器和保护间隙。

（1）接闪器。接闪器是专门用来接受雷击的金属导体。接闪器实质上起引雷作用，将雷电引向自身，为雷云放电提供通路，并将雷电导入大地，从而使被保护物体免遭雷击，免受雷害。根据使用环境和作用不同，接闪器有避雷针、避雷带和避雷网三种。

① 避雷针。避雷针用镀锌圆钢或镀锌钢管制成，由针头、引流体和接地体三部分组成。避雷针一般明显高于被保护的设备和建筑，当雷云放电时，首先击中避雷针，引流体将雷电

安全导入大地中。

② 避雷带。避雷带是一种沿建筑顶部突出部位边缘布设的接闪器，对建筑易受雷击的部位进行保护。一般高层建筑都装设有避雷带。

③ 避雷网。避雷网是用金属导体做成的网状接闪器，它可以看作纵横分布、彼此相连的避雷带。显然避雷网具有更好的避雷性能，多用于重要高层建筑的防雷保护。

（2）避雷器。避雷器主要用来保护发电厂、变电所的电气设备及架空电力线路、配电装置，用来防护雷电产生的过电压，保护设备的绝缘。在使用时，避雷器接在被保护设备的电源侧，与被保护线路或设备并联，避雷器的接线如图 8-9 所示，当线路上出现危及被保护设备安全的过电压时，避雷器的火花间隙被击穿或由高阻值变为低阻值，使过电压对地放电，从而保护设备免遭破坏。

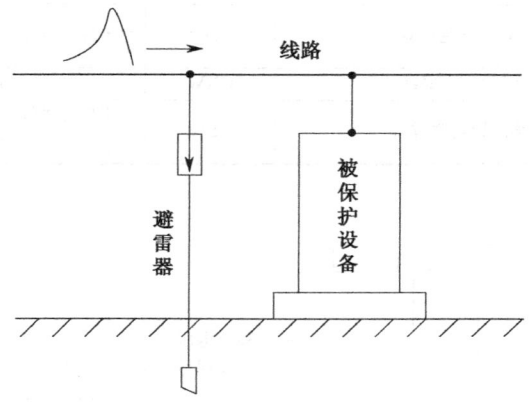

图 8-9 避雷器的接线

（3）保护间隙。当缺乏避雷器时，可采用保护间隙作为防雷设备，保护间隙又称角式避雷器，它简单经济，维护方便，但保护性能差，灭弧能力小，容易造成接地或短路故障，引发断电事故。因此，对于装有保护间隙的线路，一般要求装设自动重合闸装置与之配合，以保证保护间隙工作的可靠性。

常见避雷器的分类及用途如表 8-4 所示。

表 8-4 常见避雷器的分类及用途

类别与名称			产品系列号	用途
阀式避雷器	碳化硅避雷器	交流阀式避雷器	低压型普通阀式避雷器	FS	用于保护低压网络交流电器、电表和配电变压器低压绕组
			配电型普通阀式避雷器	FS	用于保护 3kV、6kV、10kV 交流配电系统中的配电变压器和电缆头

续表

类别与名称			产品系列号	用途
阀式避雷器	碳化硅避雷器	交流阀式避雷器		
		电站型普通阀式避雷器	FZ	用于保护 3kV~220kV 交流系统的电站设备绝缘
		保护旋转电机磁吹阀式避雷器	FCD	用于保护旋转电机绝缘
		电站型磁吹阀式避雷器	FCZ	用于保护 35kV~500kV 交流系统的电站设备绝缘
		线路型磁吹阀式避雷器	FCX	用于保护 330kV 及以上交流系统的线路设备绝缘
	直流阀式避雷器	直流磁吹阀式避雷器	FCL	用于保护直流系统的电气设备绝缘
	氧化锌避雷器	交流氧化锌避雷器	低电压氧化锌避雷器	Y	与 FS 系列低压型普通阀式避雷器相同
			配电型氧化锌避雷器		与 FS 系列配电型普通阀式避雷器相同
			保护旋转电机氧化锌避雷器		与 FCD 系列保护旋转电机磁吹阀式避雷器相同
			电站型氧化锌避雷器		与 FZ、FCZ 系列碳化硅避雷器相同
			中性点保护用氧化锌避雷器		用于保护电机或变压器的中性点
		直流氧化锌避雷器	直流氧化锌避雷器	YL	用于保护直流系统的电气设备绝缘
管式避雷器		纤维管式避雷器	GXW	用于电站进线和线路绝缘弱点的保护
		无续流管式避雷器	GSW	用于电站进线、线路绝缘弱点及 6kV、10kV 交流配电系统电气设备的保护

避雷器的型号及含义：

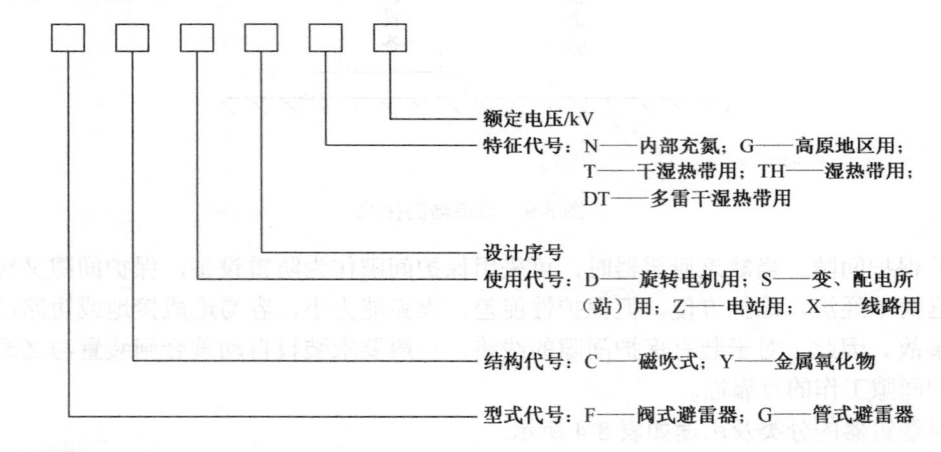

□□□□□□
- 额定电压/kV
- 特征代号：N——内部充氮；G——高原地区用；T——干湿热带用；TH——湿热带用；DT——多雷干湿热带用
- 设计序号
- 使用代号：D——旋转电机用；S——变、配电所（站）用；Z——电站用；X——线路用
- 结构代号：C——磁吹式；Y——金属氧化物
- 型式代号：F——阀式避雷器；G——管式避雷器

2. 感应电压电击

由于带电设备的电磁感应或静电感应，在附近的电气设备或金属导体上会感应出一定的电压，人体接触到此类带电体而受到的电击，称为感应电压电击。在电力系统中，感应电压电击时有发生，超高压双回线路及多回线路要特别注意此种电击。

3. 残余电荷电击

电气设备由于电容效应，在刚断开电源的一段时间里，还可能保留一定残余电荷，当人体接触到此类电气设备时，电气设备上的残余电荷通过人体释放，使人体受到电击。

4. 静电电击

当物体在空气中运动时，物体由于摩擦而带有一定数量的静止电荷，静止电荷因堆积而形成电场强度很大的静电场，当人体触及此类物体时，静电场通过人体放电，使人体受到电击。

任务 8.3　保护接地与保护接零

电力系统在正常工作情况下根据接地的目的不同，其接地分为两大类，即工作接地和保护接地。

1. 工作接地

根据电力系统正常工作的需要将系统中其他部分与大地可靠地接触，称为工作接地。如 TN 和 TT 系统的中性点直接接地及 380/220V 三相四线制系统中的中性点直接接地。

2. 保护接地

为了防止在故障情况下，设备外露可导电的金属外壳呈现危险的对地电压而发生触电事故，将设备与大地紧密连接起来，称为保护接地。由此看出，保护接地是为了防止发生触电事故而采取的一种安全技术措施。

3. 接地系统类型符号的含义

接地系统分为 TN、IT 、TT 三种类型，第一个字母说明电压与大地的关系。

T——电源的一点，通常指中性点与大地直接连接，T 是法文 Terre（大地）的第一个字母。

I——电压，电源与大地隔离或电源一点经高阻抗直接与大地连接，I 是法文 Isolation（隔离）的第一个字母。

第二个字母说明电气装置的外露导电部分与大地的关系。

T——外露导电部分直接接入大地，与电源接地无关。

N——外露导电部分通过与接地的电源中性点的连接而接地，N 是法文 Neuter（中性点）的第一个字母。

TN 系统按 N 线和 PE 线的不同，分为以下几种。

（1）TN-C 系统：在全系统内 N 线和 PE 线是合一的。C 是法文 Combine（合一）的第一个字母。

（2）TN-S 系统：在全系统内 N 线和 PE 线是分开的。S 是法文 Separe（分开）的第一个字母。

（3）TN-C-S 系统：在全系统内，仅在电气装置电源进线点前 N 线和 PE 线是合一的，在电源进线点后即分为两根线，即 N 线和 PE 线。

8.3.1　保护接地

1. 保护接地原理图

在 IT 系统中，假设用电设备外壳不接地，如图 8-10 所示。

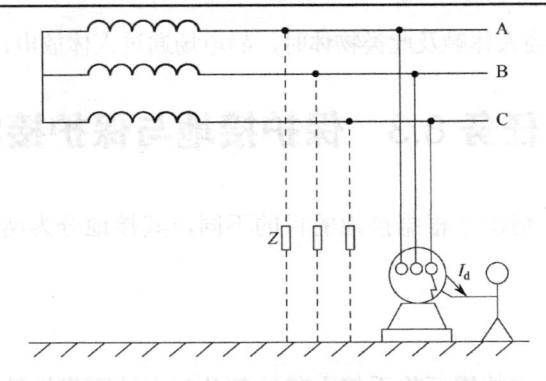

图 8-10　IT 系统中设备外壳碰壳触电示意图

若电气设备外壳与相线发生碰壳时，人体接触电气设备外壳，则接地电流 I_d 通过人体和电网对地绝缘形成回路，如果电网对地绝缘正常，即 Z 很大，则 I_d 很小，漏电设备外壳对地电压不大。但当电网对地绝缘性能降低或电网分布很广时，电网对地容抗减小，漏电设备外壳电压可能增大到危险的程度，对人体造成间接触电危险。

为防止电气设备一相碰壳，漏电设备外壳产生危险的漏电电压，经常采取保护接地措施，如图 8-11 所示，即电气设备可导电的金属外壳与大地形成可靠的电气连接。当采取保护接地措施的设备发生一相碰壳且人体接触漏电设备外壳时，人体电阻与接地电阻处于并联状态，并联等值电阻与系统对地容抗 Z 串联，由于人体电阻远大于接地电阻，因此此时通过人体的电流极小，漏电设备外壳对地电压也很小。

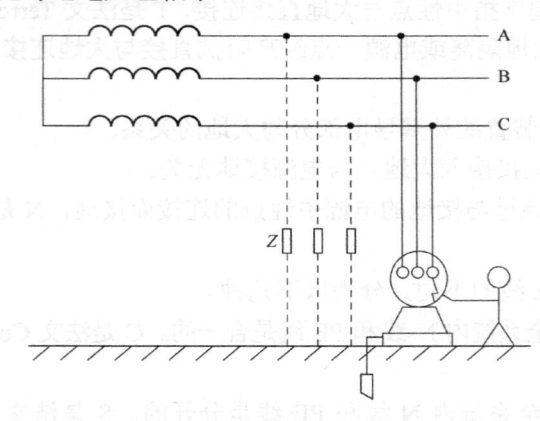

图 8-11　保护接地原理图

长度为 5km，电压为 380V 且绝缘电阻很高的电网，如果不采取保护接地措施，那么当电阻为 1500Ω 的人体触及漏电设备外壳时，人体承受的电压为 98V，通过人体的电流为 65mA，这对人体显然是十分危险的。但如果采取保护接地措施，且接地电阻为 4Ω（一般要求值），在上述同样情况下，人体承受的电压可降为 0.3V，通过人体的电流仅为 0.2mA，对人体将不产生危害。

2. 保护接地的应用范围

保护接地只适用于中性点不接地的电网，在这种电网中，无论环境条件如何，凡电气设备绝缘损坏或其他原因造成电气设备金属外壳接地,当电压增大为危险电压时,均应采取保护接地措施,主要包括以下几种情况。

(1) 电机、变压器、开关设备、照明器具及其他电气设备的金属外壳、底座及与之相连接的传动装置。

(2) 户内外配电装置的金属构架或钢筋混凝土构架及靠近带电部分的金属遮栏或围栏。

(3) 配电屏、控制台、保护屏、配电箱的金属外壳或框架。

(4) 电缆接线盒的金属外壳、电缆的金属外皮和配线钢管。

(5) 架空电力线路的金属杆塔和钢筋混凝土杆塔。

(6) 互感器金属外壳及二次线圈。

IT 系统适用于环境条件不良,易发生单相接地或有火灾爆炸等危险的场所,如化工厂、煤矿厂、纺织厂、医疗手术室等。

8.3.2 保护接零

1. 保护接零原理

在低压 380/220V 三相四线制系统中,变压器的中性点是直接接地的,为了防止电气设备在漏电情况下发生间接触电事故,在技术上普遍采用保护接零措施,即把电气设备在正常运行条件下不带电的金属外壳与电网保护零线进行电气连接,如图 8-12 所示。

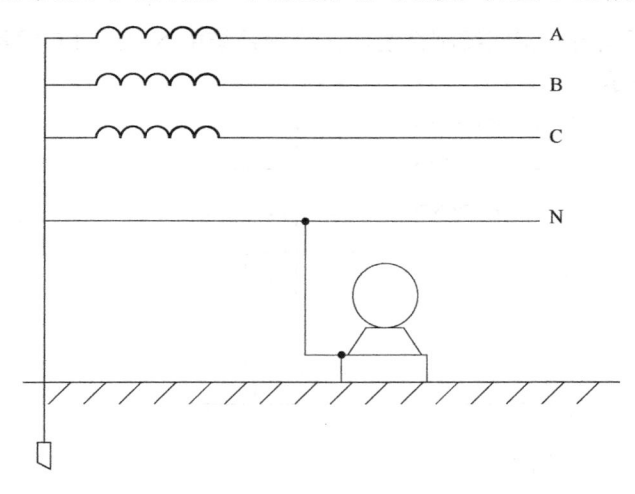

图 8-12 保护接零电路图

保护接零系统根据设备金属外壳与系统中性线的连接方式不同,可分为三类。

1) TN-S 系统

在 TN-S 系统中,中性线(N 线)作为工作回路专用线,与设备外露可导电部分是绝缘的。保护零线(PE 线)与设备外露可导电部分(专用)连接,这种三相系统对外有五根引线,俗称三相五线制,如图 8-13 所示,由于这种系统具有较高的用电安全性,故在新建、改造、扩建工程中提倡采用。

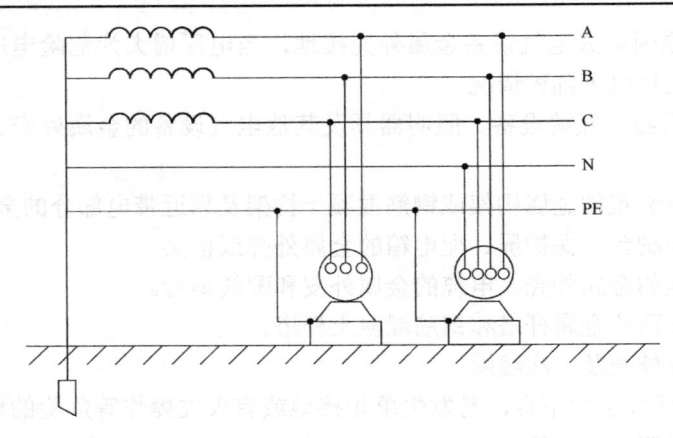

图 8-13 TN-S 系统

使用 TN-S 系统时应注意，N 线是工作回路的一部分，又称工作零线，它用以满足电网中单相设备或某些控制回路正常工作的需要，起传输电能的作用，其中有单相负荷电流或三相不平衡电流流过。PE 线作为人身及设备安全防护的专用电气通道，在正常工作时，它与大地等电位，在故障情况下，它发生单相碰壳变成金属线直接短路，造成较大短路电流，促使电流保护装置迅速动作，切除故障设备电源。专用的 PE 线不得装设断路器、开关或熔断器，并应确保良好的电气连接。

2）TN-C 系统

TN-C 系统即低压供电三相四线制系统，在这种系统中 N 线和 PE 线是合为一体的，称为 PEN 线，如图 8-14 所示。

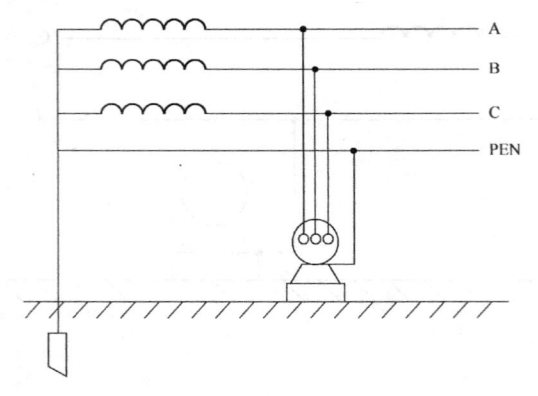

图 8-14 TN-C 系统

TN-C 系统的中性线（N 线）和保护零线（PE 线）是合为一体的，该线称为保护中性线（PEN 线），其优点是节省了一条导线。在正常情况下，PEN 线中有单相负荷电流或三相不平衡电流流过，PEN 线对地存在着电压，一般为几伏，有时较高，若触电有一定的危险性。在重要场所是不允许采用 TN-C 系统的，但在一般情况下，若保护装置和导线截面选择恰当，则该系统是能够满足要求的。

3）TN-C-S 系统

在 TN-C-S 系统中，一部分中性线与保护零线合为一体，在具有特殊要求的场所，中性线与保护零线分开设置。TN-C-S 系统兼有 TN-C 系统的经济性和 TN-S 系统的安全性，通常用于配电系统末端环境较差或对电磁干扰要求较严的场所，如图 8-15 所示。应注意的是，在采用 TN-C-S 系统时，在将 PEN 线分开为 N 线和 PE 线后，不允许再合并。

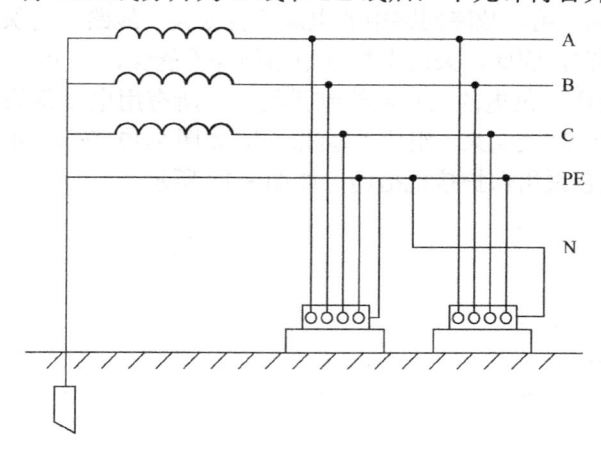

图 8-15　TN-C-S 系统

2. 保护接零的应用范围

保护接零适用于中性点直接接地的 380/220V 低压系统，在这种系统中，凡由于绝缘损坏或其他原因而可能呈现危险电压的金属外壳，除有特殊规定外，均应接零。

在 380/220V 三相四线制系统中，关于采取接地或接零措施，必须注意以下两点。

（1）在这种系统中，单纯采取保护接地措施是不能保证安全的，图 8-16（a）所示为接地电网中设备单相接地的情况，当设备某相因绝缘损坏或因其他原因使金属外壳带电时，人体电阻与设备接地电阻处于并联状态，其等值电路图如图 8-16（b）所示，由于 $R_d \ll R_r$，电路相当于 R_e 与 R_d 串联。根据计算有

$$U_d = \frac{U_p}{R_d + R_e} R_d \quad 因为 \quad R_d \approx R_e \quad 所以 \quad U_d \approx \frac{1}{2}U_p$$

（a）设备单相接地情况　　　　（b）等值电路图

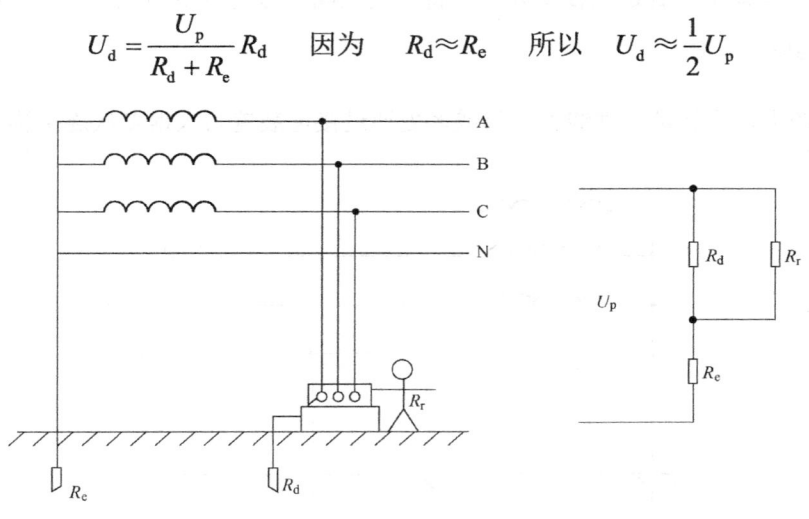

图 8-16　单相接地及等值电路图

由计算看出，此时人体承受的接触电压 $U_d = \frac{1}{2}U_p$，人体电阻处于与 R_d 并联的状态，当电源相电压为 220V 时，人体承受的电压将达 110V，显然这对人体是相当危险的，同时，在这种情况下，因 R_d 的限流作用，故障回路中的电流不会太大，线路上的保护装置不可能动作，危险状态可能长久地存在，因此，采用保护接地措施并不能保证安全。

（2）在由同一台变压器供电的三相四线制系统中，所有用电设备的金属外壳都要采用保护接零措施并用保护零线连接起来，组成"零线网"，如图 8-17 所示，不允许有些设备采用保护接零措施而另一些设备采用保护接地措施，如图 8-18 所示。

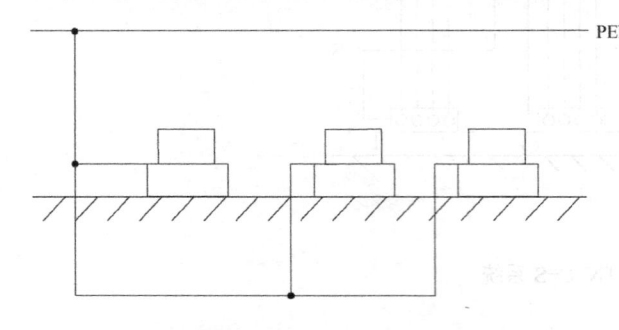

图 8-17 设备金属外壳全部接零

图 8-18 接零措施、接地措施混用的 TN 系统

在图 8-18 中，设备 1 采用保护接零措施，而设备 2 采用保护接地措施，当设备 2 发生单相碰壳时，故障相电流通过 R_d 和 R_e 串联形成回路，由于 $R_e \approx R_d$，故零线电压

$$U_0 = \frac{R_e}{R_e + R_d} U_p \approx \frac{1}{2} U_p$$

式中，R_e 为中性点接地电阻，R_d 为设备 2 接地电阻。

在 380/220V 系统中，U_0 为 110V 左右，此时所有采用保护接零的设备外壳均带有 110V 左右的电压，若人体接触到这些设备外壳，将有发生间接触电的危险。

3. 重复接地

在 TN 系统中，将保护中性线上一处或多处通过接地装置与大地多次连接称为重复接地，如图 8-19 所示。

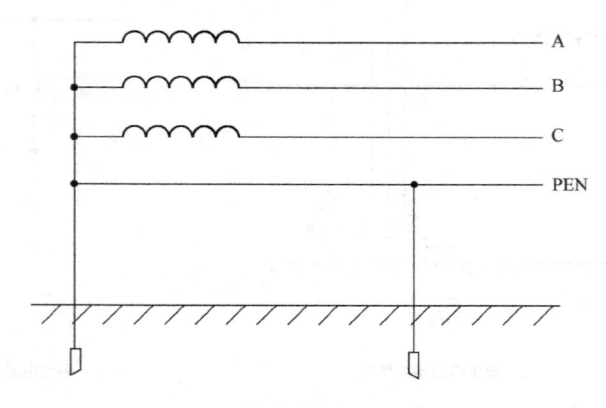

图 8-19 TN 系统中的重复接地

重复接地的作用如下。

1) 减小漏电设备的对地电压

在 TN 系统中,电气设备发生单相碰壳后,是通过保护装置动作切断电源来实现防触电保护的,但是,从发生碰壳到保护装置动作切除电源之前,漏电设备外壳还是带电的。

当不采用重复接地时,外壳对地电压为短路电流在零线上产生的电压降,其值与主干保护零线电阻有关,约为 147V,显然这是很危险的。如果采用重复接地,如图 8-20 所示,在上述情况下,U_d 减小,R_e 为重复接地电阻,这时零线对地电压将重新分布,起到减小漏电设备的对地电压的作用。

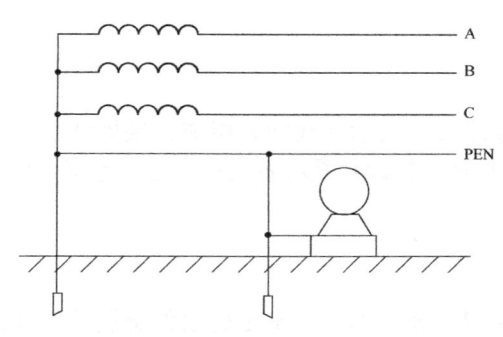

图 8-20 采用重复接地的保护接零系统

2) 减轻零线断线的风险

在没有采用重复接地的接零系统中,如果零线断开,当断线处后面的设备发生碰壳时,故障电流将通过人体和中性点接地电阻 R_o 形成回路,由于 R_r 大于 R_e,所以故障设备外壳电压接近电网相电压,将对人体造成极大威胁。如果采用重复接地,在上述同样情况下,结果就不一样了,由计算可知,故障设备外壳电压远小于电网相电压,故重复接地减轻了零线断线的触电风险。

3) 加快过电流保护装置的动作速度

当采用重复接地后,重复接地和工作接地组成的系统与零线并联,减小了零线电阻,从而增大了单相接地时的短路电流,加快了过电流保护装置的动作速度,缩短了故障的持续时间。

4) 改善防雷性能

当架空电力线路上采用重复接地时,对雷电流具有分流作用,其原理与上述情况相同,从而有利于限制雷电流形成的过电压,改善了防雷性能。

任务 8.4　接地装置和接零装置

8.4.1　接地装置和接零装置的结构

1. 接地体的接地电阻

接地电流经接地引下线和接地体流向大地,以半球状流散,随半球面积的扩大,其电流密度迅速减小。在不同半径的半球面间,同等长度的电压降不同,半径越大处,电压降越小。大约在半球半径为 20m 处,电压降为零,即以接地体为中心,半径为 20m 的半球面的电位接近零电位。

流散电流在土壤中受到的阻碍作用称为流散电阻,流散电流在半球面各方向上受到的流散电阻的总和称为该接地体的接地电阻。

流散电流是同性的,多个共同接地引下线的接地体,其总接地电阻大于单个接地体的并联接地电阻。例如,两个相距 5~20m 的接地体,其总接地电阻大于单个接地体接地电阻的一半。从实际测量结果可看出,直线排列的间距为 5m 的三个接地体的总接地电阻大约等于单个接地体接地电阻的一半。

2. 接地装置的组成

接地装置由接地体和接地线(包括地线网)组成。接地体是接地装置的主体,接地网接地电阻的大小主要取决于接地体。接地线是将各接地体连接起来,以组成接地网的连接导线。

3. 接地体及其敷设

1)自然接地体

利用地下管道、金属构架的地下部分、水工建筑的金属桩等作为接地体,这种接地体称为自然接地体。自然接地体是建筑已有的,因此,利用自然接地体不仅能节约钢材,避免不必要的浪费,还能缩短施工期,具有明显的经济效益。因此,凡有条件的地方,在安装接地装置时,应充分利用自然接地体。当自然接地体不能满足要求时应加装人工接地体,但发电厂和变电所必须具有单独的人工接地体。

可用作自然接地体的地下金属导体有如下几种。

(1)埋设于地下的金属管道(传输可燃性或爆炸性介质的管道除外)。

(2)金属井管。

(3)与大地有可靠连接的建筑的金属结构。

(4)水工建筑的金属桩。

(5)直接埋设在地下的电缆金属外皮(铝皮除外)。

2)人工接地体

人工接地体多用钢管、角钢、扁钢等制成。人工接地体一般采用垂直埋设方式,在多岩石地区可采用水平埋设方式。为保证足够的机械强度、防腐要求,垂直接地体可采用 40~50mm 的钢管或 40mm×40mm×4mm~50mm×50mm×5mm 的角钢制成,其根数的多少应根据接地电阻要求而定。垂直接地体的长度以 2.5m 左右为宜,太短将增大接地电阻,太长将增加施工难度。垂直接地体的布置形式多样,有封闭型、放射型、综合型等。相邻垂直接地体间的距离以 3~5m 为宜。

在制作人工接地体时,应将下端削尖,以便埋设,顶部应焊铁板,以避免施工时将顶部劈裂。对于钢管接地体,在埋设时可采用护管帽保护其顶部。在埋设人工接地体时,应先在埋设处挖一条深 0.7~0.8m,宽 0.5m 的沟,以便施工,当人工接地体打入地下后,其顶部离地面的最小高度不小于 0.6m,以防表层挖动时损坏接地装置。

4. 接地连线

当接地体埋设完毕后,用接地线沿沟将各接地体连接起来组成接地网。

接地线一般用 25mm×4mm 的扁钢或直径为 8mm 的圆钢制作,接地扁钢一般立放(因其具有较小散流电阻)。接地线与接地体的连接一般采用焊接。在制作接地体时,要保证接地线与接地体之间有足够的接触面积。因此,对于管形接地体可首先在其头部焊上一个Ω形卡子,然后将接地扁钢与卡子两端焊接起来,或者将接地扁钢直接弯成圆弧形与接地体焊接。在焊接时,接地扁钢应距钢管或角钢顶端 100mm。接地网连接好后,应在适当位置焊接接地引出线,接地引出线应露出地面 0.5m 以上,并涂以防锈油漆。

如果车间内的电气设备较多,一般敷设接地干线或接零干线(接地干线只与接地网相连;接零干线除与接地网相连外,还应与电网中性点相连)。接地干线或接零干线一般明敷于墙外,距地面高度为 0.2～0.35m,离开墙面的距离为 0.1～0.15m。

8.4.2 接地装置和接零装置的安全要求

保持接地装置和接零装置的安全运行,对于保障人身安全具有十分重要的意义。为保证运行安全,接地装置和接零装置必须满足如下安全要求。

1. 导电的连续性

必须保证电气设备与接地体之间或电气设备与变压器低压侧中性点之间导电的连续性,连接不得有脱落现象。当采用建筑的钢结构、行车轨道、工业管道、电缆的金属外皮等自然接地体作为接地装置时,在其伸缩缝或接头处应另加跨接线,以保证连接可靠。

2. 连接可靠

接地装置之间的连接一般采用焊接,要保证焊接质量。当不采用焊接时,可采用螺栓连接,但必须保持接触良好。在有振动的地方,应采取防松动措施。

3. 足够的机械强度

接地装置敷设面广,工作环境较复杂,因此必须保证其具有足够的机械强度,并做好防锈防腐蚀处理。各接地体和接地线所用材料应满足要求。此外,地下不得采用裸铝导体作为接地线和接零线。

4. 足够的导电能力和热稳定性

在采取保护接零措施时,为了达到保护装置迅速动作所需的单相短路电流,保护零线应具有足够的导电能力(足够小的电阻)。在不利用自然导体作为保护零线时,保护零线的导电能力最好不要低于相线的 1/2。

用于接地大电流系统中的接地装置,应校核发生单相接地短路时的热稳定性,即校核能否承受通过单相接地短路电流时所发出的热量。

5. 防止机械损伤

接地线或接零线应尽量安装在不易被碰到的地方，以免受到碰撞而损坏，但又必须置于明显处，以便连接和检查。

接地线或接零线与铁路、公路交叉时，应加钢管保护或稍微加弯向上拱起，以便在振动时有伸缩的余地；当穿越墙壁时，应敷设在明孔、管道或其他保护管中；与建筑伸缩缝交叉时，应弯成弧状或另加补偿装置。

6. 防腐处理

为了防止锈蚀，钢制接地装置最好采用镀锌材料制作。焊接处应涂沥青防腐，明设的接地线或接零线要涂油漆防腐。

在有强烈腐蚀性的土壤中，接地体应采用镀铜或镀锌材料制作，并适当增大其截面积。

7. 地下安装距离

接地体与建筑的距离不应小于1.5m，与独立避雷针的接地体间的距离不应小于3m。

8. 接地或接零支线不准串联

为了提高接地线或接零线的可靠性，电气设备的接地或接零支线应单独与接地或接零干线相连，不准串联，接地线或接零线应有两处以上同接地网相连。

对于一般厂矿的变电所，其接地装置既是变压器的工作接地装置，又是高压设备的安全保护接地装置，还可能是防雷保护接地装置，此时，各种接地装置应分别单独与接地网相连，不准串联。变配电装置最好有两条接地线或接零线与接地网相连。

9. 适当的埋设深度

为减小自然因素对接地电阻的影响，接地体上端的埋入深度一般不应小于0.6m，并应在冻土层以下。

8.4.3 智能楼宇应考虑的接地方式

在智能楼宇内，要求保护接地的设备非常多，有强电设备、弱电设备及一些正常情况下不带电的导电设备与构件，它们均必须采用有效的保护接地措施。当采用TN-C系统时，将TN-C系统中的N线作为接地线；或者在TN-S系统中先将N线与PE线接在一起，再连接到底板上；或者不设置电子设备的直流接地线，而将直流接地装置直接接到PE线上；或者干脆把N线、PE线、直流接地线混接在一起。以上这些做法都是不符合接地要求的，是错误的。前面已经分析过，在智能楼宇内，单相用电设备较多，单相负荷比重较大，三相负荷通常是不平衡的，因此在中性线N线中带有随机电流。另外，由于大量采用荧光灯照明，荧光灯产生的三次谐波叠加在N线上，增大了N线上的电流，如果将N线接到设备外壳上，那么会造成电击或火灾事故；如果在TN-S系统中先将N线与PE线接在一起，再接到设备外壳上，那么危险更大，因为凡是接到 PE 线上的设备，设备外壳均带电，这会扩大电击事故的范围；如果将 N 线、PE 线、直流接地线均接在一起，除会发生上述危险外，电子设备将会受到干扰而无法工作。因此智能楼宇应设置电子设备的直流接地装置、直流工作接地装置、安全保护接地装置，普通楼宇应具备防雷保护接地装置。此外，由于智能楼宇内多设有具有防静电要求的程控交换机房、计算机房、消防及火灾报警监控室，以及大量易受电磁干扰的精密电子仪器设备，所以在智能楼宇的设计和施工中，还应考虑防静电接地和屏蔽接地的要求。

下面简述智能楼宇应采取的几种接地措施。

1. 防雷保护接地

把雷电迅速导入大地，以防止雷电危害的接地称为防雷保护接地。智能楼宇内有大量的电子设备（如通信自动化系统、火灾报警及消防联动控制系统、楼宇自动化系统、视频监控系统、办公自动化系统、闭路电视系统等）及它们相应的布线系统。从已建成的智能楼宇看，智能楼宇的各层顶板、底板、侧墙和吊顶内几乎被各种布线布满。这些电子设备及布线系统一般属于耐压等级低、防干扰要求高、最怕受到雷击的部分。直击、串击、反击都会使电子设备受到不同程度的损坏或干扰，因此对智能楼宇的防雷保护接地设计必须严密、可靠。智能楼宇的所有功能接地，必须以防雷保护接地系统为基础，并建立严密、完整的防雷结构。

智能楼宇多属于一级负荷，应按一类防雷建筑的保护措施设计，接闪器采用针带组合接闪器，避雷带采用 25mm×4mm 镀锌扁钢在屋顶组成小于或等于 10m×10m 的网格，该网格与屋面金属构件进行电气连接，与楼宇柱头钢筋进行电气连接，引下线利用柱头钢筋、圈梁钢筋、楼层钢筋与防雷保护接地系统连接，外墙面所有金属构件也应与防雷保护接地系统连接，柱头钢筋与接地体连接，组成具有多层屏蔽的笼形防雷体系。这样不仅可以有效防止雷击损坏楼宇内设备，而且能防止外来的电磁干扰。

各种防雷保护接地装置的工频接地电阻，一般应根据落雷时的反击条件来确定。防雷保护接地装置若与电气设备的工作接地装置合用一个总的接地网，则其接地电阻应符合最小值要求。

2. 工作接地

将电力系统中的某一点直接或经特殊设备（如电阻）与大地进行金属连接，称为工作接地。工作接地主要是指变压器中性点或中性线（N 线）接地。N 线必须用铜芯绝缘线。在配电中存在辅助等电位接线端子，等电位接线端子一般在箱柜内。必须注意，等电位接线端子不能外露；不能与其他接地系统（如直流接地、屏蔽接地、防静电接地等系统）混接；不能与 PE 线连接。在高压系统中，中性点接地可使接地继电保护装置准确动作并消除单相电弧接地过电压。此外，中性点接地可以防止零序电压偏移，保持三相电压基本平衡，这对于低压系统很有意义。

3. 安全保护接地

安全保护接地就是将电气设备不带电的金属部分与接地体进行良好的金属连接，即将楼宇内的用电设备及设备附近的一些金属构件用 PE 线连接起来，但严禁将 PE 线与 N 线连接。

当没有安全保护接地的电气设备的绝缘损坏时，其外壳有可能带电。如果人体触及此电气设备的外壳就可能被电击伤或造成生命危险。在中性点直接接地的电力系统中，接地短路电流经人体、大地流回中性点；在中性点非直接接地的电力系统中，接地短路电流经人体流入大地，并经线路对地电容形成通路，这两种情况都能造成人体触电。当装有接地装置的电气设备的绝缘损坏使设备外壳带电时，接地短路电流将同时沿着接地体和人体两条通路流过，前面已叙述，如图 8-16 所示。通常人体电阻要比接地电阻大数百倍，流过人体的电流也比流过接地体的电流小数百倍。当接地电阻极小时，流过人体的电流几乎等于零。实际上，由于接地电阻很小，接地短路电流流过时所产生的电压降很小，所以设备外壳对大地的电压是不大的。人站在大地上去碰触设备外壳时，人体所承受的电压很小，不会有危险。加装接地装置并减小其接地电阻，不仅是保障智能楼宇电气系统安全有效运行的有效措施，也是保障普通楼宇内设备及人身安全的必要手段。

4. 直流接地

在一幢智能楼宇内，有大量的计算机、通信设备和大楼自动化设备。这些设备在进行输入信息、传输信息、转换能量、放大信号、逻辑动作、输出信息等一系列过程中都是通过微电位或微电流快速进行的，且设备之间常要通过互联网进行工作。为了使各设备准确性高，稳定性好，除需要一个稳定的供电电源外，还必须具备一个稳定的基准电位，可采用较大截面积的绝缘铜芯线作为引线，引线一端直接与基准电位连接，另一端供设备直流接地。该引线不宜与 PE 线连接，也严禁与 N 线连接。

5. 屏蔽接地与防静电接地

在智能楼宇内，电磁兼容设计是非常重要的，为了避免所用设备出现机能障碍，避免设备损坏，组成布线系统的设备应当能够防止内部自身传导和外来干扰。这些干扰的产生或是因为导线之间的耦合现象，或是因为电容效应或电感效应。这些干扰的主要来源是大电压、大功率辐射电磁场、自然雷击和静电放电现象。上述现象会对用来发送或接收很高传输频率信号的设备产生很大的干扰，因此对这些设备及其布线系统必须采取保护措施，免受各种方面的干扰。屏蔽接地是防止电磁干扰的最佳方法，即将设备外壳与 PE 线连接。导线的屏蔽接地要求屏蔽管路两端与 PE 线可靠连接；室内的屏蔽接地要求多点与 PE 线可靠连接。防静电干扰很重要，在洁净、干燥的房间内，人的走步、移动设备，各种摩擦均会产生大量静电。例如，在相对湿度为 10%～20% 的环境中人的走步可以积聚 $3.5\mu V$ 的静电电压。如果没有良好的接地，不仅会对电子设备产生干扰，甚至会将电子设备芯片击坏。将带静电物体或有可能产生静电的物体（非绝缘体），通过导静电体与大地组成电气回路的接地称为防静电接地。防静电接地要求在洁净干燥的环境中，所有设备外壳及室内（包括地坪）设施必须与 PE 线多点可靠连接。

智能楼宇的接地装置的接地电阻越小越好，独立的防雷保护接地电阻应小于或等于 10Ω；独立的安全保护接地电阻应小于或等于 4Ω；独立的工作接地电阻应小于或等于 4Ω；独立的直流接地电阻应小于或等于 4Ω；防静电接地电阻一般要求小于或等于 100Ω。

智能楼宇的供电接地系统宜采用 TN-S 系统，按规范宜采用一个总的共同接地装置，即统一接地体。统一接地体作为接地电位基准点，由此分别引出各种功能接地引线，利用总等电位和辅助等电位的方式组成一个完整的统一接地系统。通常情况下，统一接地系统可利用楼宇的桩基钢筋，并用 40mm×4mm 镀锌扁钢将其连成一体，作为自然接地体。根据规范，统一接地系统与防雷保护接地系统共用，其接地电阻应小于或等于 1Ω。若达不到要求，则必须增加人工接地体或采用化学降阻法，使接地电阻小于或等于 1Ω。在变配电所内设置总等电位铜排，该铜排一端通过构造柱或底板上的钢筋与统一接地体连接，另一端通过不同的连接端子分别与工作接地系统中的中性线连接，与需要安全保护接地的各设备连接，与防雷保护接地系统连接，与需要直流接地的电子设备的绝缘铜芯接地线连接。

在智能楼宇中，因为系统采用计算机参与管理或使用计算机作为工作工具，所以其接地系统宜采用单点接地方式并采取等电位措施。单点接地是指安全保护接地系统、工作接地系统、直流接地系统在设备上相互分开，各自成为独立系统。我们可从机柜引出三个相互绝缘的接地端子，再将接地端子由引线引到总等电位铜排上共同接地。不允许把三种接地系统连接在一起，再用引线接到总等电位铜排上，因为这种混合接地方式既不安全又会产生干扰。

任务 8.5　典型触电实例分析

8.5.1　电热水器外壳带电事故

1. 事故经过

某市电扇厂一职工拿着热水瓶去灌开水，刚拧开电热水器的水龙头，便遭到电击，热水瓶打得粉碎，该职工吓得满头大汗。幸好这位打水者穿的是绝缘胶底皮革鞋，否则，后果将更加严重。

2. 事故原因

现场检查，用验电笔测试电热水器外壳，氖管发红光。所用电热水器功率为 9kW，电源电压为三相 380V，外壳已接零并接触良好，安装使用半年多了，也一直未发现问题。那么，为什么会发生这样的电击事故呢？检查人员进一步检查分析，拉下电热水器的电源开关，拆开电源箱盖板，用 500V 摇表检测每个回路的绝缘电阻。测量结果显示，主电路良好，绝缘电阻达 50MΩ，但是控制电路的绝缘电阻只有 0.1MΩ，其原因是有一根电线绝缘老化，靠在外壳的内壁。继续检查下去，发现电热水器的外壳的中性线（零线）通过暗埋在墙里的线管，接在了二楼的照明控制刀开关的接线端子（出线端）的中性线（零线）上，如图 8-21 所示。因为当日是星期天，大多数人在家休息，办公楼只有少数几个人加班，所以接有电热水器的照明控制刀开关被人在星期六下班时一并拉至断开位置，造成中性线（零线）人为断线，使电热水器失去了接零保护的作用。于是，检查人员把保护中性线（零线）直接改接到电源中性线（零线）上，并把电热水器内的绝缘不良的导线进行了处理，电热水器外壳带电故障被排除。

3. 安全建议

用电设备的金属外壳在接中性线（零线）时不能有断路点，不能装接开关和熔断器，并且要接触牢固、可靠，导线最好选用铜线，并应有足够的截面积。

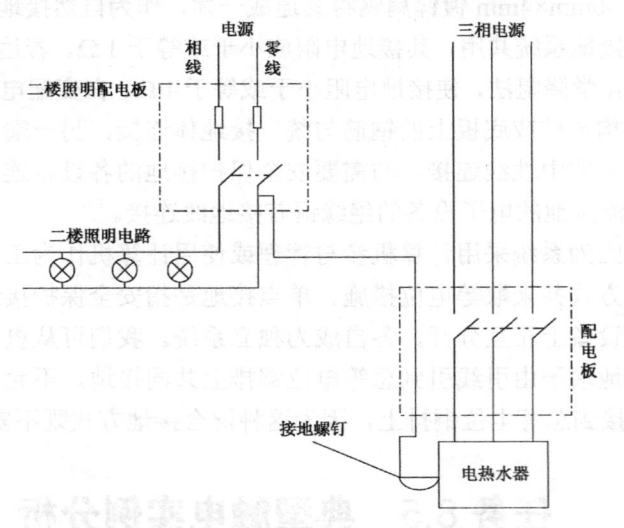

图 8-21 零线断路故障电路图

8.5.2 电扇外壳带电，广播员触电身亡

1. 事故经过

某厂广播员洗完澡进广播室，因接触电扇外壳而遭电击，身体同时接触电扇旁边的室内暖气片。由于不能摆脱，最后该广播员倒在电扇上，头部被卡在扩音机外壳与墙壁之间，触电身亡。当该广播员触电时，在同楼计算机室有位同志看见电灯突然一暗，怀疑有人触电，但他没有及时拉掉电源开关，而是呼唤人来抢救。等其他人赶到现场，该广播员已被电弧烧焦。

2. 事故原因

该次触电死亡事故的原因是该厂广播室内电扇插座是两孔插座，电扇插头则是三极插头，电工错误地将三极插头的保护电极拆掉，把电扇三芯塑料护套软线中的红色接到三极插头的左脚，把黄绿双色的保护线与淡蓝色的中性线（零线）接在一起，接到三极插头的右脚（见图 8-22）。注意，这时电扇外壳是同插头的右脚接在一起的，正好与插座的相线插在一起。

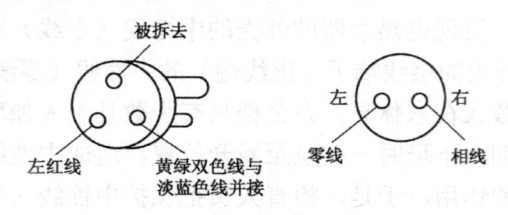

图 8-22 插头接法错误导致电扇外壳带电

由于广播室地板是木质的，绝缘性能较好，平常偶尔碰到外壳只感到漏电麻手，未引起警觉。广播员洗澡后，湿手在电扇旁的暖气片上搭毛巾，暖气片是良好的接地体。当该广播员碰到电扇外壳时，相线、人体和暖气片形成回路，电流通过人体，造成触电身亡。

3. 安全建议

为了防止类似的人身事故，保证安全用电，建议采取以下防止触电事故的措施。

（1）移动式电器如电风扇、手电钻、洗衣机等，单相的采用三极插头和插座，三相的采用四极插头和插座，插座上标有接地符号的大孔，是供接地或接零保护用的。插头上标有接地符号的长而粗的电极，是供接金属外壳用的，在接线时绝不能弄错。不能任意拆弃接零保护极，否则外壳带电，会引起触电。接零保护极应做得粗些，便于识别，保证不会插错；接零保护极应做得长些，保证插头插入时外壳接地，插头拔出时外壳脱离接零保护。

（2）设置专用保护中性线（零线），如图 8-23 所示，在三相电源中，当中性线（零线）断线时设备对地电压将达到危险数值。敷设一条专用保护中性线可以防止中性线（零线）断线而引起触电，专用保护中性线（零线）上允许装设具有开关的熔断器。

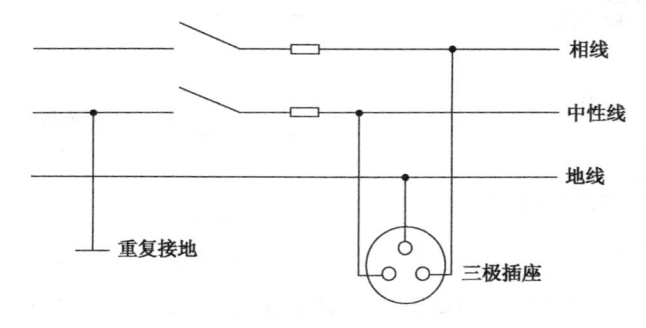

图 8-23 专用保护中性线接线图

（3）采用重复接地，其接地电阻要求小于 10Ω。重复接地能减小中性线（零线）或设备漏电时的对地电压，还能加速设备碰壳短路时线路保护装置的动作，因此重复接地是一种有效的安全措施。

（4）使用双重绝缘的手电钻及电扇、冰箱等安全型家用电器。

（5）采用漏电保护开关或触电保护器。

（6）建立健全的安全用电管理制度。

8.5.3 建筑电气系统故障

1. 事故经过

事故一：某单位的架空电力线路因下雨后接头处飞弧短路将中性线（零线）烧断，结果使三幢住宅楼内的部分电器烧毁。

事故二：某招待所工作人员在使用落地扇时，不慎触电身亡，检查发现落地扇的外壳对地有 220V 电压。

事故三：某单位住宅楼新装漏电保护开关一个，安装完毕后发现送不上电，经反复检查，线路和用户电器都找不到漏电的地方,将漏电保护开关换新也无效。由于怀疑漏电,工作人员不敢给该住宅楼送电。

2. 事故原因

因中性线(零线)断路造成大面积电器烧毁的事故近年来并不少见,在前几年竣工的老住宅楼上时有发生,其重要原因是这些建筑工程的进户中性线(零线)没有进行重复接地处理。

按照建筑工程电气施工要求,在建筑的进户处,进户中性线(零线)一般要进行一次重复接地,具体的做法是"四碰头"处理,即进户中性线(零线)、接地体、建筑内工作中性线(零线)和建筑内保护中性线(零线)要在同一部位进行可靠的碰头(见图 8-24)。这一碰头一般均在总配电箱内完成,而前几年竣工的建筑工程很多都未进行这一处理。这样当进户中性线(零线)断路时,由于进户中性线(零线)悬空,因此建筑内各相负荷形成了一个 Y 形连接(见图 8-25)。其中,某相负荷上的电压可能要远远大于 220V(具体视各相负荷情况而定),这样势必会造成该相上的用电负荷过电压烧毁。

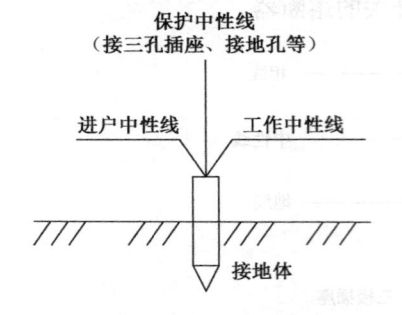

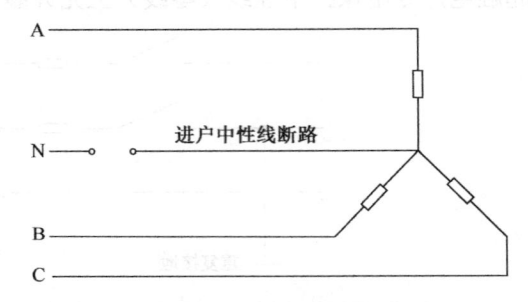

图 8-24 中性线重复接地"四碰头"的处理　　图 8-25 无重复接地进户中性线断路造成过电压

如果进户中性线(零线)进行了重复接地,即使进户中性线(零线)断路,那么由于重复接地的作用,也可以限制中性点的偏移(具体偏移量与接地电阻的大小及各相负荷的分配情况有关),在一定程度上减小了某相负荷可能承受的电压,从而将损失减少到最低。

第一起事故的处理方法:在修复供电线路的同时,在各楼新埋设接地体,并与进户电缆钢管进行可靠连接(利用进户电缆钢管将接地体引入配电箱内)。在进户配电箱内的进户钢管头上焊接接地螺栓,将进户中性线(零线)、工作中性线(零线)、保护中性线(零线)加接线端子后在螺栓上进行可靠压接,再将压接处进行防腐处理。

第二起事故的处理方法:这种情况许多人都以为是落地扇内部漏电引起的,但拔下落地扇插头后用 500V 兆欧表测落地扇外壳与相线间的绝缘电阻显示正常,只有在将落地扇的插头插入墙上的插座后,落地扇的外壳才有电压,显然落地扇外壳的电压来自墙上的单相三孔电源插座。拆开插座检查,发现该插座内的保护中性线(零线)端子被错误地接在了工作中性线(零线)端子上,插座内实际上只有工作中性线(零线)与相线,没有保护中性线(零线)。这样做的结果是工作人员将落地扇的外壳接在了工作中性线(零线)上。那么工作中性线(零线)上为何会带有 220V 电压呢?原因是工作中性线(零线)出现了断路。检查楼层的配电箱,发现箱内的中性线(零线)接头已烧断,此时相线上带有 220V 电压,经过落地扇电动机的绕组等,外壳带电(见图 8-26)。落地扇的底部是橡皮脚轮,致使带电现象长期存在,直到酿成事故。

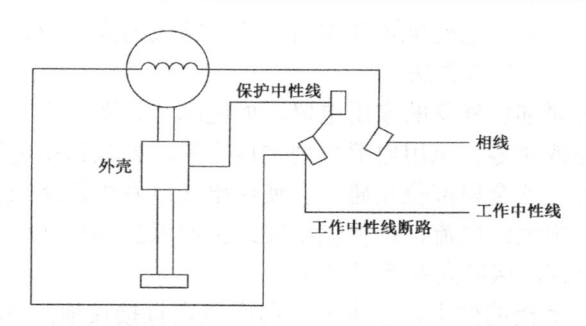

图 8-26　保护中性线被错误接在工作中性线上造成触电

经过认真检查发现，该工程的单相三孔电源插座绝大多数采用了将保护中性线（零线）与工作中性线（零线）合二为一的接法。单相三孔电源插座的保护接零插孔应当接单独敷设的专用保护中性线，只有在总配电箱的重复接地处，它才能与工作中性线（零线）碰头，除此之外二者不允许再有连接，在正常情况下，专用保护中性线上是不允许流过电流的。

第三起事故的情况在很多建筑工程中都会遇到，其特点是当建筑内无用电器具工作时，可以正常送上电，但一旦有用电器具工作时，就会造成漏电保护开关跳闸，但用电器具本身并不漏电。造成这种情况的原因是建筑内进户中性线（零线）上的重复接地（见图 8-27）。众所周知，漏电保护开关检测漏电的原理是比较进、出线的电流是否有差别，若有差别即认为漏电，当建筑的进户中性线（零线）按规定进行重复接地后，由于一部分电流不是从进户中性线（零线）上返回的，而是经过接地体从大地返回的，所以漏电保护开关会认为有漏电现象。这种情况与真正的漏电是有差别的，真正的漏电是始终存在的，而这种漏电只有在有负荷工作时才会存在，所以就会出现不用负荷不跳闸的奇怪现象。这类故障的处理方法一般有两种，一是干脆不装漏电保护开关；二是将漏电保护开关移至楼内进行重复接地，但绝对不可因此而去掉重复接地。

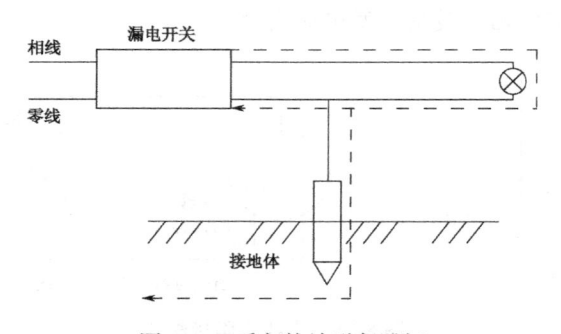

图 8-27　重复接地引起跳闸

3. 安全建议

建筑工程的进户中性线（零线）一定要进行重复接地处理。

8.5.4　怎样解决目前家用电器的接地问题

随着我国城乡人民生活水平的不断提高，各种家用电器在人们的生活当中得到普及。在这种情况下，怎样合理、安全地使用各种家用电器，就成为人们所关心的问题。这里就解决目前家用电器的接地问题谈几点看法。

有金属外壳或有金属部位外露的家用电器，如电冰箱、洗衣机、吸尘器等，在使用过程中都须严格按规定接地或接零。家用电器按规定接零后，如果家用电器由于绝缘老化或其他原因造成相线与金属外壳或金属部位相碰，会使供电线路发生短路或处于接近短路的状态。这时供电线路上将产生很大的电流，促使供电线路上的保护装置（熔断器及断路器等）可靠动作，从而切断供电电源，保证人身及财产安全。

目前，我国民用住宅楼的供电，基本上采用中性点直接接地的 380/220V 三相四线制供电系统。在这种供电系统中，引至各用户室内的供电线路均为单相二线制供电线路。也就是说，没有设置专用的保护中性线，加之大多数人对接零保护和接地保护不清楚，没有使用三孔插座或三极插头上的接地极，即家用电器外壳上没有保护。要解决家用电器的接零问题。可以采用"零地合一"的方法。所谓"零地合一"，就是将三相四线制供电系统中的中性线（零线），在每幢住宅楼房的总配电箱入户处进行重复接地，其接地电阻必须符合要求，最好小于或等于 4Ω。接地体与总配电箱内中性线（零线）的连接线最好选用扁钢或圆钢，两端的接头应采取焊接或螺栓压接。采用"零地合一"的方法对家用电器进行接地时，要注意下面两个问题。

（1）在由总配电箱引至各单元的单相供电线路中，中性线（零线）上的所有熔断装置应拆除，并将拆除的两端用导线牢靠连接。

（2）凡要求接地的家用电器，其配用的电源插座、插头均应采用三孔插座、三极插头。电源插座和插头的电源接线方法应严格按图 8-28 执行。

"零地合一"的方法克服了在现有民用住宅楼房内接中性线（零线）所遇到的困难，是一种比较可行的方法。但是，采用这种方法必须严格保证相线、中性线（零线）不能互相接错，而且中性线（零线）截面积不得太小。当然，如果有条件将工作中性线（零线）与保护中性线（零线）分开，即采用单相三线制，就更加安全。

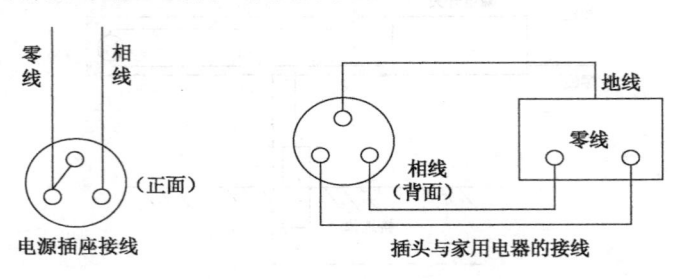

图 8-28 零线正确接法

实　训

在实训室观察、分析布线的规律，观察空调插座、仪器插座的接地线是否可靠接入大地，用兆欧表检查实训室的冰箱的外壳、电机的外壳、各种金属外壳仪器的电源线与外壳的绝缘电阻，在室外观察建筑防雷保护接地线的安装。

知识总结

本学习情境首先阐述了安全用电的意义,介绍了人体触电的三种触电方式,然后讲解了几个重要概念即工作接地、保护接地与保护接零等,并介绍了接地装置和接零装置及智能建筑应考虑的接地方式,最后分析了几个有代表性的安全用电方面的实例。

复习思考题

1. 什么是安全电压?我国安全电压等级有哪几类?
2. 影响人体触电的因素有哪些?
3. 雷电产生的破坏作用有哪些方面?
4. 简述雷电感应的防护措施。
5. 什么是间接触电?间接触电有哪几种类型?
6. 人体直接触电有哪几种类型?哪种触电最危险?
7. 什么是跨步电压触电?哪些情况可能发生跨步电压触电?
8. 在同一系统中,为什么不能将保护接地措施与保护接零措施混用?

参考文献

[1] 瞿彩萍. 电气安全事故分析及其防范[M]. 第二版. 北京：机械工业出版社，2007
[2] 孙丽君. 建筑防雷与电气安全[M]. 第一版. 北京：机械工业出版社，2006
[3] 芮静康. 物业电工问答[M]. 第二版. 北京：机械工业出版社，2007
[4] 盛啸涛，姜延昭. 楼宇自动化[M]. 第二版. 西安电子科技大学出版社，2005
[5] 芮静康. 建筑消防系统[M]. 第一版. 中国建筑工业出版社，2006
[6] 张勇主. 智能建筑设备自动化原理与技术[M]. 北京：中国电力出版社，2005
[7] 王再英，韩养社，高虎贤. 楼宇自动化系统原理与应用[M]. 北京：电子工业出版社，2005
[8] 沈晔主. 智能楼宇管理员[M]. 北京：中国劳动社会保障出版社，2007
[9] 吕景泉. 楼宇智能化技术[M]. 北京：机械工业出版社，2002
[10] 程大章. 智能楼宇自控系统[M]. 北京：中国建筑工业出版社，2003
[11] 陈虹. 楼宇自动化技术与应用[M]. 北京：机械工业出版社，2003
[12] 孙景芝. 建筑电气消防工程[M]. 北京：电子工业出版社，2010
[13] 吴成东. 建筑智能化系统[M]. 北京：机械工业出版社，2011
[14] 湖北省劳动保护教育中心. 电气安全技术. 1997
[15] 中国就业培训技术指导中心组织. 助理智能楼宇管理师. 北京：中国劳动社会保障出版社，2007